ARIZ 85C Practical Cases

MATRIZ Level 3

(트리즈 3수준 –practitioner)

인증실증문제

원대희·김범용·배영철·송정윤
이동용·이준철·장일도 지음

도서출판 GS인터비전

머리말

오늘날 4차 산업혁명에 대비하기 위해 국가적 차원에서 많은 준비를 하고 있으며, 산업체, 대학, 개인 등도 이에 발맞추어 준비를 하고 있다. 산업체에서는 직원을 대상으로 하는 많은 교육과 업무 형태의 변화가 있으며, 대학에서는 산업체 수요에 맞는 교과목을 채택하여 교육하고 있다. 개인의 경우 자신의 경쟁력을 높이기 위해 다양한 방법으로 공부를 하고 있는 추세이다.

창의성을 높이기 위한 방법에 관하여 관련 서적이 시중에 많이 판매되고 있다. 그 중에서 창의적 문제 해결 방법론으로 대표적인 것이 트리즈라고 할 수 있다. 트리즈는 러시아 겐리흐 알트슐러(1926~1998)에 의해 정립된 것으로 우리가 일상적으로 부딪치는 문제를 해결하거나 새로운 기술을 개발하고자 할 때 이를 체계적으로 해결할 수 있도록 그 방법론을 제시해 주는 창의적 문제해결 프로세스이다. 트리즈 연구자 및 활동가들은 국제트리즈협회(MATRIZ)를 결성하여 많은 활동하고 있다. 그들은 기업체를 대상으로 하는 프로젝트 컨설턴팅이나, 각종 학.협회, 세미나 등 실적인 활동 들을 다양하게 하고 있으나, 일반인들이 트리즈에 관한 기초적인 이론을 습득한 후에 보다 전문적인 수준으로 체계화하고 경험적인 지식을 익힐 수 있는 교재가 많이 부족한 실정이다.

이에 2018년 겨울 기간에 ㈜알앤비디파트너스에서 주관한 국제트리즈 Level Ⅲ 인증 교육을 받는 과정에서 동기생들이 "TRIZian"이라는 모임을 결성하였고, 많은 대화를 통해 우리가 체험한 인증프로젝트를 기반으로 집대성하여 TRIZ 기초이론을 습득한 후 Level 3 인증을 받기를 원하거나, 자율학습을 통해 TRIZ지식을 심화시키고자 하는 독자들에게 도움을 주고자 이 책을 발간하게 되었다. 'TRIZian' 회원 총13명 중 사정에 의해 6명은 함께 참여하지 못했으며 러시아 MATRIZ master에 의해 인증을 통과한 과제 7건(국문/영문)을 기반으로 구성하였다.

이 책의 출판을 위해 자료를 제출해준 동기들, 그리고 출판을 위해 서론과 편집을 맡아준 원대희 교수, 그리고 “TRIZian” 동기생 분들께 일일이 전화로 독려하고 챙기는 일을 책임져 준 이준철 총무께 감사의 말을 전한다. 끝으로 [MATRIZ Level Ⅲ인증 실전문제]를 출판과 관련 많은 관심과 지원을 해주신 GS인터비전 송기수 사장님께 진심으로 감사의 마음을 전한다.

2019년

“TRIZian” 동기생 일동

차례

Chapter 1

트리즈란?

1.1 트리즈란?

트리즈(TRIZ)는 러시아의 "Teoriya Reshniya Izobretatelskikh Zadatch"의 앞 글자를 따서 만든 단어이다. 영어로 번역하면 "The Theory of Inventive Problem Solving (TIPS)" 이고, 국문으로 번역하면 "창의적 문제 해결을 위한 방법론"으로 해석할 수 있다.

트리즈의 창시자는 구 소련 사람인 게리흐 알트슐러(1962~1968) 이다. 그는 13세(국내의 경우 초등 6학년) 때 특허을 취득하였고, 1946년에 해군에 입대하였다. 해군에 복무하면서 어느 날 특허와 관련된 문제를 해결해 달라는 주문이 왔다.

알트슐러는 기술적 문제를 해결해 주었다. 그리고 3개월 후 다른 부서에서 기술적 문제를 해결해 달라고 의뢰가 왔다. 그는 그 전에 해결된 문제와 현재 해결해야 될 문제와의 공통점이 있는 것을 알았다. 그는 이러한 문제 해결을 통하여 군에서 유명한 인사가 되었다. 이 때 알트슐러는 "창의적 문제 해결에는 어떤 공통된 원리가 있지 않을까 하고 고민을 많이 하였다"라고 한다.

알트슐러는 발명가이면서 실천가이다. 그는 곧바로 실천을 하였다. 그는 1946년부터 1963까지 (17년간) 러시아 특허 20만 건을 읽고 분석하였다. 그는 20만 건의 특허를 어떤 기준으로 정하여 분류하는 것이 좋다고 생각하였다. 그래서 그는 특허의 수준을 1부터 5까지 나열하고 분석하였다.

수준 1은 조금만 생각하면 해결 가능하고, 모순을 적극적으로 찾아내어 해결하는 것이 아니고, 해당 분야에서 누구나 쉽게 도달하여 해결책을 찾을 수 있고, 발명이라고 하기 보다는 실직적인 변화가 없는 좁은 확장 및 개선, 시행착오 방법으로는 1~10회 정도면 충분히 해결이 가능한 것을 분류하였다.

수준 2는 기존 시스템의 개선이나 최적화의 결과로 나타나고, 해당 산업분야의 지식을 활용하여 해결할 수 있고, 시행착오 방법으로는 10~100회 정도면 충분히 해결이 가능한 것을 분류하였다.

수준 3은 모순으로 해야 해결이 되는 것을 말하고, 기계문제이면 기계분야에서 해결되고, 재료의 문제이면 재료분야에서 해결된다. 동일한 기술 분야에서 모순을 해결할 수 있다. 시행착오 방법으로는 100~1000회 정도면 충분히 해결이 가능한 것을 분류하였다.

수준 4는 새로운 디자인과 개념을 제시해야하고, 해당 산업 분야 밖에서 지식을 이용하여 모순을 해결할 수 있다. 기존 해당 분야에서는 알려지지 않은 물리적 효과를 사용해야 문제를 해결할 수 있다. 시행착오 방법으로는 1,000~10,000회 정도면 충분히 해결이 가능한 것을 분류하였다.

수준 5는 문제를 해결하기 위해서는 동시대의 과학을 넘어서는 지식이 필요하고, 새로운 원리의 발견 및 응용이 요구된다. 시행착오 방법으로는 10,00~100,000회 정도면 충분히 해결이 가능한 것을 분류하였다.

알트슐러는 이중에서 수준 3과 수준 4를 창의적인 아이디어라고 생각하고 본격적으로 연구를 하였다. 이 때 수준 3과 수준 4는 전체 분량의 대략 20%정도 차지하고 있었다.

표 1-1. 발명의 5가지 수준

수준	발명의 내용	비율(%)	필요한 지식
Level 1	해당 분야 전문가의 익숙한 방법으로 해결 가능	32	개인적인 지식
Level 2	현재의 시스템에 기능을 추가하여 얻어지는 개선	45	협동적 지식
Level 3	현제 시스템의 획기적인 개선	18	동일산업내 지식
Level 4	새로운 개념의 시스템 창조	4	타산업내 지식
Level 5	획기적인 새로운 개념의 선구자적인 발견	1	새로운 과학

1.2 모순(Contradiction)

모순에 대한 정의는 한비자에 나오는 이야기로 초나라 시대에 무기상에 관한 이야기이다. 아래 글은 한비자에 나온 글이다.

〈楚人有盾與矛者譽之曰"吾盾之堅莫能陷也"又譽其矛曰"吾矛之利於物無不陷也"或曰"以子之矛陷子之盾如何"其人不能應也.〉」

상인이 창을 팔기 위해 이 창은 어떠한 방패도 다 뚫을 수 있다고 소리를 질러 다 팔았다. 그리고 나서 이 방패는 어떠한 창도 다 막을 수 있다고 하고 소리를 질러 판매를 하였다. 옆에 있던 다른 상인이 이보시오. 내가 옆에서 들으니 창을 팔 때는 어떠한 방태도 뚫는다고 하고 방패를 팔 때는 어떠한 창도 막는 다고 하니, 이게 모순아니오 하고 물었다고 한다. 상인은 대답을 하지 못하였다고 한다.

(1) 기술적 모순 (Technical Contradiction)

두 가지 방법(방법1과 방법2) 사이에서 모순이 존재 할 때 방법1을 선택하면 특성A는 좋아지지만 특성B가 나빠지고, 방법2를 선택하면 특성B는 좋아지지만 특성A는 나빠진다. 이 때 우리는 2가지의 방법 사이에는 기술적인 모순이 존재한다고 이야기 한다. 자동차를 예를 들면 자동차의 출력을 좋게 하는 방법1을 선택하면 출력(특성A)은 좋아지지만, 연비(특성B)는 떨어진다. 반대로 연비를 좋게 하는 방법2를 선택하면 연비(특성

B)는 좋아지지만, 출력(특성A)는 나빠지게 된다. 이와 같이 두 개의 특성이 서로 충돌하는 것을 기술적 모순이라고 한다.

기술적 모순을 아래 그림과 같이 표현하면 이해하기가 쉽다.

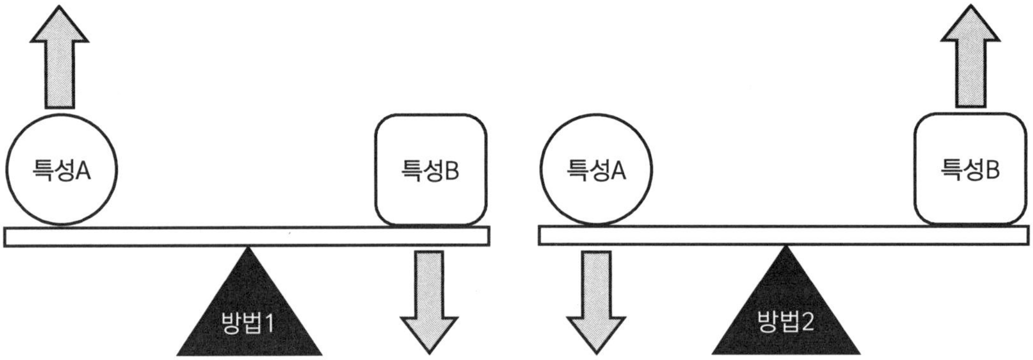

< 기술적 모순 >

기술적 모순 상화에서 특성A를 줄이면, 특성B가 증가되는 것을 말한다. 즉 2개의 방법에서 특성A를 감소시키면 특성B가 증가되는 결과가 나오는 것을 기술적 모순이라고 한다.

표 1-2. 기술적 모순 예

특성A	특성B
자동차의 속도(특성A)를 높이며.	연비(특성B)가 낮아진다.
비행기 속도를 증가하기 위해서 엔진이 커야 한다.(엔진의 무게)	엔진이 커지면 무거워 속도가 감소시킨다.(비행속도)
자전거 속도가 빠르기 위해서는 바퀴가 커야 한다. (자전거 속도)	바퀴가 크면 안전성이 낮아진다.(자전거 안전성)
현수막이 바람에 찢어지지 않기 위해서는 천이 촘촘하게 짜여 있어야 한다.(천이 촘촘하게)	촘촘하게 짜여 있으면 바람이 쉽게 통과하지 못한다.(바람이 통과)
화승총이 길면 정확도는 증가한다.(정확도)	긴 화승총은 이동이 불편하다.(이동)
석유 생산량을 늘리면 매출이 증가한다.(생산량)	생산량이 증가하지만 품질이 떨어진다.(품질)
기록의 정확성을 높이기 위해서는 용량이 감소해야한다.(기록의 정확도)	기록의 용량을 증가시키면 정확도가 감소한다.(기록의 용량)

□ **기술적 모순 해결 프로세스**

기술적 모순을 정의(TC1,TC2)

↓

기술적 파라메타로 전환(39가지)

↓

모순 메트리스에 적용을 함

↓

40가지 발명 원리 중에서 선택

↓

컨셉 도출, 해결안 채택

(2) 물리적 모순 (Technical Contradiction)

어느 하나가 상반되는 특징을 가져야 한다. 즉 어떤 것이 이래야 되지만 또한 저래야 된다는 식으로 표현한다.

예로 화승총은 장전하는데 시간이 긴 것이 단점으로 되어 있다. 그래서 이 문제를 해결하기 위해서는 장전시간을 줄이기 위해서는 총신의 길이(변수)가 짧아야 하고, 정확도를 높이기 위해서는 길어야 한다.

표 1-3. 물리적 모순 예

하나의 변수	
무거워야 한다.	가벼워야 한다
길어야 한다.	짧아야 한다.
두꺼워야 한다.	얇아야 한다.
넓어야 한다.	좁아야 한다.
복잡해야한다.	단순해야 한다.
단단해야 한다. 등등	부드러워야 한다. 등등

표 1-4. 모순을 해결하는 방법

종 류	해 답
기술적 모순 (Technical Contradiction)	• 모순 메트릭스 • 39개 기술변수 • 40가지 발명원리
물리적 모순 (Technical Contradiction)	• 시간에 의한 분리(비행기 날개) • 공간에 의한 분리(교차로 신호등) • 조건에 의한 분리(자외선 반응 안경) • 전체와 부분에 의한 분리(자전거 체인)

□ 물리적 모순 해결 프로세스

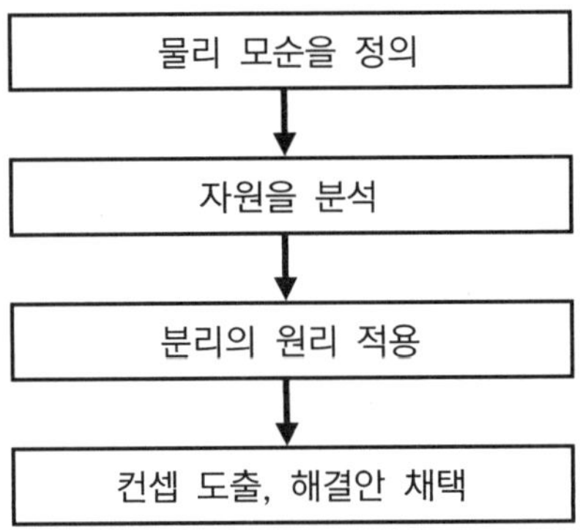

모순을 통하여 불가능한 것을 가능한 것으로 해결하는 과정이 트리즈의 문제 해결과정이다. 창의적인 문제 해결의 핵심은 모순을 해결하는 것이다. 모순은 타협의 대상이 아니라 우리가 해결해야 할 목표이다.

모순을 해결하는 진행 과정은 먼저 심리적인 장벽을 제거함으로서 기술적인 모순에 도달하게 되고 이 기술적 모순을 해결하는 과정으로 진행된다. 우리가 알고 있는 지식은 전체 지식으로 환산하면 1%도 안 된다고 할 수 있다. 나머지 99%이상이 우리가 모르는 지식이다. 그런데 대부분의 사람들은 1%도 안되는 지식을 가지고 모순을 해결할 수 없다고 심리적으로 미리 단정을 해버린다. 그렇기 때문에 문제를 해결할 수 없다.

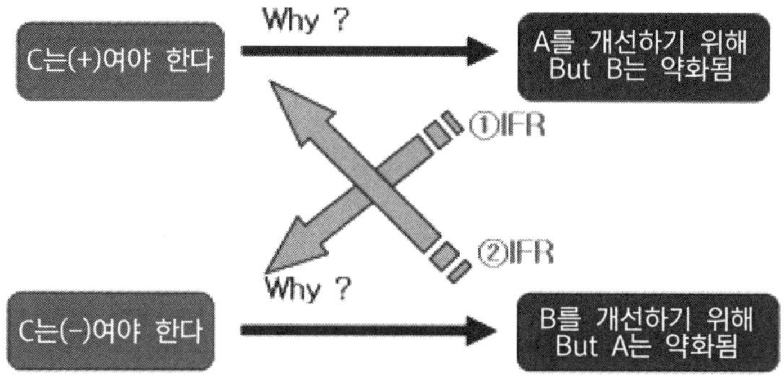

C가 서로 다른 특성을 요구
(물리적 모순)

A와 B간의 충돌 발생
(기술적 모순)

기술적 모순과 물리적 모순과의 관계

1.3 자원(Resource)

창의적인 아이디어는 주변의 자원을 잘 활용하는 것을 말하며, 주변의 모든 것이 문제 해결을 위한 사용할 수 있는 모든 것을 자원(물질, 에너지, 시간, 공간, 기능 , 정보 등)이라고 할 수 있다. 자원의 형태적 구분은 물질자원, 장(에너지) 자원, 공간자원, 시간 자원 등이 있다. 자원의 활용으로 이상적 최종 해를 달성하는 것으로 자원의 활용으로 모순을 극복할 수 있다.

물질자원이라 함은 폐기물, 원료 물질 혹은 미완성품, 시스템 구성요소, 저렴한 물질, 저렴한 물질흐름, 물질의 특성 등이다. 장자원이라 함은 시스템 내부의 장, 에너지, 환경의 장, 에너지 등을 말한다. 공간자원이라 함은 빈 공간, 다른 차원, 이면, 대상 물체의 내부 공간, 이동 물체가 움직이는 공간 등이다. 시간 자원이라 함은 이전시간, 잠시 쉬는 시간, 놀리는 시간, 병렬 작업시간, 모아서 처리하는 시간, 시차를 가진 시간, 이 시간 등을 말한다.

자원의 위치별 구분은 다음과 같다.

정의	내용	자원
환경	시스템 주변에서 쉽게 구할 수 있는 자원 - 일반자원 - 천연자원 (사무실) 책상, 의자, 창문, 조명, 전화기 등...	빛, 온도, 중력, 충력, 책상
상위시스템	시스템 내부에 속해 있지 않으면서 시스템의 동작이나 수행 성능에 영향을 주는 상위시스템 자원	스피커, 키보드, 핸드폰 VGA 카드
시스템 및 내부 시스템	도구 → 대상 시스템(내부)	액정 디스플레이 LC → 빛

자원의 속성별 구분은 인지자원과 비인지 자원이 있다. 인지 자원은 예비 자원으로 문제에 직접적으로 표현되는 자원을 말한다. 비인지 자원은 숨은 자원과 파생자원으로 구분 된다. 숨은 자원은 예비 자원이 가지고 있으나 활용되지 않았던 속성 등을 말한다. 파생 자원은 예비 자원 및 숨은 자원의 상호작용에 의해 발생되는 자원을 말한다. 기술적인 문제일 경우 필드 자원을 반드시 고려해야 한다.

트리즈는 아래 그림과 같이 문제를 해결하기 위해여 주변에 있는 자원 즉 무엇을 사용하여, 어떻게 활용하여 해결책을 찾는 것이다.

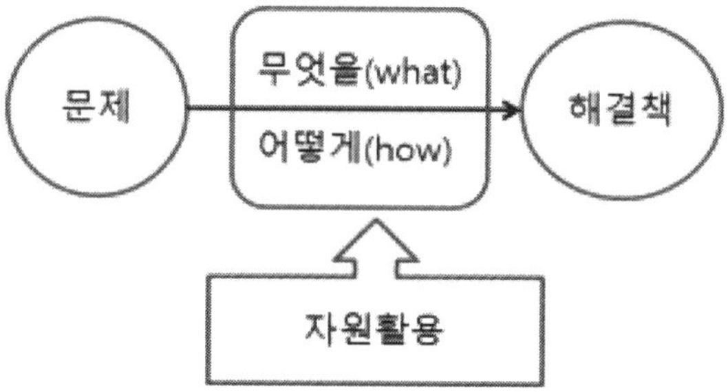

자원 활용을 통한 문제 해결

자원을 분석할 때 과거, 현재, 미래를 고려한 멀티 스크린 씽킹(9개의 창)을 사용하여 자원을 분석하면 현재, 과거와 미래에 사용되는 자원에 대하여 분석할 수 있다.

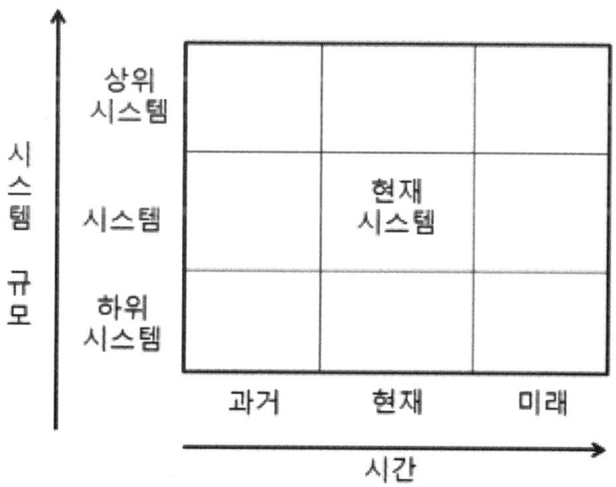

TRIZ 문제해결 프로세스의 가장 큰 특징은 현실의 문제를 TRIZ의 추상영역으로 일반화시켜 개념 해결책을 찾는 것이다. 기존 방법론이 경험, 직관, 개인의 지식 범위에서 시행착오를 통하여 솔루션을 찾는 방식이라면, TRIZ는 문제해결의 공통 원리를 이용하여 현재 문제에 대한 표준 문제 모델과 표준 해결안 모델 탐색을 통하여 체계적이고 과학적으로 해결책에 접근해야 한다.

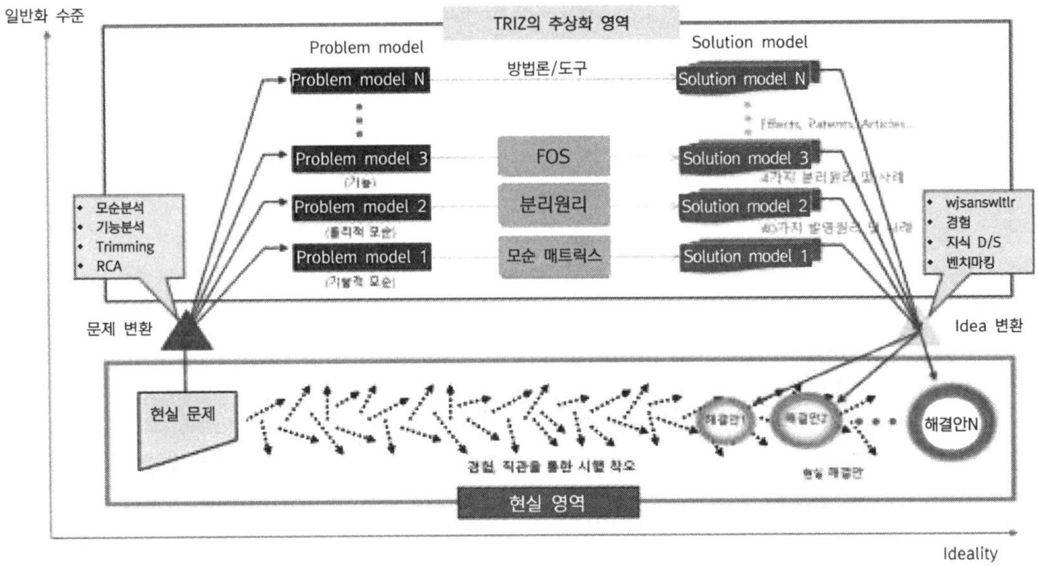

TRIZ 문제 해결 프로세스

1.4 이상성(Ideality)

트리즈에서 시스템은 이상성이 증가하는 방향으로 진화를 한다고 한다. 즉 아래 그림과 같이 시스템에서 비용은 줄이고, 효과는 증가하는 방향으로 진화를 한다.

$$\text{Ideality} = \frac{\text{Functionality(Effects, 효과)} \uparrow}{\text{Cost(비용)} \downarrow}$$

이상적인 최종 결과를 IFR(Ideal Final Result)이라 한다. 즉 IFR은 이상성이 ∞로 가는 것을 말한다. 다음 그림도 이상적인 최종 해를 지향한다고 할 수 있다.

$$\frac{\text{Functionality}\uparrow}{\text{Cost}\downarrow} \quad \frac{\text{Functionality}\uparrow\uparrow}{\text{Cost}\uparrow} \quad \frac{\text{Functionality}\uparrow}{\text{Cost (C)}} \quad \frac{\text{Functionality(C)}}{\text{Cost}\downarrow} \quad \frac{\text{Functionality}\downarrow}{\text{Cost}\downarrow\downarrow}$$

*'(C)'는 Constant로 일정함을 의미

즉 이상시스템이란 이상적인 시스템은 기능은 완벽히 수행하면서 자신은 물리적 실제로 존재하지 않는 시스템 질량, 비용, 에너지 소모 등이 “Zero” 에 접근하는 시스템, 모순이 존재하지 않는 시스템, 유익한 기능만 수행하는 시스템, 요구되는 기능이 추가적인 노력이나 유해한 영향 없이 스스로 수행되는 시스템을 말한다.

트리즈에서 IFR의 역할은 정확한 목적과 방향 설정을 통하여 시행착오를 최소화하고, 이상적 목표는 기존의 사고방식과 행동방식을 변화시킨다. 결과적으로 고정관념과 심리적 관성에서 벗어날 수 있는 기회를 제공한다.

✥ 트리즈의 발생 배경

1) 4만개의 특허 분석을 통하여 공통의 문제 유형과 해결안 추출하였다.

2) 규칙성 : 창조적 발상은 시·공간을 넘어 반복적으로 나타난다.

3) 유추사고 : 창조는 타 분야의 해결원리를 통하여 이루어진다.

4) 모순해결 : 창조적 문제해결은 모순해결을 통하여 이루어진다.

✥ 트리즈의 핵심

1) IFR (Ideal Final Result) : 이상적 목표를 통하여 심리적 관성 탈피이다.

2) 모순(Contradiction) : 이상 해결책은 모순의 해결을 통하여 이루어진다.

3) 자원(Resources) : 모순 극복과 이상 해결책은 자원을 통하여 달성할 수 있다.

4) 시스템진화법칙, 비 기술 분야(서비스, 금융, 유통)로 확대 → 비즈니스 트리즈

✥ 트리즈의 계층적 시스템

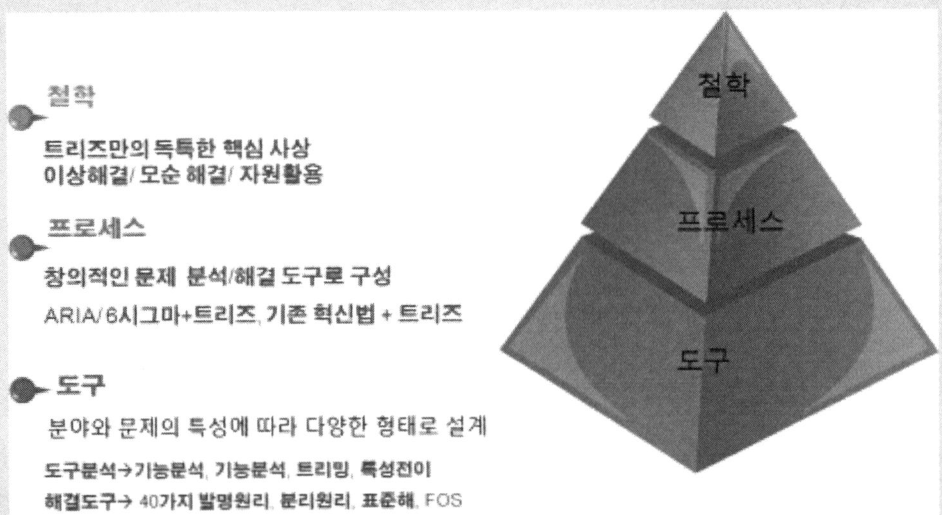

< 트리즈의 계층적 시스템 그림 >

트리즈의 주요 개념

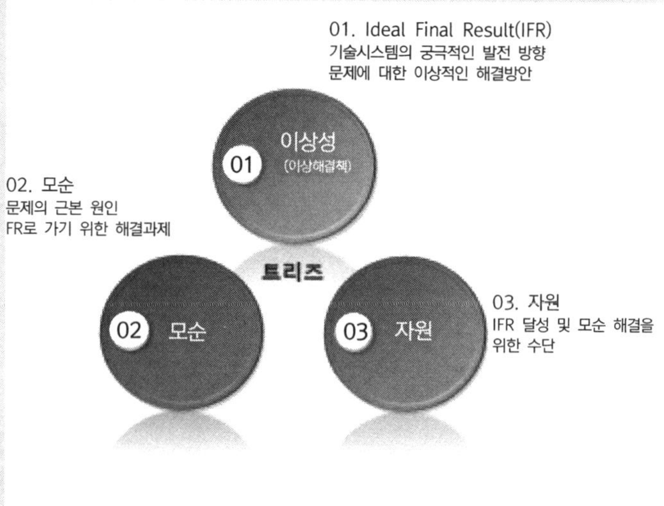

< 트리즈 문제 해결을 위한 3가지 핵심 키워드 >

트리즈가 말하는 강력한 해결 방안은 다음과 같다.

▶ 이상성을 증가시킨다.

▶ 모순을 해결한다.

▶ 문제 상황에서 쉽게 활용가능 한 저비용의 자원을 사용한다.

따라서 트리즈는 주어진 문제의 가장 이상적인 결과를 얻어내는데 관건이 되는 모순을 찾아내고 이를 극복함으로써 혁신적 해결안을 얻을 수 있는 방법론이라고 할 수 있다.

1.5 시스템적 사고

(1) 상위시스템(super system)

- 모든 시스템은 상위 시스템이라 불리는 또 다른 시스템의 일부이다.
- 모든 시스템은 상위 시스템의 요구에 의해 만들어진다.
- 상위 시스템과 상호작용을 잘 할수록 기술시스템의 이상성이 높이진다.
- 상위 시스템은 기술시스템의 동작이나 수행 성능에 영향을 준다.
- 시스템 외부에 존재하기 때문에 설계되거나 개선될 수 있는 요소는 아니지만, 문제 해결과정에서 반드시 고려되어야 할 제약 조건, 자원 등을 포함하고 있다.

(2) 하위시스템(sub system)

- 시스템을 만들어주는 요소들을 하위 시스템이라 정의한다.
- 모든 시스템은 하위 시스템이라 불리는 또 다른 시스템 구성요소를 포함한다.
- 하위 시스템의 성능이 기술시스템의 성능에도 영향을 미친다.
- 프로젝트의 목표 달성을 위해 설계되거나 변경되어 질 수 있는 요소이다.
- 일반적으로 기술시스템에 가장 가까운 첫 번째 하위레벨 구성 요소를 말한다.

(3) 기술시스템(Engineering system)

- 길가에 놓인 돌멩이는 시스템이다. 하지만 기술시스템은 아니다. 하지만, 돌멩이가 도로 바닥에 놓이거나, 계단이 되거나 사람에 의해 망치로 사용되면, 즉 다른 기능을 부가하게 되면 " 기술시스템"이라 한다.
- 기술시스템은 기능을 수행하기 위해 설계된다.
- 기술시스템은 시스템의 설계 의도에 따라 하나의 주기능을 수행한다.

- 기술시스템은 기술시스템의 목적인 목표(Target)에 대하여 주 기능을 수행한다.
- 기술시스템은 구성 요소 중 주 기능을 수행하는 요소를 주 도구(Main tool)라 한다.
- 주 도구를 제외한 모든 구성요소는 주기능의 수행을 돕기 위한 보조 기능을 수행하도록 설계된다.

(4) 시스템 완전성의 법칙

기술시스템은 아래 그림과 같이 4가지의 구성 요소를 갖추어야 한다고 하는 것이 시스템 완전성의 법칙이다.

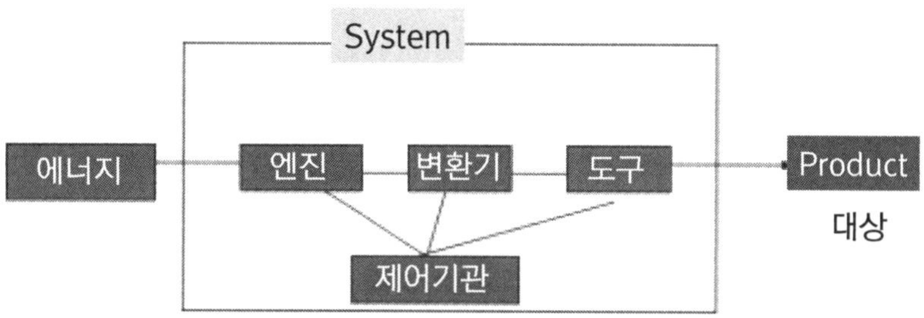

1.6 기능(Function) 이란

(1) 기능(Function)의 정의

모든 사물에는 기능(Function) 이전에 특성(Feature)이 있다. 하나의 물건이 다른 물건과 구분 될 수 있는 것은 각각의 물건의 특징(특성)을 가지고 있기 때문이다. 종이컵의 특성을 예로 들면 "물 컵으로 사용 한다.", "모종에 사용 한다.", "전화기 놀이를 할 수 있다", "저금 통으로 사용 한다.", "촛불이 꺼지지 않도록 한다." 등등 무수히 많다.

트리즈에서 어떤 물건의 기능이란 특정한 환경에서 선택되는 하나의 특성으로 정의한다. 물건의 기능에 수는 무수히 많다. 어느 한 기능을 지정하려면 특별한 환경까지 지정해야 한다는 것이다. 컵으로 물을 마시기 위해 사용한다면 종이컵의 기능은 물을 담는 것이다. 학생이 컵을 사용하여 잔돈을 모으면 그 때의 종이컵은 저금통의 기능을 수행하는 것이다. 즉 "**기능이란 시스템이 처한 상황에서 결정되는 수많은 특성 중의 하나**"로 정의된다.

고객은 시스템을 구매하는 것이 아니라 시스템이 수행하는 기능(Function)을 구매하는 것이다. 즉 주체가 되는 하나의 사물이 대상이 되는 객체에게 수행하는 작용(action)을 의미한다. 사물 주체의 작용에 의해 대상 객체의 속성을 나타내는 하나 또는 **여러 개의 파라미터가 직접적으로 변화되거나 유지되어야 기능을 수행**한다고 할 수 있다.

표현은 주어-동사-목적어(S-V-O), 서술동사는 목적어의 특성을 변화나 유지를 기술하는 단어를 선택해야 한다.

예) 망치로 못을 박는 경우

Object :	못	Tool :	망치(머리 부분)	Function :	때리는 행위

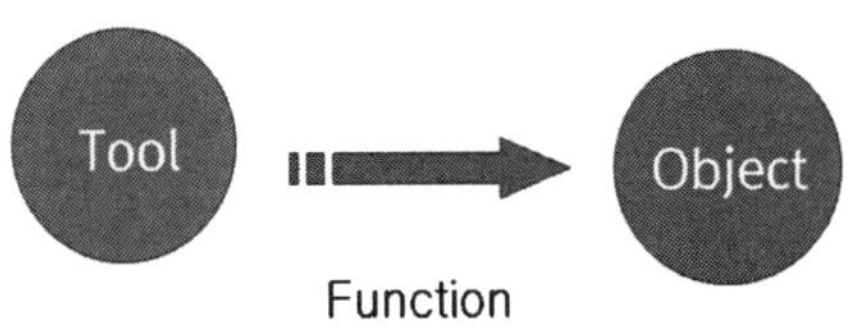

주어 + 동사 + 목적어(대상)

(타동사)

Ex) Seat supports the body, Cup holds water, Valve stops the flow

(2) 기능 정의 시 주의 할 점

1) 기능을 수행하는 도구는 대상과 직접적인 상호관계를 가져야 한다.

- 직관적 표현, 관용적 표현, 전문 용어 표현에 주의가 필요하다.
- 대상은 도구에 의해 직접 제어되어야 한다.

예) 프로펠러의 기능은 배를 이동시키는 것이다(x)

프로펠러의 기능은 물을 이동시키는 것이다(o)

2) 기능은 기술시스템을 구성하는 물리적 요소(물질, 장)간의 상호작용이어야 한다.

- 직접적인 상호작용을 주고받는 도구와 대상은 물질 또는 장으로 구성된다.
- 물질 또는 장 사이에 주고받는 기능과 기능의 결과로 나타내는 특성 값을 명확히 구분한다.
- 기능의 결과로 나타나는 특성(온도, 속도 등)의 표현은 기능의 표현으로 부적절하다.

예) 에어컨은 사람을 시원하게 한다(x)

에어컨은 방안의 온도를 조절한다.(x)

에어컨은 공기를 냉각시킨다.(o)

< 기능의 틀린 표현과 올바른 표현 >

(×)	(O)
더운 바람이 머리를 건조	더운 바람이 수분을 증발시킨다.
팬이 몸을 냉각시킨다.	팬은 공기를 이동시킨다.
렌즈는 대상을 확대한다.	렌즈는 빛을 굴절시킨다.
백열전구가 방을 비춘다.	백열전구는 빛을 방출한다.
다이오드는 전류를 차단한다.	다이오드는 어떤 극성의 전류를 차단한다.
피뢰침 번개를 이끈다.	피뢰침은 전류를 전도한다.
앞 유리가 운전자를 보호한다.	앞 유리는 요소들을 막는다.

(3) 주기능(Main function)

목표 대상(Target)의 특성(Parameter)을 변화시키거나 유지하기 위해서 대상에게 가해지는 작용(Action)을 말한다. 주기능이란 전체 기술시스템이 설계되고 수행하는 유익한 기능을 의미한다. 주 기능의 정의를 통하여 기술시스템의 존재 목적을 재인식한다. 즉 심리적 관성을 제거해야 한다.

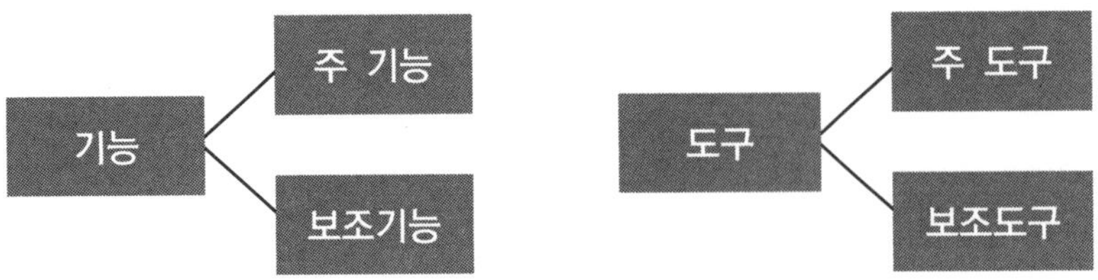

< 기능과 도구 >

(4) 목표 대상(Target Object)

기술 시스템이 수행하는 주 기능(Main Function)의 결과로 특성(파라메터)이 변화가 발생하는 대상을 말하며, 기술시스템의 일부분은 아니다.

(5) 기능의 유형(Category of Function)

기능의 유형은 아래 그림과 같이 유용한 작용, 해로운 작용, 불충분한 유용한 작용으로 구별할 수 있다.

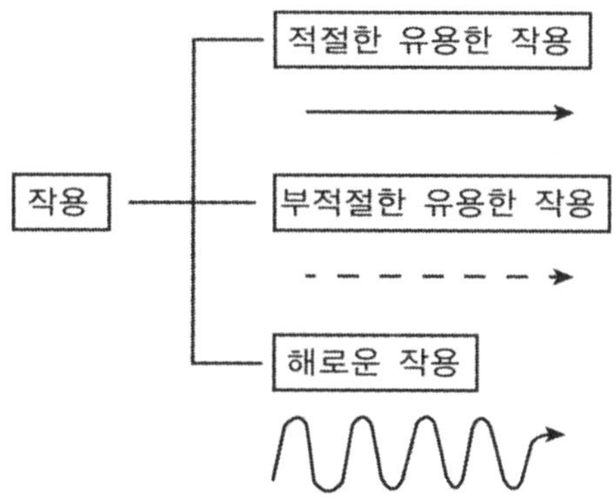

(6) 기능 분석 순서

기능분석의 순서는 아래 그림과 같이 먼저 요소 분석(Component Analysis)을 수행하고 상호작용 분석(Interaction Analysis)을 수행한다. 그리고 마지막으로 기능 모델링(Function Modeling)을 수행한다.

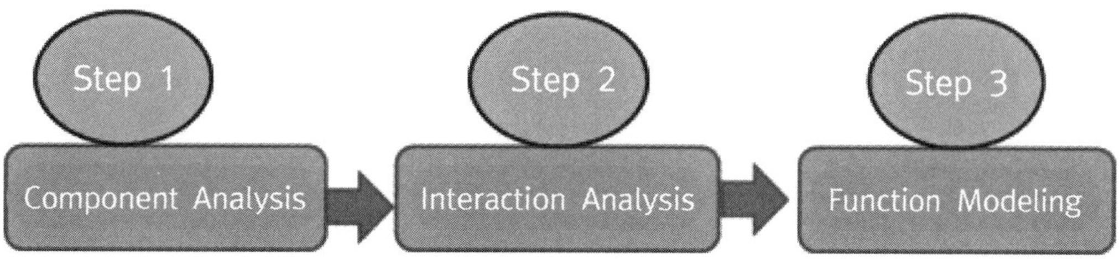

< 기능 분석 순서 >

1) 요소분석 (Component Analysis)

기술시스템을 구성하는 요소와 상위시스템 요소를 분석한다.

① 시스템 구성하는 요소를 분석한다. 대상 기술 시스템을 구성하는 요소로서 문제 해결과정에서 설계 변경 및 제어가 가능한 요소이다.

예) 헤어드라이기 : 모터, 팬, 열선 등

② 상위 시스템을 요소를 분석한다. 기술시스템 밖에 존재하는 요소로서 설계 변경 및 제어가 어려우나 기술시스템과 상호작용하는 요소이다.

예) 헤어드라이기 : 사용자, 전기에너지, 모발, 피부 등

③ Target을 분석한다. 기술 시스템의 설계 목적인 주 기능의 대상으로 기술시스템의 목적이 되는 요소이다.

예) 헤어드라이기 : 수분

예) 헤어드라이기

〈 Component model 〉

<table>
<tr><td rowspan="4">상위 시스템 요소
(Supersystem Component)</td><td>전기에너지</td></tr>
<tr><td>모발</td></tr>
<tr><td>수분(Target)</td></tr>
<tr><td>공기</td></tr>
<tr><td>Engineering system</td><td>헤어드라이기</td></tr>
<tr><td rowspan="4">하위 시스템 요소
(Subsystem Component)</td><td>모터</td></tr>
<tr><td>팬</td></tr>
<tr><td>열선</td></tr>
<tr><td>하우징</td></tr>
</table>

2) 상호작용 분석 (Interaction Analysis)

기술 시스템과 상위 시스템을 구성하는 요소들 간의 상호작용을 분석한다.

상호작용이란

① 요소 간 직접적이고 물리적인 상호작용이 존재하는가?

② 두 요소는 상호작용을 통하여 특성의 변화, 유지, 제어가 일어나고 있는가?

- 상호작용 매트릭스의 x축, y축에 요소를 입력한다.
- 상호작용이 존재하는 셀에(+), 상호작용이 존재하지 않는 셀에(-)를 표기한다.
- 대칭구조를 확인한다.
- 상호작용이 존재하지 않는 요소를 제거한다.

< Interaction matrix >

헤어드라이기	전기에너지	모발	수분	공기	모터	팬	열선	하우징
전기에너지		-	-	-	+	-	+	-
모발			+	+	-	-	-	-
수분				+	-	-	-	-
공기					-	-	+	-
모터						+	-	-
팬							-	-
열선								+
하우징								

3) 기능 모델링(Function Modeling)

① 요소들의 기능 및 변수를 정의한다.

② 구성 요소에 의해 수행되는 기능을 평가한다.

③ 기능 모델을 구성한다. Table 또는 Graphic 형태로 만든다.

< 기능 모델(Table) >

순서	도구	작용	목표	유익/유해	변수	수행준위
1	더운 공기	제거	수분	유익	온도	충분
2	더운 공기	가열	모발	유해	온도	초과
3	하우징	지지	팬	유익	형상	충분
4	팬	이동	공기	유익	속도	충분
5	열선	가열	공기	유익	온도	충분
6	모터	회전	팬	유익	속도	충분
7	전기에너지	가동	모터	유익	속도	충분

(7) 근본 원인 분석(Root Conflict Analysis : RCA)

1) 인과 관계 분석

- 문제를 일으키는 결과(현상)로 부터 원인(본질)을 차례로 찾아서
- 문제를 일으키는 근본 원인을 해결하면 문제가 해결된다는 발상

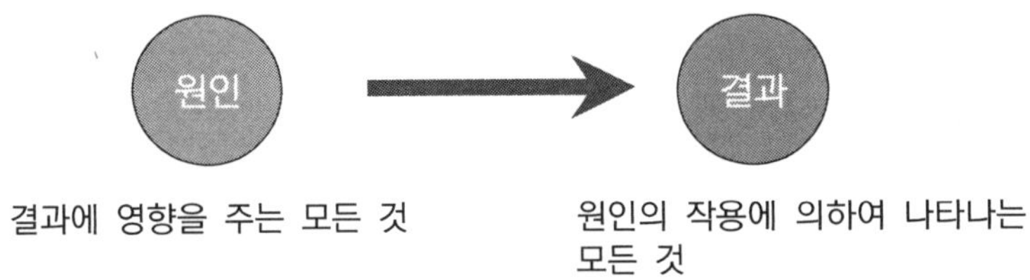

2) 근본원인 분석 다이아 그램의 3가지 유형

- 유해(-) : 유해한 결과와 유해한 결과를 일으키는 원인(즉시 제거 대상)
- 유익(+) : 유해한 원인으로부터 발생하는 유익한 결과
- 유익과 유해(-+) : 유익한 결과와 유해한 결과를 동시에 발생시키는 원인 근본 대립(모순)
- (-) 와 (+) : 기술적 모순을 의미하고, (-+) : 물리적 모순을 의미 한다.

3) 원인을 찾는 방법

근본원인을 찾기 위해서는 문제가 왜, 어떻게 발생하는가에 대하여 원인을 찾아야 문제를 해결할 수 있다. 이를 해결하기 위해서는 시간, 공간, 에너지, 환경, 조건 특성을 살펴서 문제의 원인을 찾아야 한다.

① 문제가 왜(Why) 발생하는가?

② 문제가 어떻게(How) 발생하는가?

- 시간 특성 : 시간, 속도, 프로세스 등
- 공간특성 : 공간, 길이, 면적, 부피, 구조 등
- 에너지 특성 : 무게, 힘, 압력, 온도, 밝기 등
- 환경특성 : 물질, 정보, 정책, 제도, 문화, 가치 등
- 조건특성 : 안정성, 신뢰성, 내구성, 편리성, 적용성, 복잡성, 자동화, 생산성, 고객요구사항 등

4) 원인 분석의 종결

원인 분석을 찾고 종결하기 위해서는 다음과 같은 조건이 도달하였을 때 종결한다.

① 제약 조건에 도달하였을 때

예) 정책적 요구사항 등

② 제어 할 수 없는 원인에 도달 하였을 때

예) 환경요인, 인간의 습성 등

③ 긍정적인 원인에 도달하였을 경우 : 모순에 도달

예) 연비가 낮다 ← 차가 무겁기 때문 ← 엔진 용량이 크기 때문에 ← 출력을 높이기 위해

1.7 트리밍(Trimming)

트리밍이란 어느 특정요소를 제거하고 제거된 요소가 수행하던 유익한 기능을 시스템 요소나 상위시스템 요소에게 위임하도록 설계변경을 유도하는 분석 도구 중의 하나이다. 트리밍은 문제 해결의 수단이 아니며, 특정요소가 제거됨으로써 그 요소가 수행했던 기능이 새로운 문제로 정의된다.

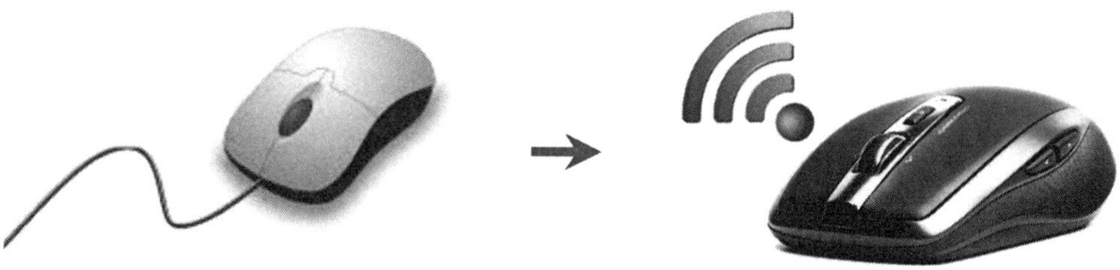

< 선이 있는 마우스 > Trimming < 무선 마우스 >

(1) 트리밍 순서

① 트리밍 대상 선정 : 프로젝트의 목적(갈등해소, 원가절감, 특허 회피 등)에 맞는 제거 요소 선정

② 트리밍 : 문제 요소 제거 및 2차 문제 정의

③ 트리밍 규칙 : 트리밍 규칙은 A, B, C의 순서에 따라 2차 문제에 대한 해결방안 탐색을 수행한다.

(2) 트리밍 규칙

① 트리밍 A : 대상을 트리밍 할 수 있다면 도구는 없어도 된다.

예) 프로펠러를 제거하면 안전망이 필요하지 않다.

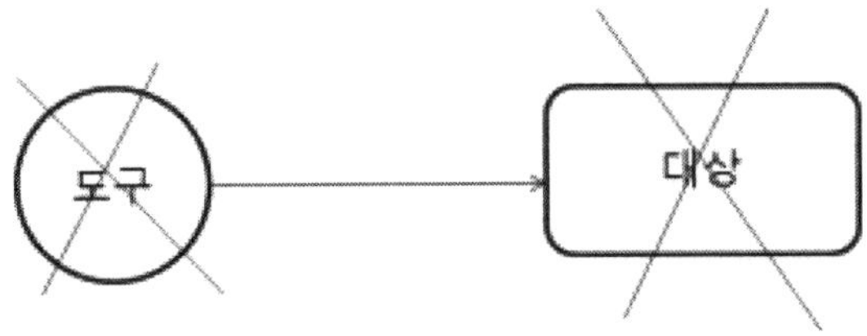

< Trimming A >

② 트리밍 B : 대상이 스스로 기능을 수행할 수 있다면 도구는 없어도 된다.

예) 온도에 따라 색깔이 변하는 물질이 있다면 온도계는 필요하지 않다.

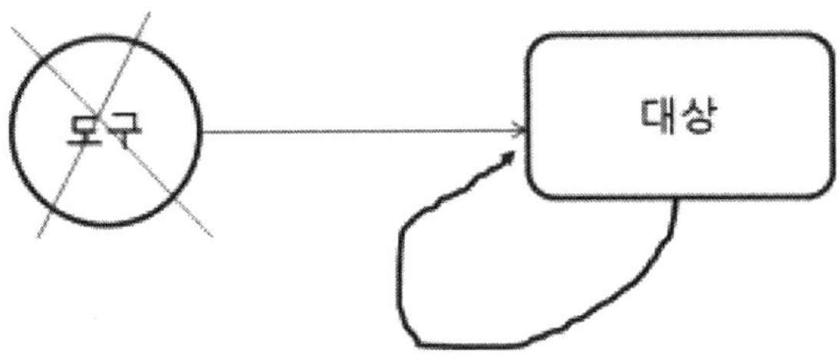

< Trimming B >

③ 트리밍 C : 도구가 수행하던 기능을 다른 구성요소가 수행할 수 있다면 도구는 없어도 된다.

예) 안테나의 기능을 열선이 수행할 수 있다.

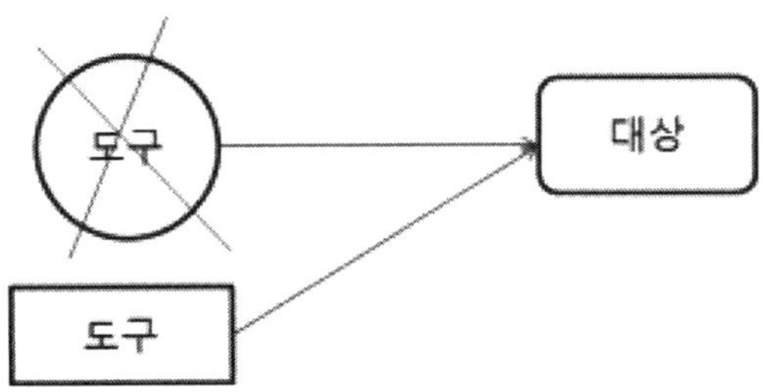

< Trimming C >

(3) 트리밍 활용 방안

① 트리밍은 기술가치, 특허회피, 원가절감, 모순문제해결 등 프로젝트의 목적에 따라 다양한 용도로 활용할 수 있다.

② 기술가치 : 기능 모델 상의 요소들의 가치를 평가하여 가치가 낮은 요소부터 트리밍을 실시한다.

③ 원가절감 : 원가절감 목표를 달성하기 위하여 대상 요소를 트리밍 한다.

④ 특허회피 : 전략적 특허 회피를 위하여 청구항 항목의 주요 요소를 트리밍 한다.

⑤ 모순해결 : 유익한 기능과 유해 기능을 함께 수행하는 갈등 요소를 트리밍 한다.

1.8 물질-장 분석

주변의 자원에 대하여 분석하여 문제를 해결하는 한다. 이상적인 문제 해결이란 우리 주변의 자원을 활용하는 방법을 찾는 것이다. 트리즈 문제와 관련된 모든 것을 문제해결을 위한 자원으로 변환시키는 사고법이 필요하다.

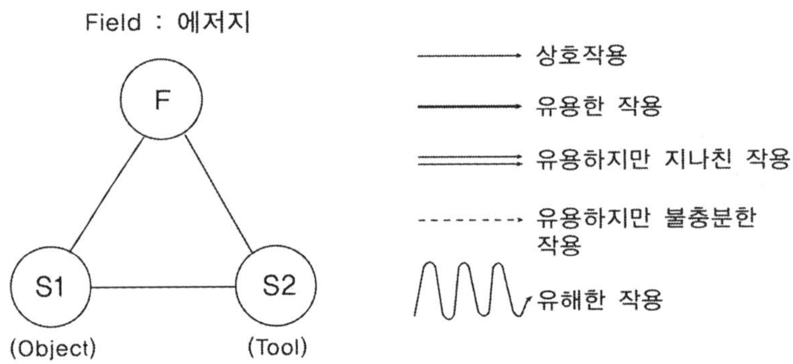

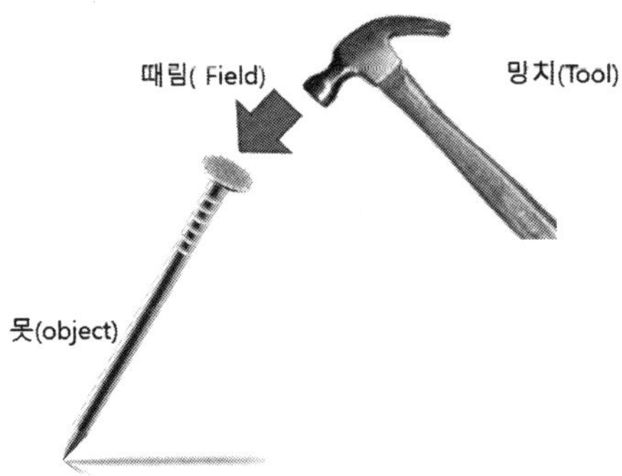

S1 : 못, substance : 물질

S2 : 망치, Tool : 도구, 작용체

F : 때림, Field : 장, 에너지, 힘

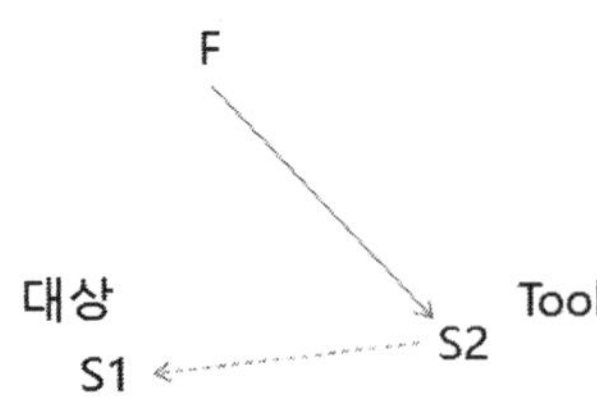

< 물질-장 모델 >

(1) 장(Field)의 분석

트리즈에서 장(Field) 이라함은 에너지 또는 장을 말한다. 장의 종류에는 다음과 같이 6가지의 종류로 분류할 수 있다.

① Mechanical field(기계적 장), ② Acoustic field(음향 장), ③ Thermal field(열역학 장), ④ Chemical field(화학 장), ⑤ Electric field(전기 장), ⑥ Magnetic field(자기 장)이 있다. 장(field)의 진화는 ①→ ②→ ③→ ④→ ⑤→ ⑥의 순으로 진화된다.

예) 접시 그릇에 설탕가루와 철가루를 혼합하여 놓여있다. 어떻게 분리를 해야 하는가? 눌질-장을 적용하여 쉽게 해결할 수 있다.

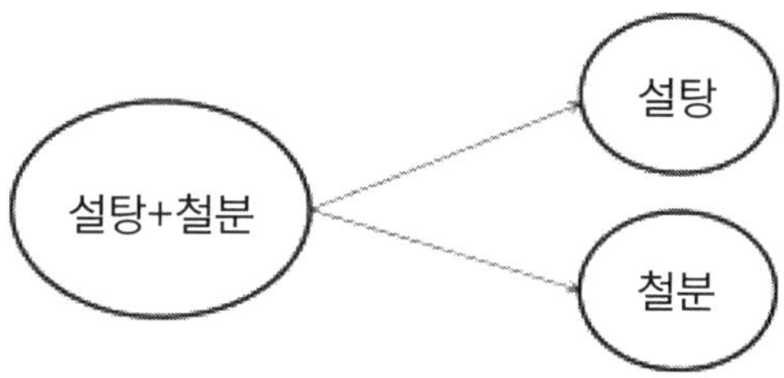

Field : 자장, S1 : 도구는 자석, S2 : 대상은 철분 이다.

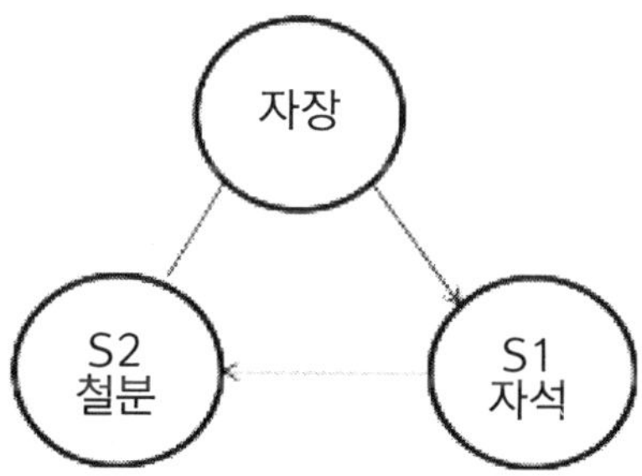

< 물질-장 모델 >

(2) 물질-장 분석의 분류

Class 1 : 기술적인 시스템이 시장에 출현하기 위한 조건과 내부적으로 발생하는 유해한 작용을 제거하는 방법이다.

Class 2 : 시스템이 내부적으로 더 강해지고 효율을 향상시키는 방법이다.

Class 3 : 기술적인 시스템이 시장에 출현하기 위한 조건과 내부적으로 발생하는 유해한 작용을 제거

Class 4 : 내부적으로 완성도를 가진 후 외부의 환경적 요소와 어울러져 외적으로 강해지는 방법, 상위 시스템으로 전이가 가능하다.

Class 5 : Class 1~ Class 4의 해결책을 적용함에 있어서 도움이 될 수 있는 방법들을 제시한다.

(3) 물질-장 분석의 구성

Class 1. 물질-장의 구성과 유해기능 제거

Group 1-1 : 물질-장 모델 구성한다.

Group 1-2 : 물질-장 모델의 유해작용 제거한다.

Class 2. 물질-장 모델의 내부적 진화

Group 2-1 : 이중 물질-장 모델로 변환한다.

Group 2-2 : 물질-장 모델이 일반적으로 진화한다.

Group 2-3 : 리듬, 조화를 따르는 방향으로 진화한다.

Group 2-4 : 물질-장 모델의 강자성을 도입한다.

Class 3. 물질-장 모델의 외부적 진화

Group 3-1 : 복수 시스템과 다중 시스템으로 전이한다.

Group 3-2 : 미시 수준으로 전이한다.

Class 4. 측정 시스템 관련 표준해

Group 4-1 : 시스템을 변경하여 측정을 대체한다.

Group 4-2 : 측정 시스템의 물질-장 모델을 구성한다.

Group 4-3 : 측정 시스템도 진화한다.

Group 4-4 : 강자성 측정 시스템을 도입한다.

Group 4-5 : 측정 시스템이 진화한다.

Class 5. 표준해 적용을 위한 표준해

Group 5-1 : 물질을 도입한다.

Group 4-2 : 장(Field)을 도입한다.

Group 4-3 : 상전이를 활용한다.

Group 4-4 : 물리적 효과를 활용한다.

Group 4-5 : 물질입자를 획득한다.

1.9 76가지 표준해

Class 1: 물질-장 모델의 구성과 유해기능 제거

Group 1-1: 물질-장 모델의 구성

표준해 1-1-1. 물질-장 모델 구성

새로운 물질이나 장(Field)을 추가할 수 있다면, 문제를 새로운 물질-장 모델로 구성함으로써 해결할 수 있다. 물체를 장의 작용에 의해 원하는 대로 바뀌게 한다.

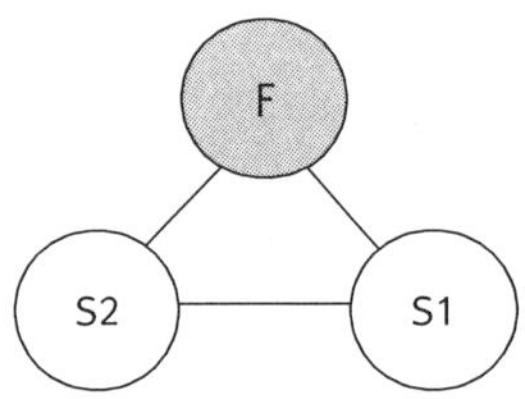

예) 가루물질(S2)에서 공기(S1)를 제거하기 위해 물질에 원심력을 작용시킨다.

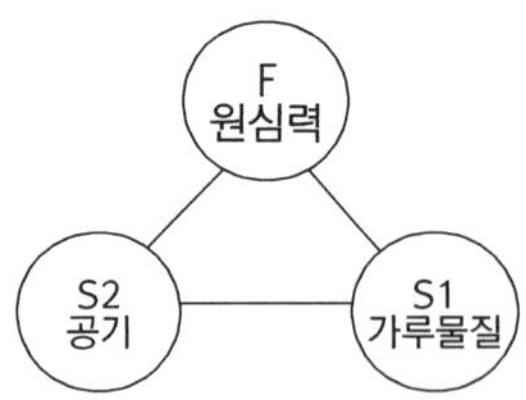

표준해 1-1-2. 물질내부에 첨가물 도입

물질-장 모델에 기존 물질 내부에 새로운 물질을 첨가 시킨다. 예) 크기가 매우 작은 액체 방물(S1)을 육안(S2)으로 검출하기 위해, 사전에 액체에 형광체(S3)을 첨가하면 자외선 빛 등을 이용해서 육안으로 쉽게 검출이 가능하다.

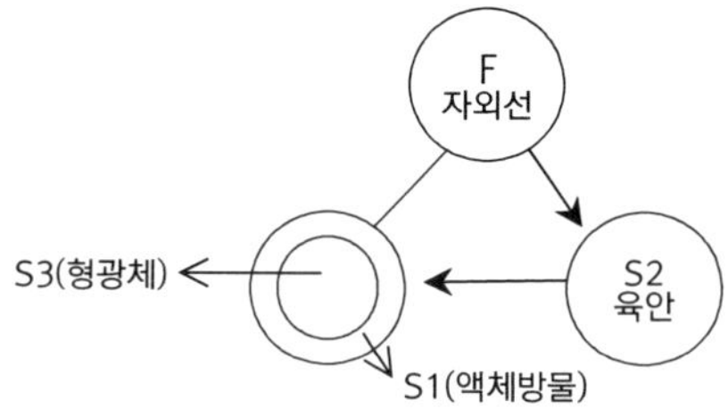

표준해 1-1-3. 물질 외부에 첨가물 도입

물질-장 모델에 기존 물질의 표면이나 외부에 새로운 물질을 첨부한다. 예) 가스관에서 가스(S1)의 누출을 감지하기 위하여 가스관의 표면에 가스와 반응시 화학작용으로 거품을 생성하는 물질(S3)로 씌우면 육안(S2)으로 쉽게 검출할 수 있다.

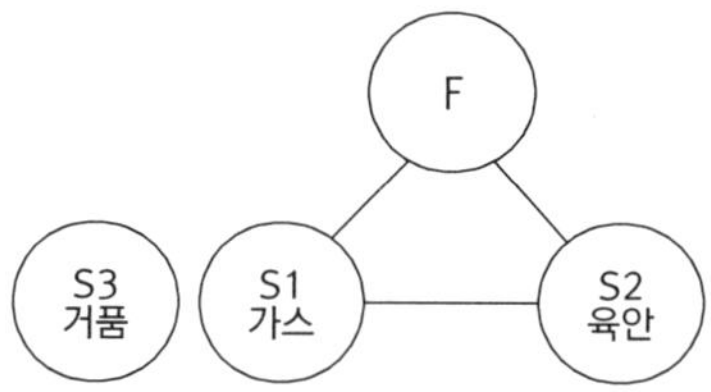

【표준해 1-1-4, 5, 6, 7, 8-1, 8-2는 생략】

Group 1-2: 물질-장 모델의 유해작용 제거

표준해 1-2-1. 제3의 물질 도입

직접적인 접촉이 필요 없는 두 물질 사이에 유해작용이 존재한다면 제 3의 물질을 두 물질 사이에 도입한다.

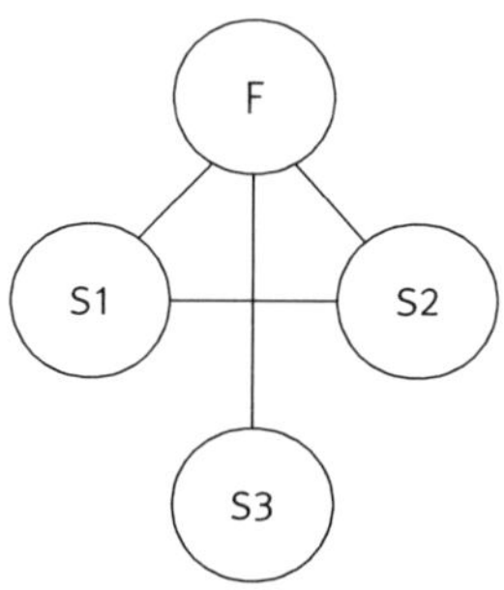

예) 구멍을 뚫는 시추공은 구멍의 벽면을 견고하게 뚫기 위해 폭발중에 발생되는 고압의 가스를 활용하지만, 가스가 벽면에 미세한 금을 발생시키므로 제 3의 물질인 점토를 사용하여 벽면에 씌우는 것이 제안되었다.

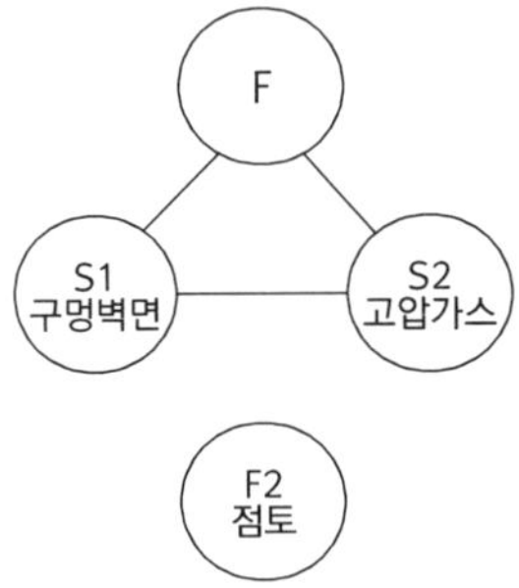

【표준해 1-2-2, 3, 4, 5는 생략】

Class 2 : 물질-장 모델의 내부적 진화

Group 2-1: 이중 물질-장 모델로 변환

표준해 2-1-1. 새로운 물질-장 추가

물질-장 모델에서 하나의 물질은 독립적으로 제어되는 새로운 물질-장 모델로 대체되어 효율이 향상된다.

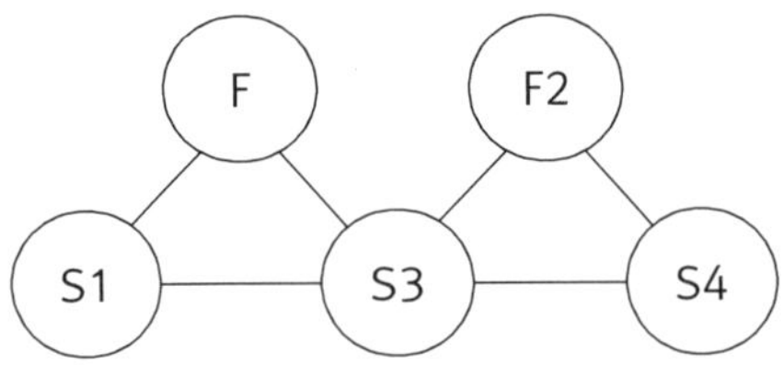

예) 자동차의 핸들에 파워 핸들을 장착하는 경우

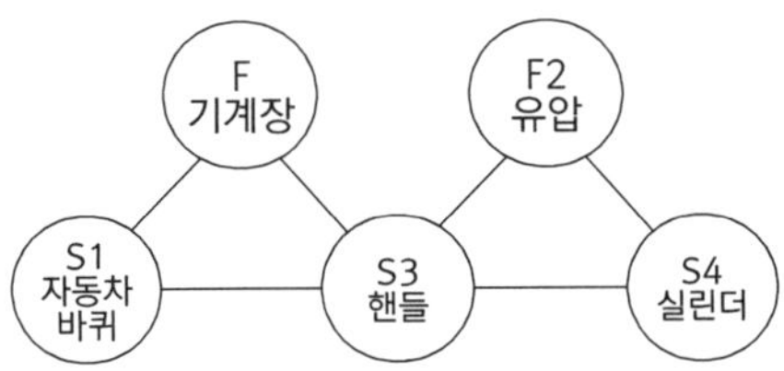

표준해 2-1-2. 이중으로 적용된 장의 추가

물질-장 모델의 한 요소를 대체하거나 제거할 수 없다면, 제어가 쉬운 새로운 장을 기존 물질들에 이중으로 적용하여 효율성을 향상시킨다.

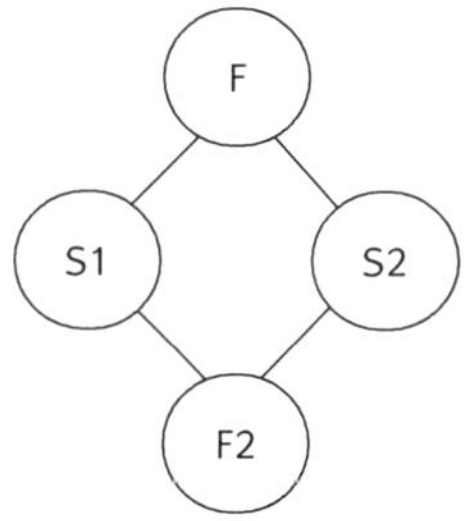

예) 용융된 금속(S2)의 경우, 전자기력(F2)를 이용하여 회전시킴으로서 용광로(S1)에 용융된 금속을 안정되게 제어, 보관 할 수 있다.

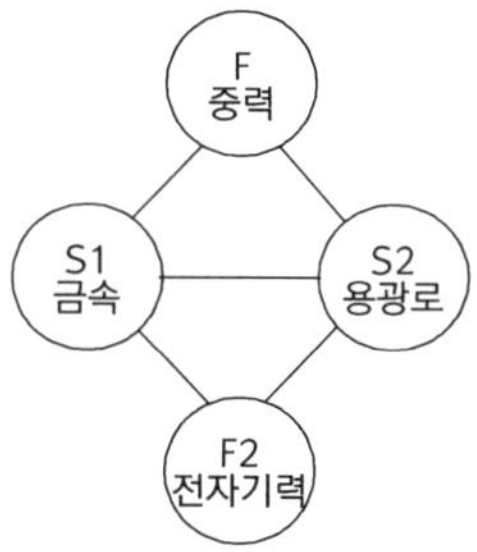

Group 2-2: 물질-장 모델의 일반적인 진화

표준해 2-2-1. 장의 진화

물질-장 모델에서 제어가 어려운 장은 제어가 쉬운 장으로 대체되어 효율이 향상되며 진화한다. 중력장은 기계장으로, 기계장은 전기장으로 대체되는 것이 이에 해당한다.

일반적으로 트리즈에서는 다음과 같은 장의 진화 방향을 제시한다. 기계장 →음파장→열역학장→화학장→전기장→자기장→전자기장 등의 순으로 진화한다. 마쳄(MAThChEM)이라고 부른다.

【표준해 2-2-2, 3, 4, 5, 6은 생략】

Group 2-3: 리듬, 조화를 따르는 진화

표준해 2-3-1. 장의 주파수와 물질간의 진동수 조화

장의 주파수를 물질의 고유 진동수와 일치시키거나, 또는 불일치시켜 효율이 향상되는 방향으로 진화한다.

예) 마사지 등의 건강기구의 작동 주기를 사용자의 맥박과 동기화 한다.

【표준해 2-3-2, 3은 생략】

Group 2-4: 강자성 물질-장 모델

표준해 2-4-1. 강자성 물질 도입

강자성 물질과 자기장을 이용한 강자성 물질장 모델을 만들어 효율을 향상시키는 진화 방향이 있다.

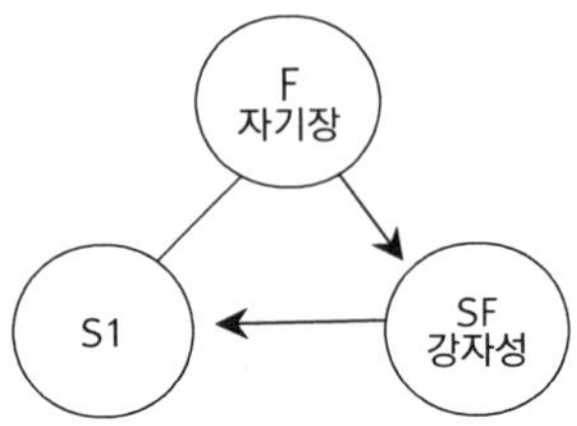

예) 정밀하게 두 개의 파이프를 결합해야 한다면, 결합위치를 정밀하게 하기 위해 자화된 강자성 물질로 파이프를 만든다.

【표준해 2-4-2, 3, 4, 5, 6, 7, 8, 9, 10, 11, 12는 생략】

Class 3. 물질-장 모델의 외부적 진화

Group 3-1 : 복수(Bi) 시스템과 다중(Poly) 시스템으로 전이

표준해 3-1-1. 단일-복수-다중(Mono-Bi-Poly)

현재 시스템이 효율 향상의 한계에 부딪히면 다른 시스템이나 자기 자신과 복수로 결합하여 복수 시스템 또는 다중시스템으로 만든다.

예) 검은색 볼펜과 빨간색 볼펜이 만나 두 가지 색을 가진 펜이 만들어질 있고 4개 이상의 색을 가진 펜도 만들어진다.

【표준해 3-1-2, 3, 4, 5는 생략】

Group 3-2 : 미시수준(Micro Level)으로 전이

표준해 3-2-1. 미시 수준으로 전이

현재 시스템이 효율 향상의 한계에 부딪히면 미시수준으로 물질이 대체된다. 시스템이나 시스템의 부품은 장과 상호 작용하여 원하는 기능을 수행 할 수 있는 미세 물질로 대체된다. 미세 물질로는 결정격자, 액체, 기체, 플라즈마, 분자, 이온, 원자, 장 등이 있다.

예) 넓은 판유리는 용융된 유리 용액을 롤러위를 지나가게 하였는데 평편도를 향상시키기 위해 롤러의 직경을 계속 줄여 나가다가 결국 주석을 용융한 액체위를 흘러가게 하여 생산을 하였다. TFT-LCD 유리의 경우는 공간에서 수직으로 늘어뜨려 중력장을 이용하고 있다.

Class 4. 측정시스템 관련 표준해

Group 4-1 : 시스템을 변경하여 측정을 대체

표준해 4-1-1. 시스템을 변경하여 측정을 대체

측정이나 검출이 필요하지 않도록 시스템을 변화시킨다.

예) 코일과 자석으로 이루어진 전기모터의 과열을 방지하기 위하여 온도센서가 모터의 온도를 감지한다. 만약 모터의 자석이 과열온도와 동일한 퀴리 포인트를 가지는 함금으로 대체한다면 과열시 모터의 동작이 스스로 멈출 것이다.

【표준해 4-1-2, 3은 생략】

Group 4-2 : 측정 시스템의 물질-장 모델 구성

표준해 4-2-1. 측정 시스템의 물질-장 모델 구성

측정 변수를 직접 측정하는 방법 대신에 장에 의해서 발생될 수 있는 다른 변수를 검출하거나 측정한다.

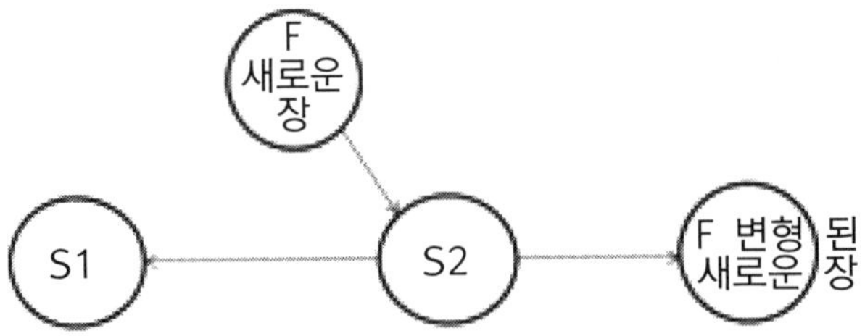

【표준해 4-2-2, 3, 4는 생략】

Group 4-3 : 측정 시스템의 진화

표준해 4-3-1. 물리적 효과적용

측정관련 물질-장 모델에서 물리적 효과를 적용하여 효율을 향상시킨다.

예) 액체의 온도를 측정하기 위하여 온도에 따른 열팽창계수의 변화를 측정한다.

【표준해 4-3-2, 3은 생략】

Group 4-4 : 강자성 측정 시스템

표준해 4-4-1. 자기장 이용

자기장을 이용하여 측정 관련 물질-장 모델의 효율이 향상되는 방향으로 진화한다.

예) 선박 표면의 미세한 구멍을 찾기 위해 자석을 움직이고 이를 자기장 측정장치로 측정하면 구멍을 쉽게 찾을 수 있다.

표준해 4-4-2. 강자성 물질 이용

물질-장 모델의 물질 중 하나를 강자성 입자로 바꾸어서 자기장을 검출하거나 측정한다.

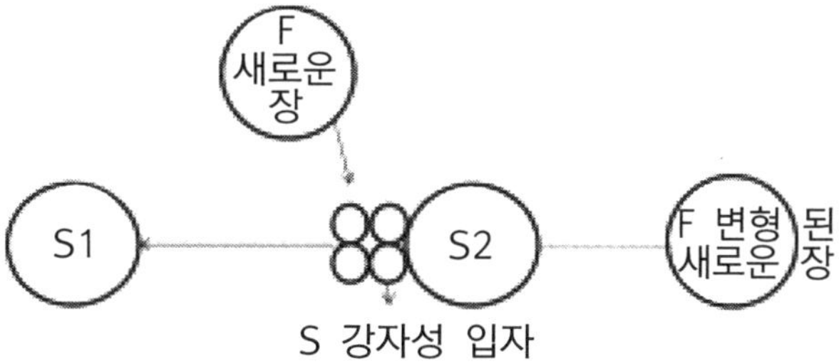

예) 도난을 방지하기 위해 수많은 복제 열쇠 키들 중에 오직 하나의 진짜 열쇠만 있게 섞어 놓았다면 진짜 열쇠는 강자성 입자로 만들 수 있다. 진짜를 골라내기 위해서는 자석을 이용하면 되는 것이다.

【표준해 4-4-3, 4, 5는 생략】

Group 4-5 : 측정 시스템의 진화

【표준해 4-5-1, 2는 생략】

Class 5: 표준해의 적용을 위한 도움

Group 5-1 : 물질의 도입

표준해 5-1-1. 다공성

시스템 내에 물질을 도입하기 어려우면, 물질 대신에 다공성을 적용한다.

예) 다공성은 공기 또는 고체로 만든 빈 공간일 수도 있고 액체나 거품 또는 물렁한 상태의 물질과 같은 것으로도 생성할 수 있다.

【표준해 5-2-2, 3은 생략】

Group 5-2 : 장(Field)의 도입

표준해 5-2-1. 기존의 장을 우선 이용

물질-장 모델 내부에 장을 도입할 때는 이미 시스템을 구성하고 있는 물질과 연결되어 있는 기존의 장을 우선적으로 이용한다.

예) 액체 산소 안에 가스가 들어 있는 것을 분리하고자 할 경우 액체를 파이프에서 회전 운동시키면 액체는 벽면으로 이동하고 가스가 중심으로 분리된다.

【표준해 5-2-2, 3은 생략】

Group 5-3 : 상전이 활용

표준해 5-3-1. 상변화로 물질 사용의 효율 증가

물질의 상변화를 이용한다면 다른 물질의 도입 없이 물질 사용의 효율을 증가시킬 수 있다.

예) 지뢰 기폭장치의 경우 압력가스 대신에 액화가스를 사용한다.

【표준해 5-3-2, 3, 4, 5는 생략】

Group 5-4 : 물리적 효과 활용

표준해 5-4-1. 가역변화

물질이 상이한 물리적 상태를 번갈아 유지해야 한다면, 가역 변화를 이용하여 객체 스스로 가능하게 한다.

예) 형상기억 합금을 사용하여 열에 민감한 밸브를 만들 수 있다.

【표준해 5-4-2는 생략】

Group 5-5 : 물질 입자의 획득

표준해 5-5-1. 물질의 상위 구조 물질 분해

어떤 물질 입자가 필요한데 문제 조건에 의해 직접적으로 얻기가 어렵다면, 해당 물질 입자의 상위구조 수준에 존재하는 물질을 분해함으로써 얻는다.

예) 수소를 얻기 위해 물을 분해하는 장치를 추가하여 고압의 수소를 얻는다.

【표준해 5-5-2, 3은 생략】

1.10 ARIZ 85C 구성

Step 1. 문제 분석

Step 1-1. 최소 문제 서술

[어떤 목적을 수행하는] 기술시스템은 [기술시스템의 주요 요소들]로 구성되어있다.

예) [전파를 수신]하기 위한 기술시스템은[전파망원경의 안테나, 전파, 번개, 피뢰침]으로 구성되어 있다.

- 기술모순 1: 만약 [어떤 상황]에선, [이러한 좋은 점]이 있지만 [이러한 나쁜점]도 있다.

예) 기술적 모순 1: 만약[피뢰침이 많다]면, [안테나는 번개로부터 보호]되지만 [피뢰침이 전파를 흡수]한다.

- 기술모순 2: 만약 [반대로 어떤 상황]에선, [이러한 좋은 점]이 있지만 [이러한 나쁜점]도 있다.

예) 기술적 모순 2: 만약[피뢰침이 적다]면, [피뢰침의 전파 흡수가 차단]되지만 [번개가 안테나를 파괴]한다.

우리는 최소한으로 시스템을 변경하여 [전파의 흡수 없이 번개로부터 안테나를 보호한다.]를 얻고자 한다. 여기서 피뢰침을 전도막대로 일반적인 용어로 교체하여 사용한다.

Step 1-2. 모순 요소 정의

기술적 모순에서 생성물(product)과 도구(tool)를 설정한다.

예) 생성물 : 번개와 전파

도구 : 전도성 막대

Step 1-3. 기술적 모순 도식화

기술적 모순을 그림으로 도식화 한다.

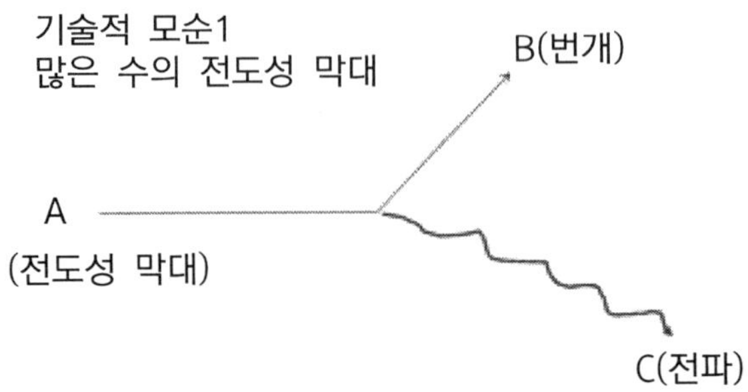

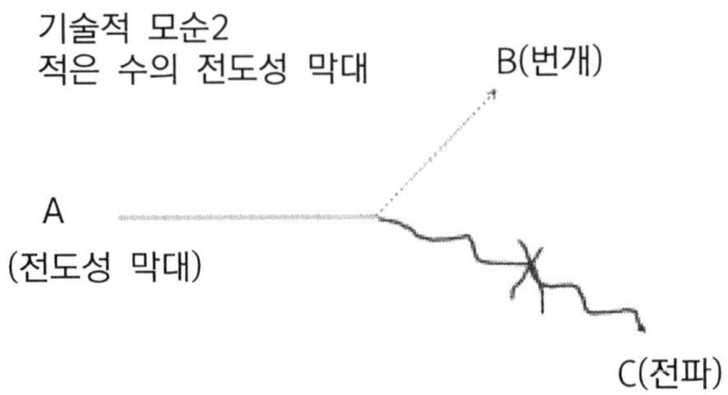

Step 1-4. 도식 모델 선정

두 개의 그림 모형 중에 기술시스템이 기본적으로 수행해야 할 기능과 가장 밀접한 모델을 선정한다.

"전파수신"이라는 주 기능을 더 잘 수행할 수 있는 모델을 선택한다.

예) [전파 망원경]이라는 기술시스템의 기능은 [전파의 수신]이다. 따라서 [전파의 수신]에 가장 부합하는 [**기술적 모순 2**]를 선정한다.

Step 1-5. 모순의 심화

선택된 기술적 모순의 특성을 극단적인 상황으로 심화시킨다. 즉 구성요소가 적어야 한다면 전혀 없다는 것으로 심화되고 구성요소가 많아야 한다면 무한개가 있는 것으로 심화한다. 문제의 크기, 시간, 비용 (STC 연산자)을 뒤틀어서 선입견을 제거한다.

예) [전도성 막대가 적다]는 상황 대신 [전도성 막대가 전혀 없다]는 상황을 고려한다.

Step 1-6. 문제 모델링

다음과 같은 사항이 명시되도록 문제를 다시 모델링한다.

① 서로 상충하는 모순의 요소들 : 없는 전도막대와 번개

② 모순이 심화된 상황 : 없는 전도 막대는 전파수신을 방해하지 않으며 번개로부터 안테나를 보호하지도 못한다.

③ 문제해결을 위한 X 요소가 해야 할 일 : 전파 수신을 방해하지 않도록 전도막대가 하나도 없는 상태를 유지하면서 번개로부터 안테나를 보호해야 한다.

Step 1-7. 표준해 적용

Step 2. 자원 분석

Step 2-1. 작용영역 정의

작용영역(OZ: Operating Zone)을 분석 기술한다. 작용영역 설정이 어렵다면 문제모델에서 언급된 모순이 발생하는 곳을 설정한다. 작용영역은 반드시 모순이 발생하는 곳이기 때문이다.

* OZ : 전도막대가 차지했던 “빈 기둥” 또는 “공기 기둥”

Step 2-2. 작용시간 정의

작용시간(OT: Operating Time)을 분석 기술한다. 작용시간은 문제해결에 유용하게 이용될 수 있는 자원이다. 모순이 일어나는 시간 T1과 모순이 일어나기 전의 시간 T2로 구분할 것을 권장한다.

Step 2-3. 사용 가능한 물질-장의 탐색

문제해결에 사용 가능한 시스템 또는 주위 환경의 물질과 장(Field)을 탐색한다.

전도막대가 "ZERO"인 상황이므로 주변 환경 자원 중심으로부터 분석한다. 즉 "공기, 바람, 구름, 비, 습기, 태양, 중력, 물 등

Step 3. 이상해결책과 물리적 모순 정의

Step 3-1. 이상해결책의(IFR)-1 정의

X-요소는 시스템을 복잡하게 하지 않고 추가적인 유해 작용 없이 [작용시간] 중에 [작용영역] 안에서 [도구]가 수행하는 [유용한 작용]을 유지하면서 [유해한 작용]을 제거한다.

예) X-요소는 시스템을 복잡하게 하지 않고 추가적인 유해 작용 없이 [번개가 치는 시간 T1 또는 다음 번개가 치는 시간 전에 T2] 중에 [전도막대가 차지하고 있던 빈 기둥] 안에서 [없는 전도 막대]가 수행하는 [안테나의 전파 수신을 방해하지 않음]을 유지하면서 [번개를 유인하지 못함]을 제거한다.

Step 3-2. 이상해결책의(IFR)-1 심화

심화란 X 대신에 2-3 단계에서 분석한 자원을 대입하는 것을 의미한다. 여기서는 새로운 물질-장 자원을 도입하지 말아야 하며, 2-3 단계에서 물질-장 자원만을 사용해야한다.

예) [공기 기둥]은 시스템을 복잡하게 하지 않고 추가적인 유해 작용 없이 [번개가 치는 시간 T1 또는 다음 번개가 치는 시간 전에 T2] 중에 [전도막대가 차지하고 있던 빈 기둥] 안에서 [없는 전도 막대]가 수행하는 [안테나의 전파 수신을 방해하지 않음]을 유지하면서 [번개를 유인하지 못함]을 제거한다.

① 도구의 물질-장 자원(시스템 내부 자원)

② 환경의 물질-장 자원(확보 가능한 외부 자원들)

③ 상위 시스템의 물질-장 자원

④ 생성물에 대한 물질-장 자원

Step 3-3. 매크로 수준의 물리적 모순

선정된 자원에 대한 변수분석을 통하여 물리적 모순을 거시적인 관점에서 기술한다.

예) [공기 기둥]은 [번개가 치는 시간 T1 또는 다음 번개가 치는 시간 전 T2] 중에 [번개를 차단하기] 위해서는 [전도성이 있어야] 하고 [전파를 흡수하지 않기]위해서는 [전도성이 없어야] 한다.

Step 3-4. 마이크로 수준의 물리적 모순

[3-3 단계의 거시적 수준의 한 상태]를 달성하기 위해서 [작용영역]에서 [어느 한 물리적 상태를 갖거나 작용하는] 물질 입자가 있어야 하고, [3-3 단계의 거시적 수준이 다른 상태]를 달성하기 위해서는 물질 입자는 없어야 한다. 또는 [반대의 물리적 상태를 갖거나 작용하는] 물질 입자가 있어야 한다.

예) [번개를 차단하기 위해 전도성이 있어야 하는 상태]를 달성하기 위해서 [공기 기둥]에서 [자유전자] 물질 입자가 있어야 하고(작용시간 중에), [전파 흡수를 막기 위해 전도성을 갖지 않는 상태]를 달성하기 위해서는 [자유전자]는 없어야 한다.

Step 3-5. 이상해결책의(IFR)-2 심화

[작용영역]에서(는) [작용시간] 동안, 스스로 [거시 또는 미시 수준에서의 상반되는 상태]가 이루어져야 한다.

예) [공기 기둥 속의 중립 분자들]은 [번개가 치는] 동안, 스스로 [자유전자가 되어야(또는 전도성이 있어야)]하고 [번개가 치지 않는 시간]에는 스스로 [중립 분자가 되어야(또는 전동성이 없어야)] 한다.

Step 3-6. 표준해 적용으로 물리적 모순 해결

Step 4. 물질-장 자원의 활용

Step 4-1. 작은 사람 모델

① 작은 사람 모델 방법을 사용하여 모순을 도식화 한다.

② 작은 사람들이 모순 없이 IFR-2를 달성할 수 있도록 모델을 바꾼다.

Step 4-2. 이상해결책으로부터 한 발짝 물러나기

작은 사람 모델로부터 시스템이 어떤 조건을 만족해야 하는지 명확해졌고, 여기에 도달하는 방법을 찾는 것이 문제라면 이상 해결책으로부터 한 발짝 물러서는 방법이 도움이 된다.

Step 4-3. 물질-장 자원들을 결합하여 활용

물질-장 자원들을 혼합하여 사용할 수 있는지 검토한다. 물질 수준에서 Mono-Bi-Poly를 살펴본다. 물질+물질을 결합하여 새로운 물질의 특성을 유도한다.

Step 4-4. 공간, 기공(void)의 활용

기존 물질-장 자원을 빈 공간 또는 빈 공간과 기존 물질-장 자원의 혼합물을 변경하여 문제해결 가능성을 검토한다. 하나의 물질이지만 Void에 의해서 구획이 나누어지는가를 검토한다.

기공(Void)은 매우 중요한 자원이다. 수량에 제한이 없으며, 값이 싸고, 다른 자원과 쉽게 혼합될 수 있다. 기공은 porous 구조, foam, bubble 등의 형태로 활용될 수 있다. 기공이 항상 vacuum일 필요는 없다. 다른 liquid, gas 등을 포함할 수 있다.

예) 공기를 공기 기둥 외부와 내부로 나누고, 공기 기둥 내부를 희박한 공기로 만든다. 즉 기체의 압력이 낮아지면 중성분자가 전하를 띄기 위해 필요로 하는 전압의 수준이 낮아진다. 따라서 이 원리를 이용하여 해결안을 도출할 수 있다. 유전체로 밀폐된 공기 기둥 내부는 공기가 희박한 상태이며, 번개에 의해 생성된 전기장에 의해 중성분자가 이온화되어 전도성을 가지면서 번개를 유도한다. 번개가 사라지고 나면 이온은 다시 결합하여 중성분자가 되어 전파를 흡수하지 않는다.

Step 4-5. 유도된 자원 활용

기존 자원에서 유도된 자원 또는 유도된 자원과 빈 공간의 혼합물을 사용하여 문제해결 가능성을 검토한다.

Step 4-6. 전기장 활용

물질 대신에 하나의 전기장 또는 두 개의 상호작용하는 전기장을 사용하여 문제해결 가능성을 검토한다.

Step 4-7. 장과 그 장에 민감한 물질 활용

장과 그 장에 민감한 물질을 사용하여 문제 해결 가능성을 검토한다.

예) 열 + 형상기억합금, 바이메탈, 자기장+강자성물질, 자외선+형광체 등을 이용할 수 있다.

Step 5. 지식 DB의 활용

Step 5-1. 표준해 활용

표준해를 활용하여 이상해결책-2와 단계4에서 고려한 물질-장 자원을 이용하여 문제를 해결할 수 있는지를 검토한다.

Step 5-2. 유사문제 활용

아리즈(ARIZ)를 사용하여 이미 해결되었던 비표준문제의 개념 해결안을 활용하여 문제를 해결할 수 있는지를 검토한다.

Step 5-3. 물리적 모순 해결에 분리의 원리 활용

일반적인 물리적 모순 해결방법을 사용하여 물리적 모순을 해결할 수 있는지를 검토한다.

Step 5-4. 물리적 모순 해결에 물리적 효과 활용

물리적 효과와 현상을 사용하여 물리적 모순을 해결 할 수 있는지를 검토한다.

Step 6. 문제의 변경 혹은 재구성

Step 6-1. 기술적 해결안으로 전환

문제가 해결되었으면 개념 해결안을 기술적 해결책으로 전환하라. 작동원리를 서술하고 이 원리를 구현하는 장치의 개략적인 설계도를 작성한다.

Step 6-2. 여러 문제가 결합된 문제인지 확인

만일 문제가 해결되지 않는다면 1.1 과정에서의 문제가 여러 문제들이 결합된 상태를 서술한 것인지 확인한다. 만약 그렇다면 각각 다른 별도의 문제들로 분리하여 1.1 과정을 재 서술하여 하나씩 해결해야 한다.

Step 6-3. 문제를 변경

만일 문제가 해결되지 않는 다면 1.4과정에서 문제를 변경하여 다른 기술적 모순을 선정한다.

Step 6-4. 최소문제 재 서술

만일 문제가 해결되지 않는 다면 1.1 과정으로 되돌아가서 상위시스템의 관점에서 최소 문제를 재 서술하라. 필요에 따라 여러 연속된 상위 시스템의 관점에서 최소 문제를 재 서술하라.

Step 7. 물리적 모순 해결방법 모색

Step 7-1. 개념 해결안을 점검

개념해결안을 검증한다. 도입된 모든 물질과 장을 검토한다. 새로운 물질이나 장을 도입하지 않고 기존의 혹은 유도된 물질-장 자원을 활용하는 것이 가능한가?. 스스로 조절하는 물질의 사용이 가능한가?. 이에 따라 기술적 해결안을 적절하게 수정한다.

Step 7-2. 개념 해결안을 예비평가

① 개념 해결안이 이상해결책-1의 주요 요구사항을 민족시키는가. 시스템을 복잡하게 하는가?

② 어떤 물리적 모순 개념 해결안에 의해 해결되었나?

③ 새로운 시스템이 최소한 하나 이상의 손쉽게 제어되는 요소를 가지고 있는가, 어느 요소가 어떻게 제어되는가?

④ 여러 사이클 사용시 내구성에 별 문제가 없는가?

Step 7-3. 특허를 검색하여 등록 가능성을 점검

얻어진 개념 해결안의 신규성을 특허 시스템을 통해 점검한다.

Step 7-4. 개념해결안 실행시 발생할 수 있는 부가문제 검토

새로운 시스템의 설계 구체화 단계에서 발생할 수 있는 부가 문제를 추정한다.

Step 8. 도출된 해결안의 적용

Step 8-1. 상위 시스템으로 변경 방향 검토

변경된 시스템을 포함하는 상위 시스템이 어떻게 변경되어야 하는 지를 정의 한다.

Step 8-2. 도출된 해결안의 새로운 유용한 효과 검색

변경된 시스템을 포함하는 상위 시스템이 어떻게 새로운 유용한 효과를 낼 수 있는지 검토 한다.

Step 8-3. 다른 문제에 개념 해결안 적용

다른 발명문제들에 개념해결안을 적용한다.

Step 9. 문제해결 과정 분석

Step 9-1. 이론적 해결 과정과 실제 문제해결 과정 비교한다.

실제 문제해결 과정과 이론적인 해결과정을 비교하라. 만일 차이가 있으면 기록한다.

Step 9-2. 도출된 개념안과 트리즈의 지식을 비교한다.

도출된 해와 트리즈 지식(발명원리, 표준해, 물리적 효과 및 현상)을 비교하라.

참고문헌

1. 한국트리즈협회, 비즈니스 트리즈, 교보문고, 2009
2. 최창일, 트리즈 마케팅, 더난출판, 2007
3. 김효준, 창의성의 또다른 이름 트리즈, 인피니티북스, 2009
4. 김효준, 생각의 창의성, 도서출판 지혜, 2004
5. 한지영 외 4인, TRIZ PRIZm, GS 인터비전, 2018
6. 박성균 역, 창의성은 과학이다, GS 인터비전, 2016
7. 박성균 역, 그러자 갑자기 발명가가 나타났다. GS 인터비전, 2005
8. 고준빈 외 2인 공역, TRIZ로 배우는 창의적 설계, GS 인터비전, 2004
9. 박성균, 윤기섭 역, 그림으로 보는 발명문제 해결이론 40가지 원리, GS인터비전, 2005
10. 김호종외 3인, 실용 트리즈, 진샘미디어, 2015
11. KMAC, TRIZ에 의한 논리적 문제해결 아이디어 레시피, KMAC, 2010
12. 김병재, 박성균 공역, 알기쉬운 트리즈, GS 인터비전, 2005
13. 박성균 역, 새로운 방식의 트리즈, GS 인터비전, 2011
14. 송상기외 6인, TRIZ 혁신을 위한 기술, GS 인터비전, 2013
15. 신정호, 트리즈 씽킹, 와우펙토리, 2017
16. 신민수, 국제트리즈 level Ⅰ인증 교육 자료, 2019
17. 신민수, 국제트리즈 Level Ⅲ 인증 전문가 과정 교육자료, 2018

Chapter 2

트리즈를 이용한 문제해결 사례

사례 1 여름 비올 때 제주 지하 주차장, 전기 패널 박스 습기 제어 해결책

머리말

물리적 모순을 기술적 모순으로 바꾸고 39가지 속성(김범용, 도해식 지식재산권 해설, 2015.12.16., 77면 참조) 중 좋아지고 나빠지는 상황에서 모두 좋아지게 한다. 40가지 발명원리들과 물질-장(場, field)도 적용해본다.

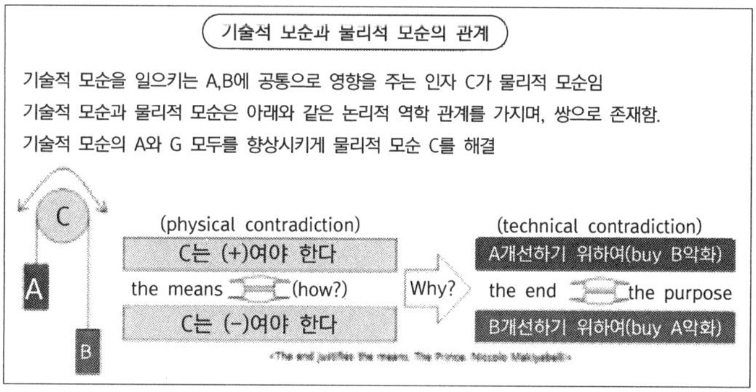

시행착오(아래 그림 a)를 지양하고 40가지 발명원리(그림 b)와 76가지 표준-해(inventive standards)(그림 c)를 익힌다. 이후 ARIZ-85C(그림 d)를 적용하는 level(급수)이 3이 되는 전문인(practitioner)이 된다.

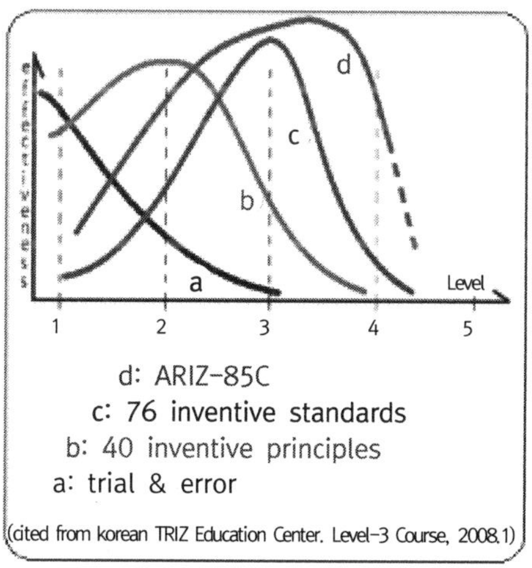

TRIZ의 역사(다음 그림)에서, 1960~70년에 ① 문제 추상화 ② 추상화 해답 ③ 실제 해결책으로 시행착오 줄이는 개념과 40가지 발명원리가 소개되었다.

1970~85년에는 주변에 보이지 않는 가용 자원으로서 ④ 물질-장(場, field) 개념이 등장하였는데, MATCEM(Mechanical, Acoustical, Thermal, Chemical, Electrical, Magnetic Field)이며, 76가지 표준해도 제시되었다.

1985~2000년에는 ⑤ 시스템 진화가 추가되었다. 엔진, transmission, 바퀴 등 working organ, controller가 모두 있어야 하는 시스템 완전성 법칙 등이다. 시스템과 시장을 분석(system & market analysis)하여 진화 과정을 분석(evolution analysis)하기도 하고, 장래를 예측(system forecast)하며, ③ 추상화 해답이 실제 해결책(specific solution)으로 전환된 결과를 평가(evolution)하여 최종안을 선정(selection)하는 과정이 추가되었다.

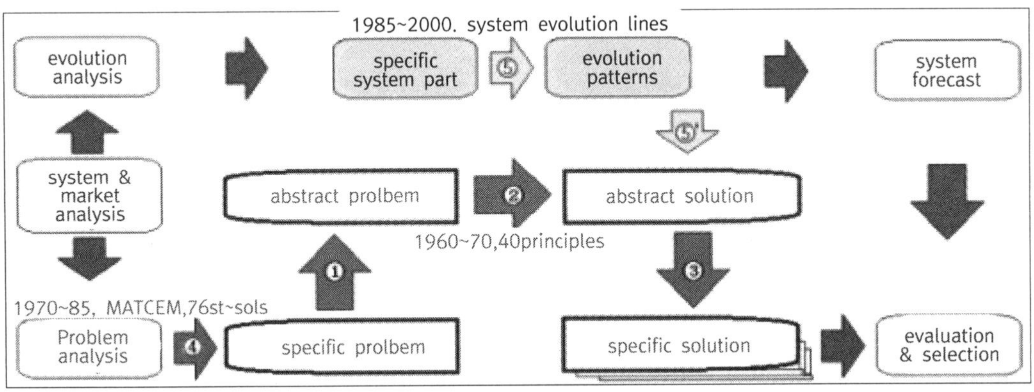

자동차를 포함하는 상위 교통체계와 하위의 바퀴 등 부품으로 세분화하여 y축의 상중하로 나누고, 과거의 증기차 및 미래의 전기차로 시간 변화를 x축의 左中右로 나누어 9-windows 시스템(김범용, 도해식 지식재산권 해설, 2015.12.16., 78면 참조)이 된다. 현재에만 머무르지도 말고 숲을 볼 줄 알면서 나무의 잎새까지 살피는 미시적 시각도 있어야 한다.

5~7개 구성요소를 x축과 y축에 놓고 좌표에 상호작용 즉, 기능을 표시하며 불필요 기능을 삭제하는 trimming(전지, 剪枝)(그림1.14참조)을 한다.

이 ARIZ-85C 적용 사례는, 제주도 원룸에 2017년 필자가 기거할 당시 여름 우기가 되면 지하 주차장에 설치된 기계식 주차시설용 배전반(전기 패널 박스)에서 합선(short circuit)이 발생하여 차를 끌고 갈 수 없는 경우가 많아서 이를 해결하는 과정에서 안출한 것이다.

비올 때 기온은 맑은 날 기온보다 낮은 것이 보통이고, 한 여름 비올 적에는 특히 포화 이슬점(dew point)보다 기온이 더 낮아져서 더 쉽게 이슬이 맺히게 된다. 바로 이런 이유로 실내 전기 패널 박스에서 합선(short circuit)이 발생하게 된다.

① 한 여름 비올 적에 기온이 이슬점(dew point) 밑으로 내려간다. 비올 적 낮은 기온일 때에는 실내 전기 패널 박스에서 열기를 식히기 위해서 굳이 빠른 공기 순환까지 동원할 필요가 없다. 기온이 이미 내려와 있어서 계속되는 자연 대류(convection)의 공기 순환만 가지고도 충분하다. 이 경우 습기 감지 전원차단 스위치가 작동됨으로써 상층부 외부 배출 모터 팬 스위치를 off시키게 되는데, 이것은 상층부 외부 배출 모터 팬이 존재하지 않게 되는(void) 상태가 되고, 바로 이것이 IFR(Ideal Final Result)-2이다.

② "비올 적 습기 찬 주위 공기"와 "실내 전기 패널 박스 안에서 순환하는 공기"를 서로 분리시키는 것을 내용으로 하는 IFR-1을 생각해낼 수도 있다. 그 분리 수단으로서 기다란 주름진 알루미늄 포일 닥트 호스(일명 알루미늄 자바라)를 쓸 수 있다.

상기 IFR-1은 공간의 분리에 해당하고, 상기 IFR-2는 시간의 분리에 해당한다.

③ 타협안(compromised) IFR-2(separation in time)을 만들어낼 수 있는데, 이것은 바로 T1(Time-1)과 T2(Time-2)를 번갈아가면서 적용하여 공기 순환의 방향을 서로 반대로 되게 함으로써 달성된다. 그렇게 함으로써 실내 전기 패널 박스 안에서 발생하는 열기를 빼앗아 데워진 따뜻한 공기가 필터들의 습기를 자연스럽게 제거한다. 이렇게 습기가 제거된 필터들을 이용하여 다시 제습에 나서는 것이다.

Part 1. 문제 분석

1.1. 최소 문제(mini-problem) 서술

지하 주차장의 기계식 주차시설용 배전반(전기 패널 박스)은 ① 패널 박스 케이스, ② 내부 제어 패널, ③ 순환 시스템(하부 공기 유입 구멍, 상부 공기 배출 구멍, 상부 배출용 모터+팬)으로 구성되어 있다.

사례그림 1.1 개방된 제어 박스 패널

TC(기술적 모순)-1: 여름 우기에 순환 시스템이 최대로 가동될 경우, 순환 시스템은, 전기 패널 박스 내부 공기로 하여금 내부 열기(inner heat)를 흡수하여 외부로 전달(transferred)하게 하는 장점도 있지만, 전기 패널 박스 내부 공기에 습기가 확산(diffused)되어 합선을 일으킴으로써 주차 기능을 마비시키는 단점도 있다.

사례그림 1.2 제어 박스 패널 내부의 뜨거운 표면

TC-2: 여름 우기에 순환 시스템이 **최소로** 가동될 경우, 순환 시스템은, 전기 패널 박스 내부 공기로 하여금 내부 열기(inner heat)를 **거의 흡수하지 못하고** 외부로 **전달(transferred)도 하지 못하게 하는** 단점도 있지만, 전기 패널 박스 내부 공기에 **습기가 확산(diffused)되지 않아서 합선이 일어나지 않음**으로써 주차 기능을 마비시키지 못한다는 장점도 있다.

TC-1에서, 이와 같은 제어 박스에 최소의 변형을 가해서, 여름 우기에 순환 시스템이 최대로 가동될 경우, 순환 시스템은, 전기 패널 박스 내부 공기로 하여금 내부 열기(inner heat)를 흡수하여 외부로 전달(transferred)하게 하는 장점도 있고, TC-2에서, 전기 패널 박스 내부 공기에 **습기가 확산(diffused)되지 않아서 합선이 일어나지 않음**으로써 주차 기능을 마비시키지 못한다는 **장점도 있게** 만들어야 한다.

사례그림 1.3 폐쇄된 제어 박스 패널

1.2. 모순 요소 정의

product(대상): 내부 제어 패널 주위의 공기(the surrounding air of the inner control panel)

tool(수단): 순환 시스템(circulatory system)[하부 공기 유입 구멍(bottom intro air vent), 상부 공기 배출 구멍(top outro air vent), 상부 배출용 모터+팬(top outro motor+fan)]

1.3. 기술적 모순 도식화

TC-1과 TC-2에 대하여 도식화(부록 A를 참조하여)하는데, 순환 시스템(circulatory system)이 내부 제어 패널 주위의 공기(the surrounding air of the inner control panel)에게 향하여 어떻게 영향을 주는 지를 그림으로 나타낸다.

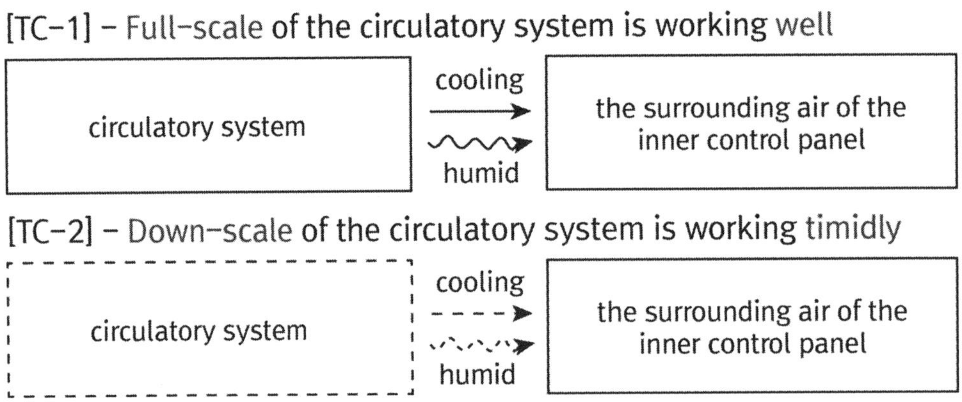

사례그림 1.4 순환 시스템의 최대(full-scale) 또는 최소(down-scale) 가동

1.4. 도식 모델 선정

TC-2를 모델로 선정한다. TC-2, 즉, 1.1에서 정의한 순환 시스템(circulatory system)이 최소로 가동될 경우가 그 주 기능을 더 잘 수행할 수 있다고 본다.

1.5. 모순의 심화(intensify)

극한 상황이나 극대치 기능을 상정한다.

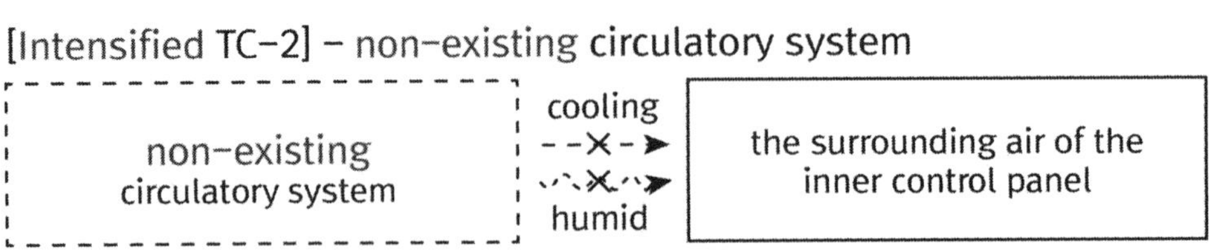

사례그림 1.5 심화된 TC-2

냉각시키는 유익 기능과 젖게 만드는 유해 기능을 모두 다 극한치로 가져가서 결국에는 그 둘 다 존재하지 않는 지경에 이르게 한다.

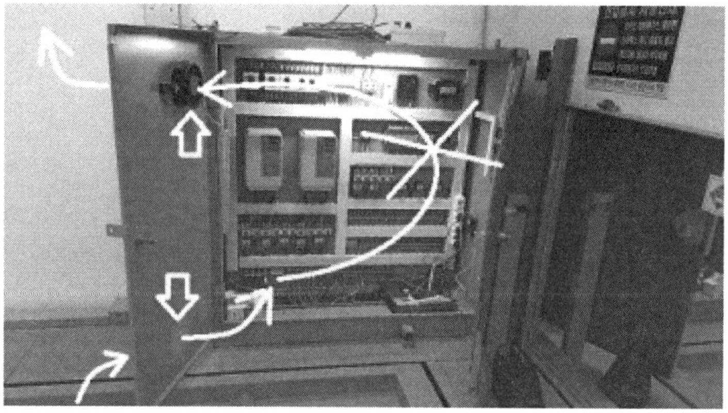

사례그림 1.6 존재치 않는(Non-Existing) 시스템

1.6 문제 모델링

심화된 모순의 정의: 존재치 않는 순환 시스템(circulatory system)과 내부 제어 패널 주위의 공기(the surrounding air of the inner control panel)

전자는 후자에게 습기를 거의(scarcely) 확산(diffuse)시키지 않지만, 전자는 후자의 열기를 거의(hardly) 외부로(outside) 배출시키지도(absorbs or transfer) 못한다.

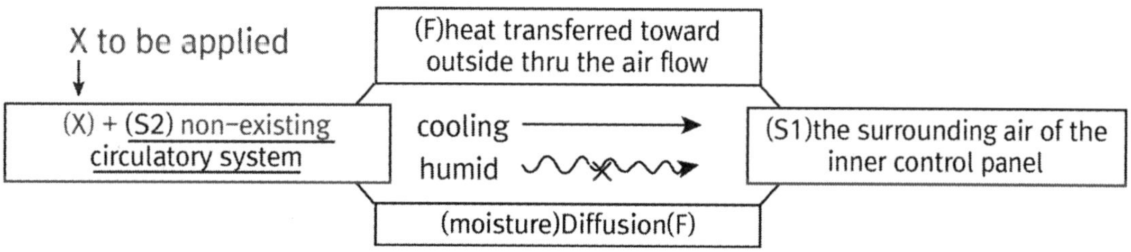

사례그림 1.7 문제 모델

X-요소의 임무: 후자에 습기를 확산시키지 않게 할 목적을 가지고, 후자를 계속 존재치 않게 하면서도, X-요소는 후자의 열기를 외부로(outside) 배출시켜야(absorbs or transfer)한다.

1.7. 표준-해 적용

문제 해결 위해 적용할 표준-해를 체크한다. 만약 해결이 안 되면 2. 문제 모델 분석으로 넘어가고, 만약 해결되었다면 7.로 건너뛴다. 그렇지만, 설사 해결되었다고 하더라도 2.로 가서 문제 분석을 계속하는 것이 바람직하다.

물질-장(substance-field resources) 모델의 2가지 물질 사이에 유익/유해 기능 모두를 찾았고 그 둘 사이에 직접 간여할 필요가 없다면, 제3의 물질을 적용해야 되는데, 비용이 거의 들지 않아야 한다.

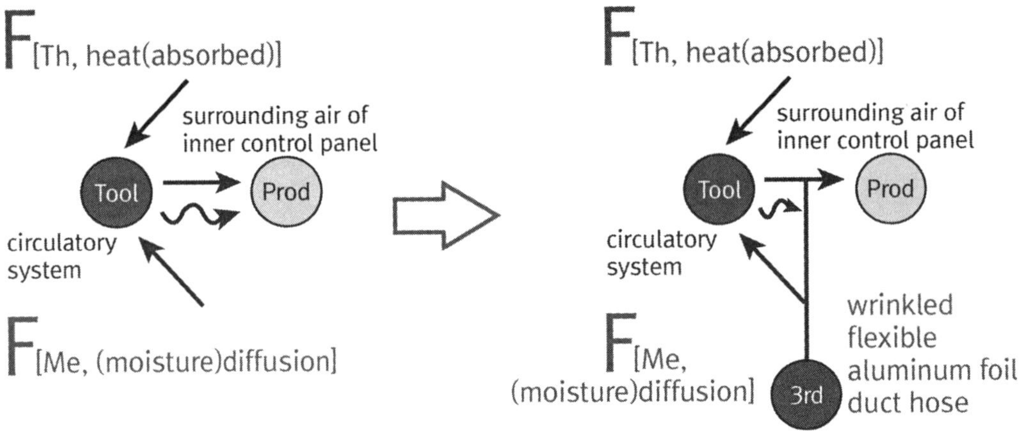

사례그림 1.8 표준-해 1-2-1 적용

표준해 1-2-1를 tool(수단)에 적용한다. 존재치 않는(non-existing) 순환 시스템(circulatory system) 대신에, 기나긴 주름진 알루미늄 포일 덕트 호스(이게 바로 X-요소이다.)를 상부 공기 배출 구멍(top outro air vent)과 하부 공기 유입 구멍(bottom intro air vent)에 부착(add)한다.

비의 습기를 머금은 차가운 공기(cold air with rainy humidity)가, 하부 공기 유입 구멍(bottom intro air vent)로 들어와서 X-요소를 통과하면서 상부 공기 배출 구멍(top outro air vent)으로 나가는데, X-요소인 기나긴 주름진 알루미늄 포일 덕트 호스(long wrinkled flexible aluminum foil duct hose)를 냉각시키게 된다.

내부 제어 패널 주위의 공기(the surrounding air of the inner control panel)가 차가운 X-요소를 덮고 있어서, 내부 제어 패널(inner control panel)의 열기(heat)를 흡수(absorbs or transfer)하게 된다.

그렇지만, X-요소 안의 습기는 내부 제어 패널 주위의 공기(the surrounding air of the inner control panel)로 확산(diffuse)될 수 없고, 더워진 주위 공기를 그 습기와 함께 바깥으로 사라지게 하면서도 전혀 아무런 문제를 일으키지 않는다.

사례그림 1.9는 IFR-1의 예들을 보여주는데 작은 구경 호스가 큰 것보다 더 좋다. 공간이 더 필요하게 되어 추가 비용을 유발할 수도 있는 2차적 문제를 예방해야 하기 때문이다.

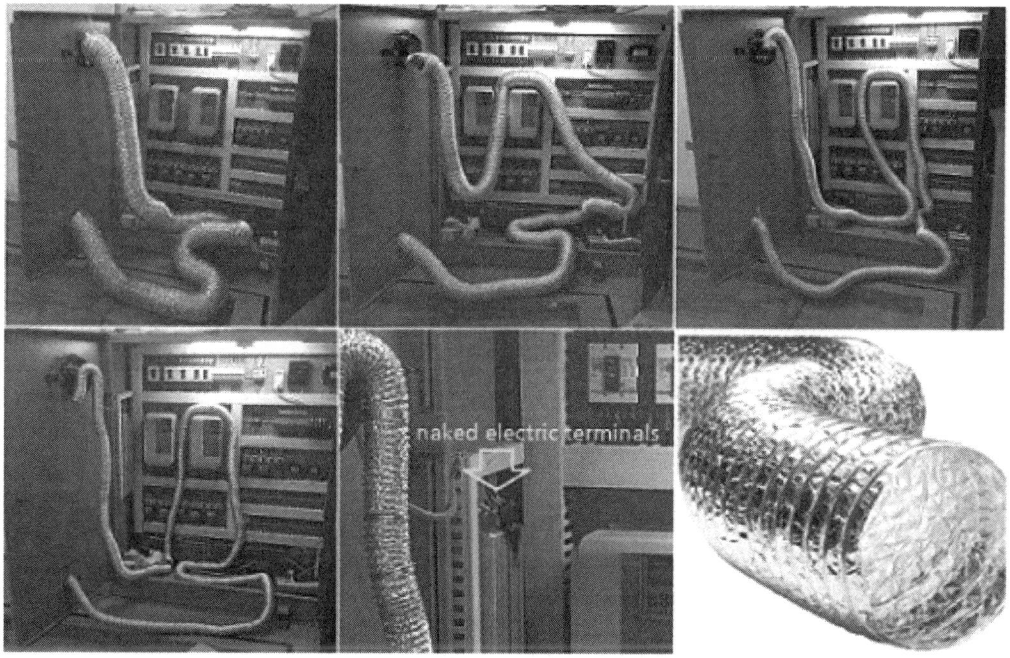

사례그림 1.9 적용된 X-요소들

호스들은 껍질 없이 노출된 전기회로 단자들을 접촉치 않게 해야 한다. 설치 도중에 합선을 일으킬 수도 있기 때문이다.

Part 2. 문제 모델 분석

2.1. 작용 영역(operational zone) 정의

작용 영역(operational zone)을 그 명칭과 함께 그림으로 보여준다.

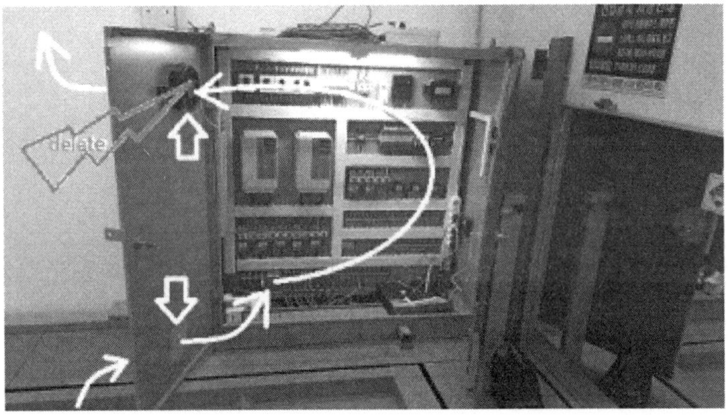

사례그림 1.10 OZ: 존재치 않는 상부 배출용 모터+팬

2.2. 작용 시간(operational time) 정의

삭용 시간(operational time)을 그 명칭과 함께 화살표로 보여준다.

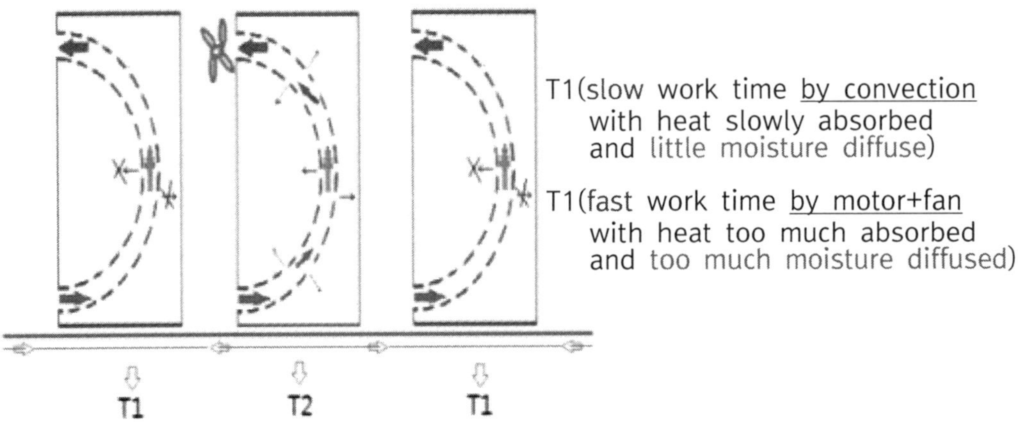

사례그림 1.11 OT: 저속 또는 고속의 작동 시간

2.3. 사용 가능한 물질-장(SFR, substance-field resources)의 탐색

(1) 시스템 상의 SFR

a) 순환 시스템인 tool(수단)의 SFR: 하부 공기 유입 구멍(bottom intro air vent), 상부 공기 배출 구멍(top outro air vent), 상부 배출용 모터+팬(top outro motor+fan)

b) 내부 제어 패널 주위의 공기인 product(대상)의 SFR: 열기(transferred or absorbed), (moisture) 확산 (F) (transferred), 공기 흐름 정도(air flow rates), 내부 공기의 상대습도(inner air relative humidities), 응결되는 수증기(condensed water from rainy vapor), 밀봉 덮개 재료(sealing-cover materials)

(2) 주변 환경의 SFR

a) 현재 상황의 SFR: 수직 또는 평행 이동용 모터들, 자동차 적재용 선반들, 우기 상대 습도(rainy air relative humidities), 빛(lights)

b) 모든 환경에 존재하는 공통 SFR: 대류(convection) 현상에 의한 지속적인 공기 흐름(steady air flow), 건기 상대 습도(sunny air relative humidities), 빛(lights)

(3) 상위 시스템의 SFR

a) 상위 시스템의 불필요 파생물: 지하 주차장을 둘러싼 습기 찬 공기(humid air around the underground garage land), 미세 먼지(fine dusts), 소음(noisy sounds)

b) 상위 시스템의 염가 SFR: 여름 우기(rainy weather in the summer), 인근 무료 주차장(nearby free parking lots)

Part 3. 이상 해결책(IFR, ideal final result)과 물리적 모순의 정의

3.1. 이상 해결책(IFR)-1의 정의

X-요소는 시스템을 복잡하게도 하지 않고 유해한 결과를 초래하지도 않는다(순환 시스템의 고속 작동 시간 T1 또는 저속 작동 시간 T2 동안에)(존재치 않는 순환 시스템에서).

존재치 않는 순환 시스템(non-existing circulatory system)이 열기를 전달하지 못하는 과정을 제거하면서도(over the course of getting rid of non-transferring the heat) 내부 제어 패널 주위의 공기(the surrounding air of the inner control panel) 주위의 습기를 확산시키지 못하도록 유지하는 것이다.

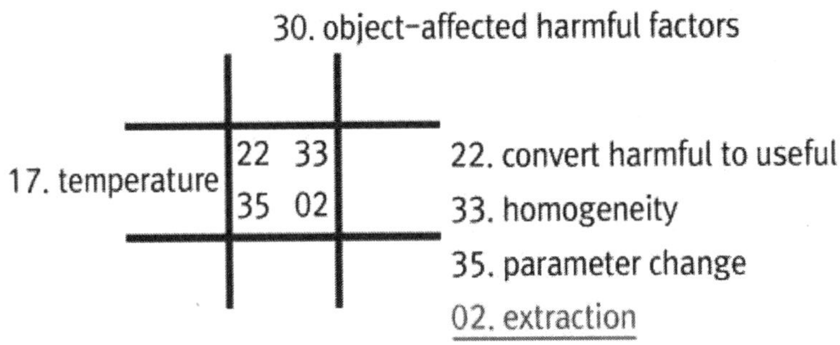

사례그림 1.12. 행렬 탐색(Matrix Matched)

40가지 발명원리(40 Inventive Principle Matrix)에서, 열기는 y축 17번의 온도(temperature)로서 좋아지지만, 습기는 x축 30번의 대상에 영향을 끼치는 유해한 요소(object-affected harmful factors)로서 나빠지는데, 후자인 습기는 전자인 열기로부터 분리되어(extracted)진다. 02.extraction을 적용하는 것이다.

3.2. 이상 해결책(IFR)-1의 심화(intensify)

X-요소 대신에 2.3에서의 SFR로 대체해본다.

1) tool(수단)인 순환 시스템의 SFR : 순환 시스템(circulatory system) 그 자체
2) 환경 상의 SFR : 대류(convection) 현상에 의한 지속적인 공기 흐름(steady air flow), 우기 상대 습도(rainy air relative humidities)

3) 상위 시스템의 SFR : 자동차들, 지하 주차장을 둘러싼 습기 찬 공기(humid air around the underground garage land), 여름 우기(rainy weather in the summer)

4) product(대상)인 내부 제어 패널 주위의 공기(the surrounding air of the inner control panel)의 SFR: 열기(transferred or absorbed), (moisture) 확산 (F)(transferred), 내부 공기의 상대습도(inner air relative humidities), 응결되는 수증기(condensed water from rainy vapor)

3.3. 거시 수준의 물리적 모순 정의

[X-요소는][순환 시스템의 고속 작동 시간 T1 또는 저속 작동 시간 T2 동안에][transfer(전달, 배출 또는 흡수)의 특성을 가지면 안 된다.] 내부 제어 패널 주위의 공기(the surrounding air of the inner control panel)에 있는 습기를 확산(diffuse)시키지 않기 위하여.

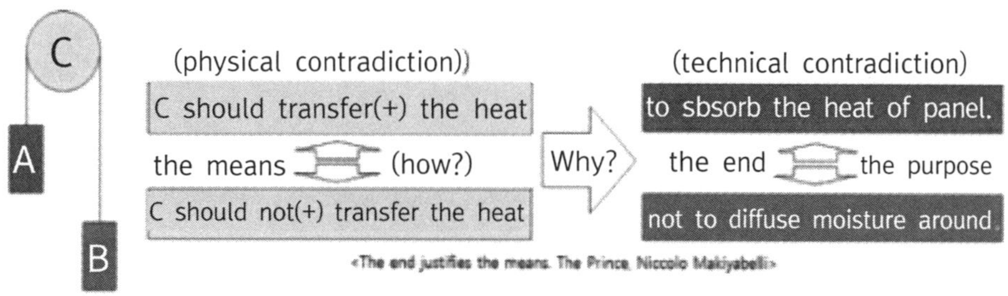

사례그림 1.13 모순의 변환

3.4. 미시 수준의 물리적 모순 정의 또는 근본 원인 분석(RCA)

X-요소에 있어서, [내부 제어 패널 주위의 공기(the surrounding air of the inner control panel)에 있는 열기를 흡수(absorb)하기 위하여] [transfer(전달, 배출 또는 흡수)]는 있어야 하고 (순환 시스템의 저속 작동 시간 T2 동안에)(during the circulatory system's slow working time T2).

[내부 제어 패널 주위의 공기(the surrounding air of the inner control panel)에 있는 습기를 **너무 많이** 확산(diffuse)시키지 않기 위하여] [transfer(전달, 배출 또는 흡수)]는 없어야 한다(고속 작동 시간 T1에).

1) 지하 주차장의 기계식 주차시설용 배전반(전기 패널 박스)가 우기에 제주도에서 오-작동을 일으킨다.
2) 우기 때문에 평상 시 보다도 주위의 공기 온도가 낮아진다.
3) 낮아진 주위의 공기 온도로 인하여 이슬점(dew point)도 낮아진다. 날씨가 시원해지면 수증기가 응축(condense)되어 물방울(water dew drops)로 변한다.

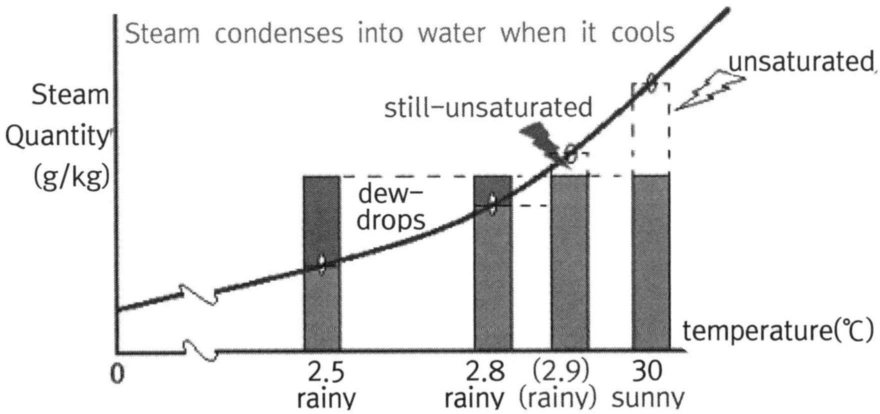

사례그림 1.14 이슬점(dew point) 그래프

4) 낮아진 이슬점(dew point)은『내부 제어 패널 주위의 공기(the surrounding air of the inner control panel)』로 하여금 물방울(water dew drops)을 생성케 하고, 바로 이것은 제어 패널의 합선을 야기한다.
5) 그렇지만 『내부 제어 패널 주위의 공기(the surrounding air of the inner control panel)』가 이슬점(dew point)보다 더 높은 온도를 유지하면 어떻게 될까? 물방울(water dew drops)은 생겨나지 않을 것이다!
6) 여름 우기(rainy summer days)에 이슬점(dew point) 이하로 내려가는 때를 추출해야 한다. 이렇게 해서 IFR-2(시간의 분리, separation in time)를 만들게 된다.

여름 우기(rainy summer days)에 25℃나 28℃가 아니고 예를 들어 29℃가 오히려 더 필요하다. 그렇게 되면 상부 배출용 모터+팬(top outro motor+fan)을 혹사시킬 필요가 없게 되는 것이다.

7) 또는 『우기에 축축해진 주변 공기(the environmental rainy humidified air)』와 『내부 제어 패널 주위의 공기(the surrounding air of the inner control panel)』를 서로 분리시킴으로써 IFR-1(공간의 분리, separation in space)로 귀결될 수도 있다. 분리기(separator) 역할을 기나긴 주름진 알루미늄 포일 덕트 호스(long wrinkled flexible aluminum foil duct hose)로 하여금 수행케 하는 것이다.

3.5. 이상 해결책(IFR)-2의 정의 또는 기능분석 후 제거 절차

X-요소에 있어서, [transferring(전달, 배출 또는 흡수)] 그 자체는, [순환 시스템의 저속 작동 시간 T2 동안에(during the circulatory system's slow working time T2)] 있어야 하고, (고속 작동 시간 T1 동안에)는 없어야 한다.

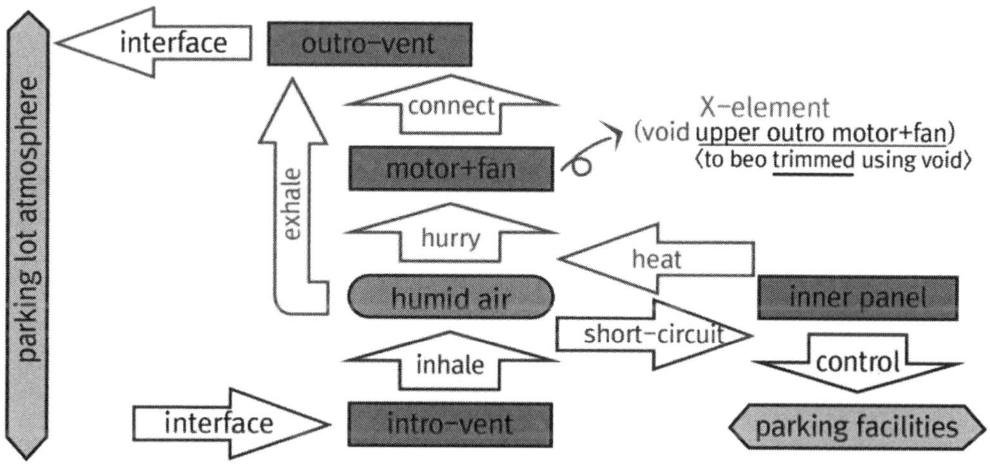

	atmosphere	outro-vent	motor+fan(x)	humid air	into-vent	inner panel	facilities
atmosphere		interface			interface		
outro-vent	interface		connect(X)	exhale			
motor+fan(x)		connect(x)		hurry(x)			
humid air		exhale	hurry(x)		inhale	short-circuit(?)	
intro-vent	interface			inhale			
inner panel				heat			control
facilities						control	

사례그림 1.15 전지(剪枝, trimming) 도해(圖解, diagram)

3.6. 표준-해 적용으로 물리적 모순 해결

표준-해 1-2-1을 시스템의 tool(수단)에 적용한다. 제3의 물질로서 존재치 않는(void) 상부 배출용 모터+팬(top outro motor+fan)을 추가한다.

Part 4. 물질-장(SFR) 자원의 활용

4.1. 작은 사람 모델(simulation)

작은 사람 모델링(MMD, Modeling with Miniature Dwarfs), 작은 현인(SLP, Smart Little People)

4.1.1 IFR-2의 모순(conflict) 모델링:

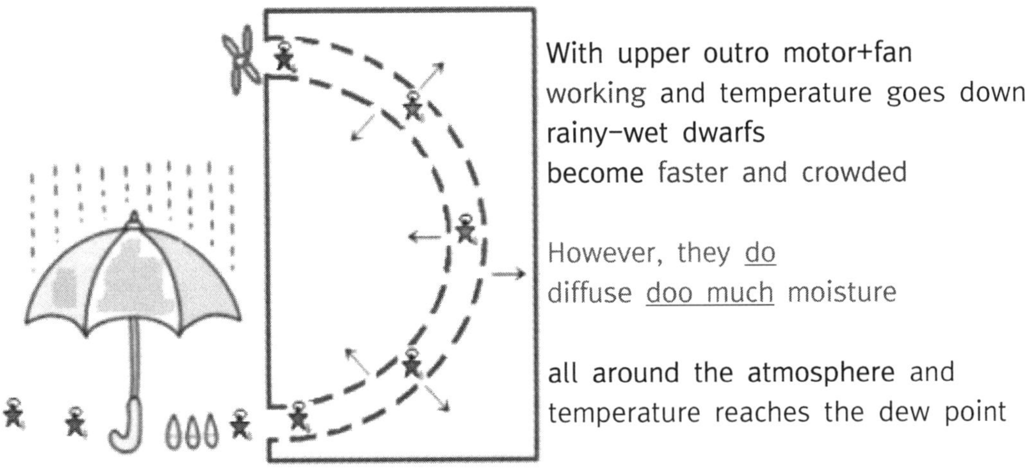

사례그림 1.16 모순에 대응하는 작은 사람

존재치 않는(void) 상부 배출용 모터+팬(top outro motor+fan)이 없으면, 즉, 상부 배출용 모터+팬(top outro motor+fan)이 그대로 존속하고 있으면, 비에 젖은 작은 사람이 빠르게 많아지게 되면서, 공기 유속도 빨라서 온도는 내려간다. 그렇지만, 주변에 너무 많은 습기를 확산(diffuse)시키게 되고, 기온은 포화 이슬점(dew point)에 도달한다.

4.1.2 IFR-2 모델링:

X-요소인 존재치 않는(void) 상부 배출용 모터+팬(top outro motor+fan)을 채택하게 되면, 즉, 상부 배출용 모터+팬이 없으면, 습기를 머금은(humidified dwarfs) 작은 사람들은 느려지면서도 희소해지게 되고, 온도는 올라가게 되며, 그래서 결국, 내부 제어 패널 주위의 공기(the surrounding air of the inner control panel) 주변에 너무 많은 습기를 확산(diffuse)시킬 수 없게 되고, 기온은 포화 이슬점(dew point)에 도달하지 않는다.

4.1.3 IFR-2 모델링 설명:

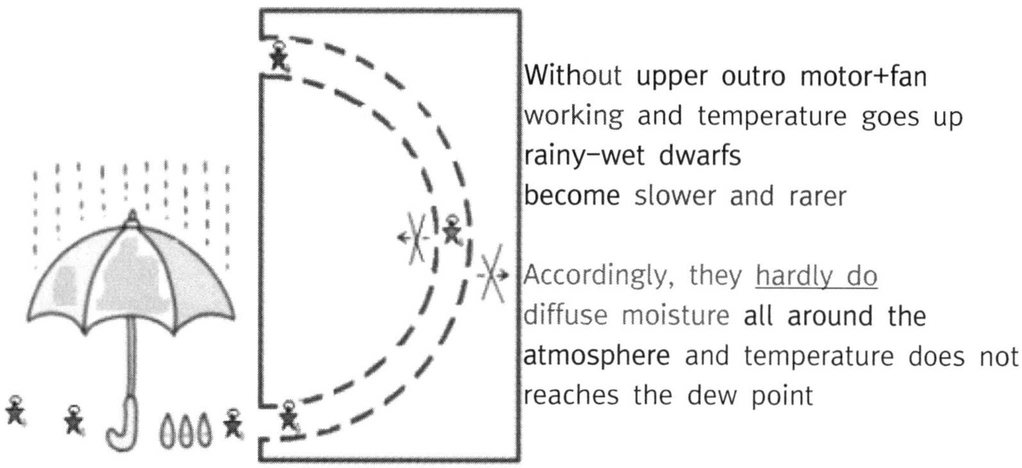

사례그림 1.17 이상적 상황의 작은 사람

상부 배출용 모터+팬(top outro motor+fan)이 없으면, 비에 젖은 작은 사람들은 느려지면서도 희소해지게 되고, 온도는 올라가게 되며, 그래서 결국, 내부 제어 패널 주위의 공기(the surrounding air of the inner control panel) 주변에 너무 많은 습기를 거의(hardly) 확산(diffuse)시킬 수 없게 되고, 기온은 포화 이슬점(dew point)에 도달하지 않는다.

4.2. IFR-1에서 한 걸음 물러서기

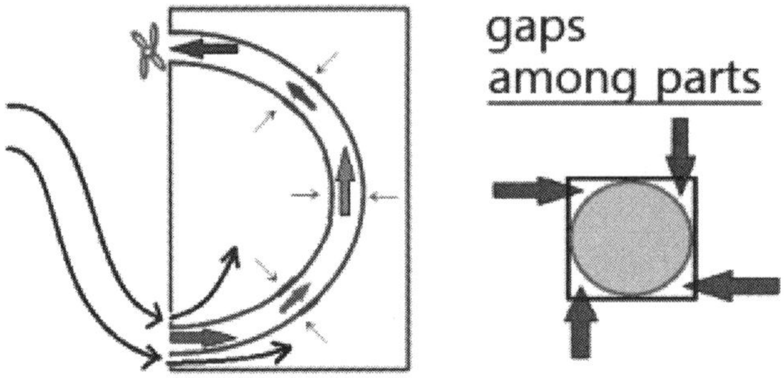

사례그림 1.18 IFR-1으로부터 뒤로 물러서기(Step Back)

IFR-1에서 X-요소의 껍데기가 제 기능을 원활하게 발휘할 수 있도록, 부품들 간 간극들(gaps)을 모두 메워야(seal) 한다.

Part 5. 지식 DB의 활용

5.1. 표준-해 활용

이 사례에서는 IFR-1과 IFR-2에 대하여 공간 및 시간의 분리의 관점에서 표준-해 1-2-1을 적용하였다.

5.2. 유사(analogous) 문제 활용(FOS, function oriented search)

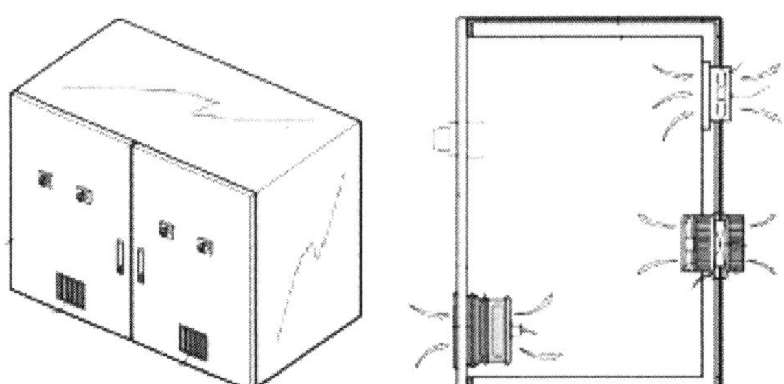

KR10-2018-0024143(A)(2018.3.8)

사례그림 1.19 전기장에 대한 환기 및 냉각 시스템

www.kipris.or.kr에서『제어 냉각 습기 제거』라는 키워드를 입력하여 검색결과를 얻었는데, 한국 특허공개번호 10-2018-0024143(A)(2018.03.08.), 전장함의 환기 및 냉각 제어 시스템(A ventilating and cooling system of electric field)가 그 한 예이다.

그렇지만, 상기 문헌 제습기에서 번갈아가면서 또는 주기적으로 탄소 필터나 Ammonia-X 필터가 제습하도록 하는 복잡한 구성요소로 인하여 초기 또는 유지 비용이 필요하게 되므로, 이상 해결책(IFR)의 원칙에 반한다. 따라서 우리 IFR-1과 IFR-2가 IFR 효율(efficiency) 측면에서 더 좋다.

위 홈페이지에서 예를 들어,『습기 $\hat{3}$ 유입 $\hat{3}$(차단+제거)』라고 입력한다.『S(Subject) + V(Verb) + O(Object)』중에서 S+V, V+S, V+O, O+V 및 S+V+O의 경우 중에서 하나를 선택하여 입력하는 것으로서, $\hat{3}$이 바로 인접 연산자인데, 키워드들 사이에 3개 이하의 단어만이 존재하는 것만 검색한다. 기능을 상위 개념 동사(verb)로 표현하게 되면 다른 기술분야까지도 포괄해서 폭 넓게 검색결과가 나오게 되는데, 이것이 바로 진정한 FOS이다.

한국 특허공고번호 10-0443992(B1)(2004.08.12.), 차량의 내연기관에 유입되는 공기에 포함되어 있는 습기를 제거하는 유입공기의 습기 제거 장치(Moisture Removing Apparatus)도 활성탄 필터, 습도 감지 센서, 팬, 밸브와 같은 복잡한 구성요소로 인하여 많은 제조 비용이 필요하게 되므로, 이상 해결책(IFR)의 원칙에 반한다. 따라서 우리 IFR-1과 IFR-2가 IFR 효율(efficiency) 측면에서 더 좋다.

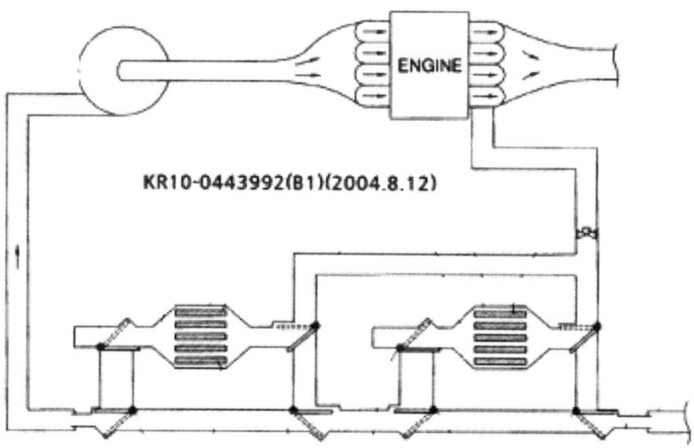

사례그림 1.20 차량 내연기관 유입 공기의 습기 제거 장치

ep.espacenet.com에서 Advanced search를 클릭하고 Title or Abstract 칸에다가 moisture block cooling을 입력하여 검색하였다.

CN 206061328(U)(2017-03-29), Novel electrical control cabinet도 복잡한 heating or cleaning elements가 필요하여 초기 또는 유지 비용이 필요하게 되므로, 이상 해결책(IFR)의 원칙에 반한다. 따라서 우리 IFR-1과 IFR-2가 IFR 효율(efficiency) 측면에서 더 좋다.

ep.espacenet.com에서 Smart search를 클릭하고 moisture prox/distance<3 block cooling을 입력하여 검색하였다. prox/distance<3이 바로 인접 연산자인데, 키워드들 사이에 3개 이하의 단어만이 존재하는 것만 검색한다.

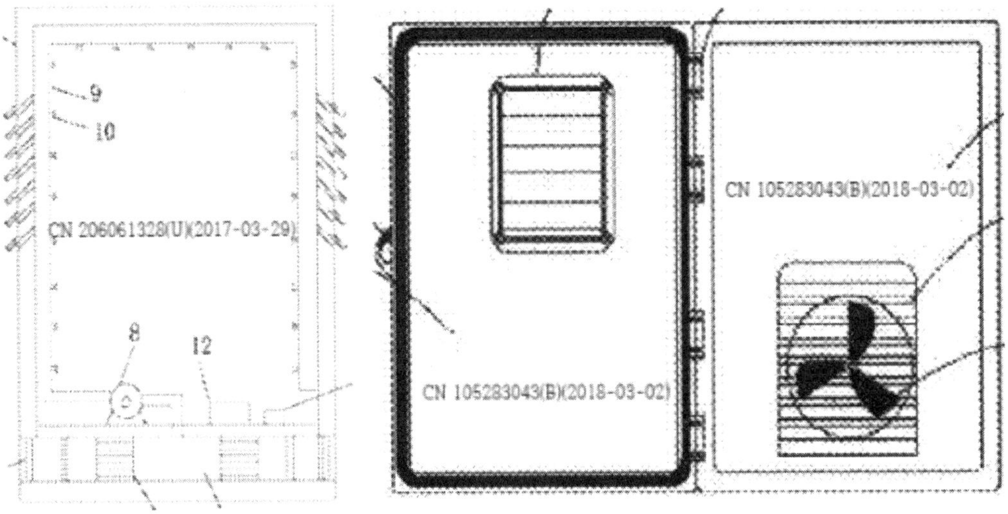

사례그림 1.21 Novel Electrical Control Cabinet

CN 105283043(B)(2018-03-02), Outdoor communication cabinet with good moisture-proof and radiating performance도 복잡한 cotton wool felts moisture-absorbing block과 the filter net가 필요하여 초기 또는 유지 비용이 필요하게 되므로, 이상 해결책(IFR)의 원칙에 반한다. 따라서 우리 IFR-1과 IFR-2가 IFR 효율(efficiency) 측면에서 더 좋다.

5.3. 물리적 모순 해결에 분리의 원리 활용

냉각 과정(cooling process)에서 내부 제어 패널(inner control panel)의 열기(heat)를 흡수(absorbs)하기 위하여 공기 흐름(air flow)을 사용한다. 신선한 외부의 찬 공기는 작동이 잘 된다. 그렇지만, 여름 우기의 비로 인한 습기와 함께 들어오는데, 그 공기 흐름(air flow) 속에 있는 습기가 전기회로에 합선을 일으킨다.

기나긴 주름진 알루미늄 포일 덕트 호스(long wrinkled flexible aluminum foil duct hose)를 가지고 유입되는 공기 흐름(air flow)을 둘러싸거나 존재치 않는(void) 상부 배출용 모터+팬(top outro motor+fan)을 사용하는 것이 제시된다. 이러한 호스나 존재치 않는(void) 상부 배출용 모터+팬(top outro motor+fan)이 내부 제어 패널(inner control panel)의 주위에 배치된다. 이러한 호스나 존재치 않는(void) 상부 배출용 모터+팬(top outro motor+fan)이『유입되는 공기 흐름(air flow) 속의 습기』와 『내부 제어 패널 주위의 공기(the surrounding air of the inner control panel)』를 서로 분리시킴으로써, 즉, 충돌하는 자산들을 공간 또는 시간에 의하여 분리시키는 것이다.

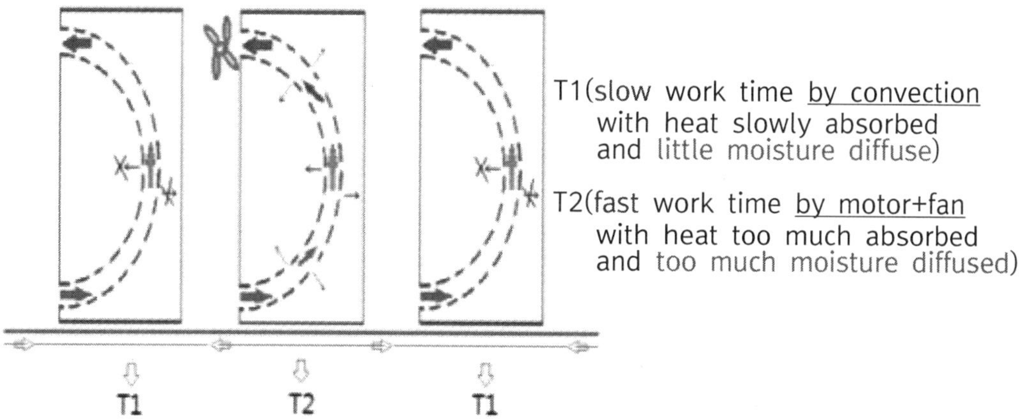

사례그림 1.22 이상적인 공간 또는 시간의 분리

습기 감지 차단-스위치[CN2376669(Y)]가 존재치 않는 모터+팬(motor+fan) 기능을 구현하기(implement) 위하여 자동적으로 T1과 T2를 구분할 수 있다. 이에 따라 타협안(compromised) IFR-2(separation in time)가 다음과 같이 구현될 수 있다.

T1과 T2가 번갈아가면서 공기 흐름의 방향을 바꾸고, 그에 따라 내부 제어 패널(the inner control panel)로부터 데워진 따뜻한 공기에 의하여 제습 필터가 건조된다.

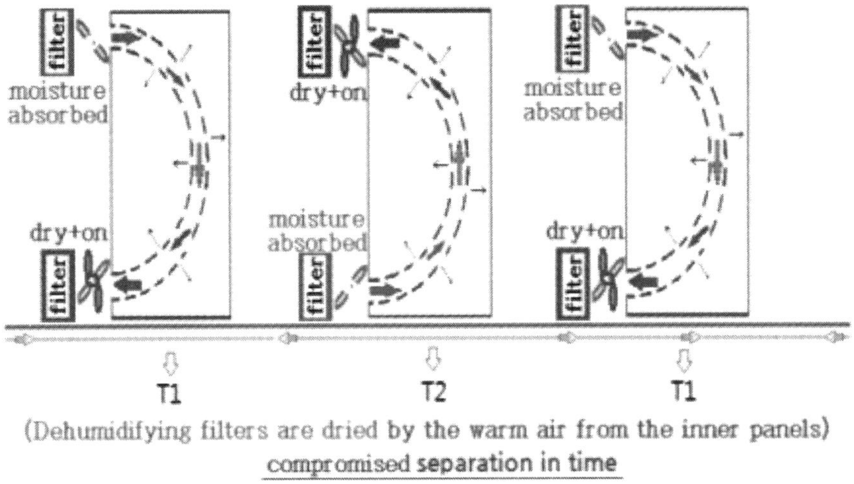

사례그림 1.23 내부에서 더워진 따뜻한 공기에 의하여 건조되는 제습 필터

건조 계속(dry+on)과 습기 흡수(moisture absorbed)가 제습 필터(dehumidifying filters)이다.

Part 6. 요약

우기에 내부 제어 패널(the inner control panel)의 합선을 제거하기 위하여,

① 타협안(compromised) 시간의 분리(separation in time)가 적용될 수 있다.

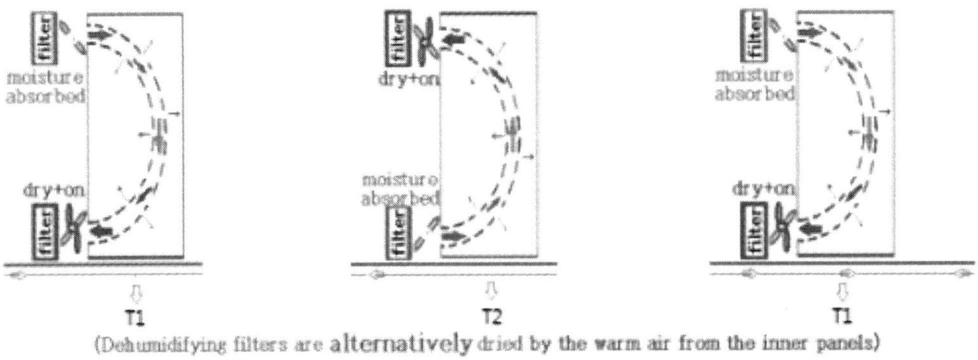

사례그림 1.24 타협안 해결책 – 변질된 시간의 분리

② 그렇지만, 공간 또는 시간의 분리가 이상적 해결책이다.

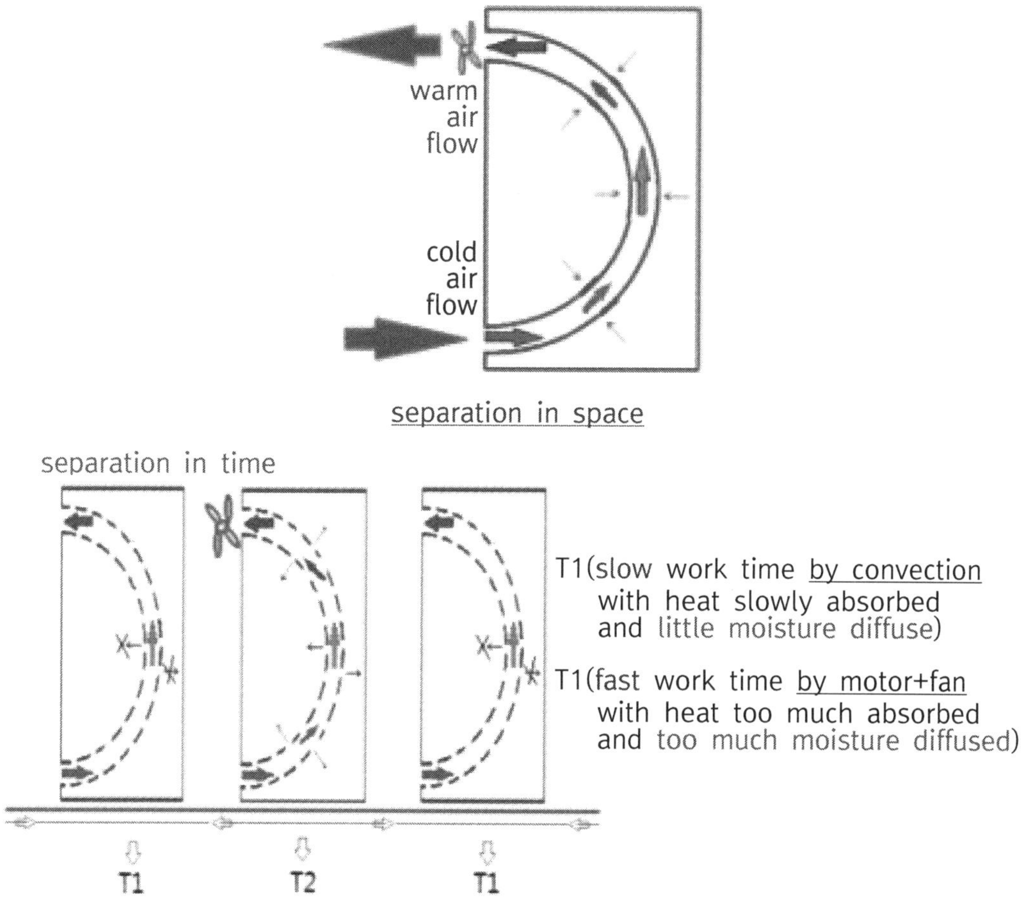

사례그림 1.25 이상적 해결책 - 공간 또는 시간의 분리

사례 2 RFID 태그 제품의 인식 거리 향상 컨셉 개발

Part 1. 기술시스템의 개요

공용 가선(공가)란 한국전력공사의 22.9 kV 전력선에서 가공 전선과 가공 약전류 전선, 가공 광섬유 케이블 등(전력 보안 통신용 약전류 전선 제외)을 동일 지지물에 설치하는 것을 말한다. 이는 전주를 전력선 이외에 통신선을 사용하여 효율적인 전주 사용을 목적으로 한다.

공용가선의 현행 규정은 다음과 같다.

1. 조가선의 설치는 상 · 하단 2선까지 설치한다.
2. 통신케이블 수량은 다음과 같다.
   ① 배전 전주 전체 통신케이블 수량은 12선 이내
   ② 조가선 당 통신케이블 수량은 6선 이내
   ③ 사업자 별, 통신케이블 사용 용도별 2선 이내
   ④ 통신케이블 사용용도 : 전력 통신용, 회선 임대용, 종합유선방송용, 중계유선방송용으로 구분

이상의 내용을 그림으로 표시하면 사례그림 2.1과 같다.

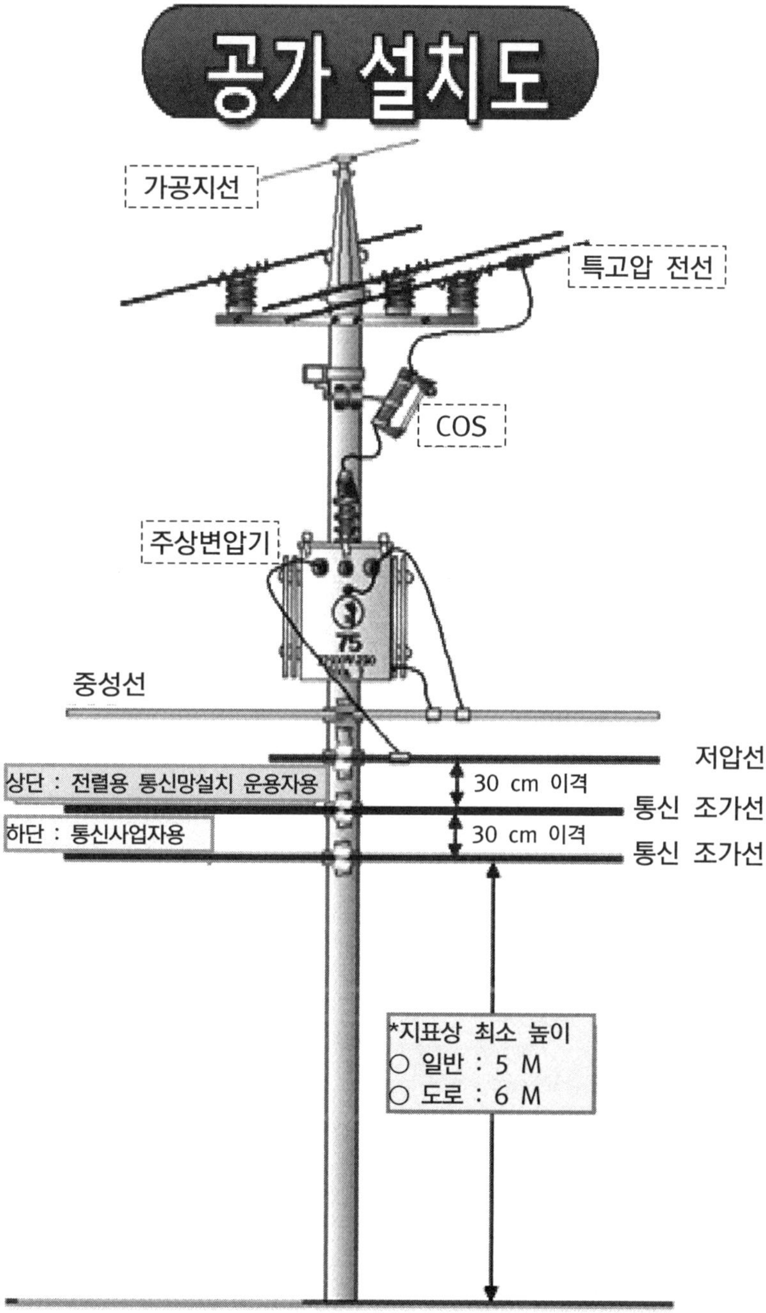

사례그림 2.1 공용가선의 개념

Part 2. 해결해야 하는 과제의 개요

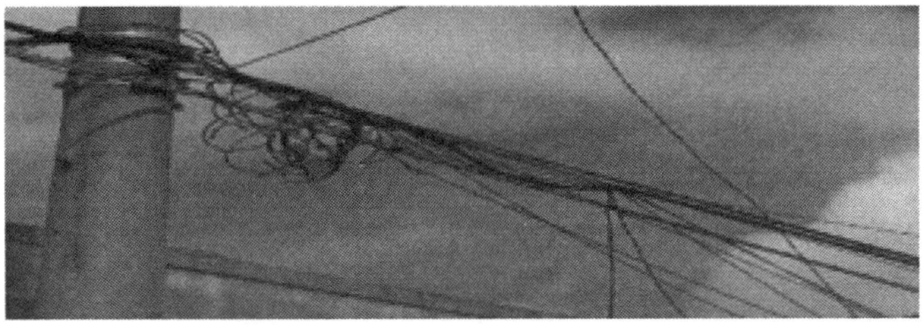

사례그림 2.2 현재 공용가선의 문제점

현재 공용가선의 문제점으로는 공용가선에 설치하는 통신선은 한국전력공사에 일정의 비용을 지불한 후 허락을 받아 포설하는 것이 일반적이다. 그러나 통신회사에서 이러한 규정을 무시하고 무단으로 통신선을 포설하거나 폐기된 통신선을 철거해야함에도 불구하고 이를 이행하지 않아 사례그림 2.2에서 보는 것처럼 무질서한 상태로 운영되는 경우가 많다는 점이다.

따라서 본 과제에서는 이러한 문제점을 해결하고자 RFID를 이용한 봉인 시스템을 사용하여 한전의 허락을 받지 않고 사용하는 통신선의 수를 줄여주는 것이다. 이를 위해 지상의 전주 또는 통신선에 RFID 태그를 설치하고 이 태그에 전주 또는 통신선과 관련한 키 값이 저장되어 있다. 이 키 값을 RFID 리더기로 읽어들 인 후 블루투스 통신을 통하여 스마트폰으로 전송한다. 스마트폰은 일반 데이터통신망을 통하여 서버에 접속한 후 관련 정보를 스마트폰을 통하여 송신과 수신을 수행한다. 이러한 과정을 사례그림 2.3에 나타내었다.

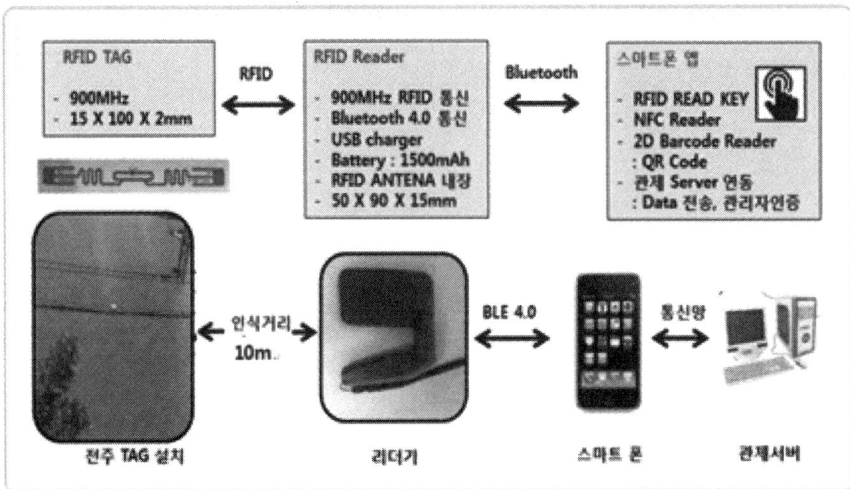

사례그림 2.3 통신선의 RFID 봉인장치와 인식 방법

본 과제의 수동형 메탈 RFID 태그는 기본적으로 1.5 m-3 m 정도의 인식 거리를 가지고 있다. 현재 상태의 문제는 RFID 태그를 전주의 통신선에 설치할 경우 리더기와 태그 사이의 인식 거리가 최소 7 m 이상 되어야만 하는데 지금까지 제품으로는 3 m 미만으로 인식되고 있다. 따라서 이를 해결하기 위한 방법을 제시하는 것이 본 과제의 목적이다.

2.1 발생되는 문제점

현재 RFID 봉인장치가 설치된 전주의 상단에는 22.9 kV 의 고전압으로 인한 전자장이 발생되고 있고, 통신선 자체에서도 자장 태그와 리더기의 인식에 영향을 주고 있어 3 m 이상의 거리를 인식하는데 어려움이 있다.

기본적으로 태그의 인식거리가 물리적으로 한계를 가지고 있으며, 또한 RFID 태그 상단과 주변에 전력선과 통신선의 전기장과 자기장 발생으로 인해 리더기의 인식 거리를 줄이고 있다. 현재 전력선과 통신선을 가진 전주에는 3 m 이상의 인식이 전혀 불가능한 상황이다.

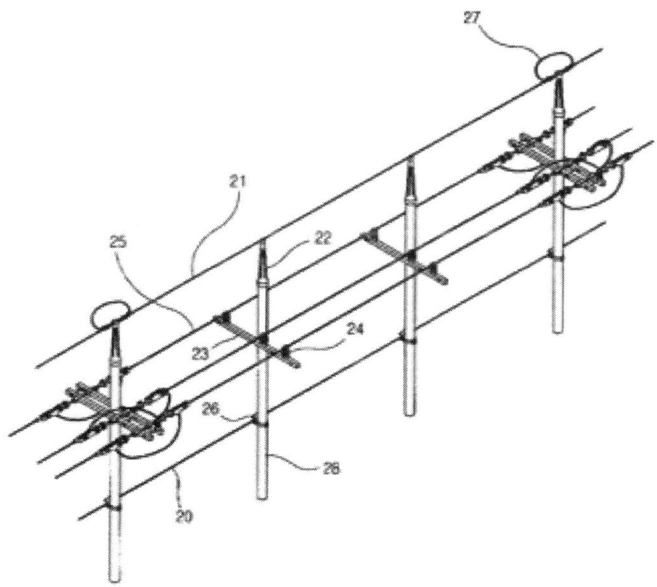

사례그림 2.4 22.9 kV 전력선 구성

2.2 기존 해결 방법 검토

2.1에서 발생하는 문제점을 해결하기 위하여 기존에는 전력선과 통신선의 전기장과 자기장 문제는 다음과 같은 방법을 적용하였다.

① 차폐재료를 사용하여 차폐를 시도

② 리더기의 안테나 크기와 출력을 증대시키는 방법

③ RFID 크기를 크게 하거나 최적의 안테나를 설계함

적용 결과는 다음과 같이 요약된다.

① RFID 태그 및 안테나의 크기를 크게 하거나 안테나를 최적으로 설계하면 일부 거리 인식이 늘어나나 성능 개선이 50 cm를 넘지 못함.

② 차폐재료를 사용한 경우 인식거리를 늘이는데 특별한 성과를 얻지 못하였음.

③ 이와 관련한 특허정보 및 기업 정보는 없음.

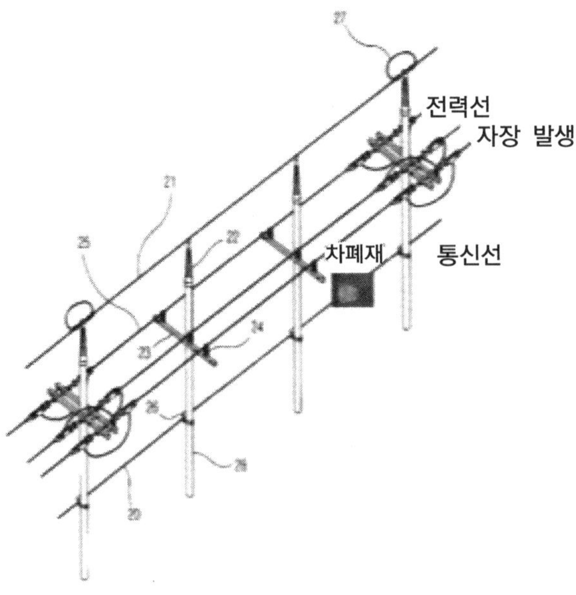

사례그림 2.5 문제점 해결 방법

Part 3. 트리즈 해결 프로세스

이상의 문제를 해결하기 위한 해결 프로세서는 사례그림 2.6과 같이 진행한다.

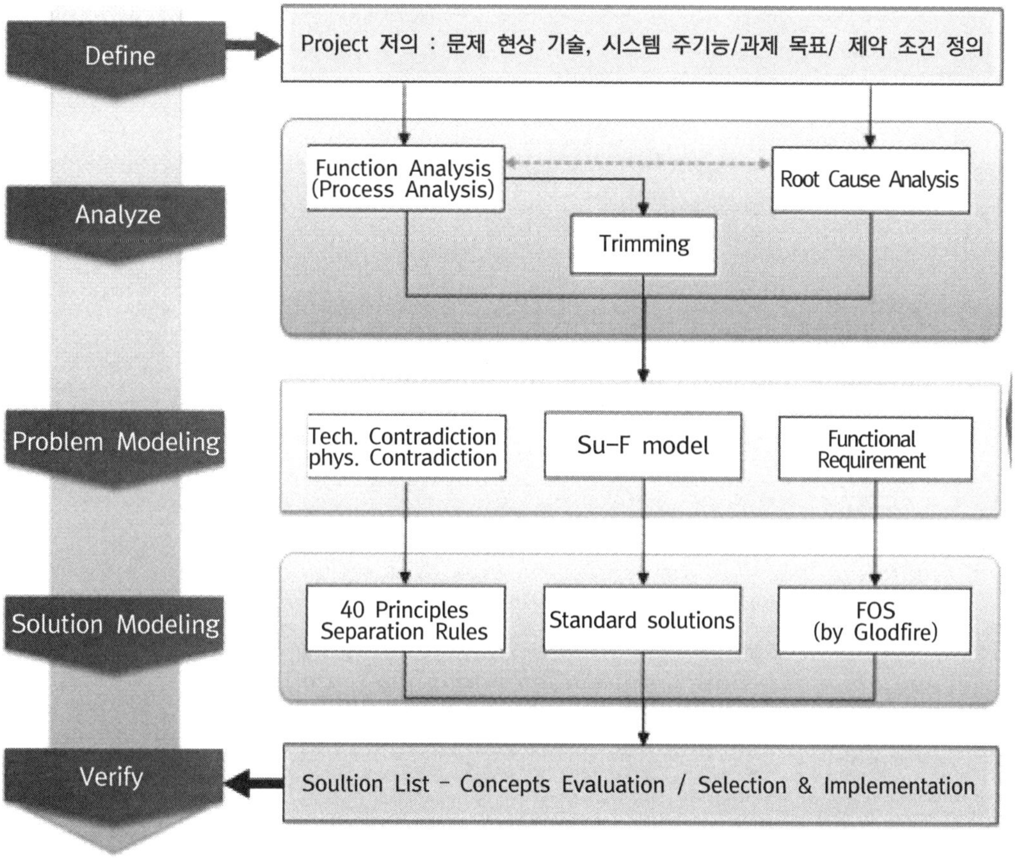

사례그림 2.6 트리즈 해결 프로세스

3.1 기술 시스템 정의 및 문제 해결

- 기술시스템 : 수동형 RFID 태그 인식 거리 향상 방법
- 수행하는 기능 : RFID 리더기가 전주의 통신선에 부착되어 있는 태그의 정보(키값)를 인식한다.

- 발생하는 문제 : RFID 태그가 원래 기능으로 인하여 인식거리가 3 m 이내가 된다.
- 기술시스템의 작동 원리 : RFID 동작원리

① 칩과 안테나로 구성된 태그에 활용 목적에 맞는 정보를 입력하고 대상에 부착

② 게이트, 계산대, 톨게이트 등에 부착된 리더에서 안테나를 통해 발사된 무선 주파수 태그에 접촉

③ 태그는 주파수에 반응하여 입력된 데이터를 안테나로 전송

④ 안테나는 전송 받은 데이터를 디지털신호로 변조, CRC체크 하여 리더로 전달

⑤ 리더는 데이터를 해독하여 호스트 컴퓨터로 전달(RS-232,RS-422,RS-485

- RFID 태그의 무선통신 접속방식은 상호유도 (Inductively coupled) 방식과 전자기파 (electromagnetic wave) 방식이 있음. 전자는 근거리(1m 이내) 송수신용, 코일안테나 사용함. 태그는 거의 항상 수동적으로 동작, 즉 태그의 IC 칩이 동작하는데 필요한 모든 에너지를 리더기에 의해 공급 받음, 후자는 중장거리용 RFID로 사용, 고주파 안테나 사용, 태그는 IC 칩을 구동하기 위해 전지를 포함.

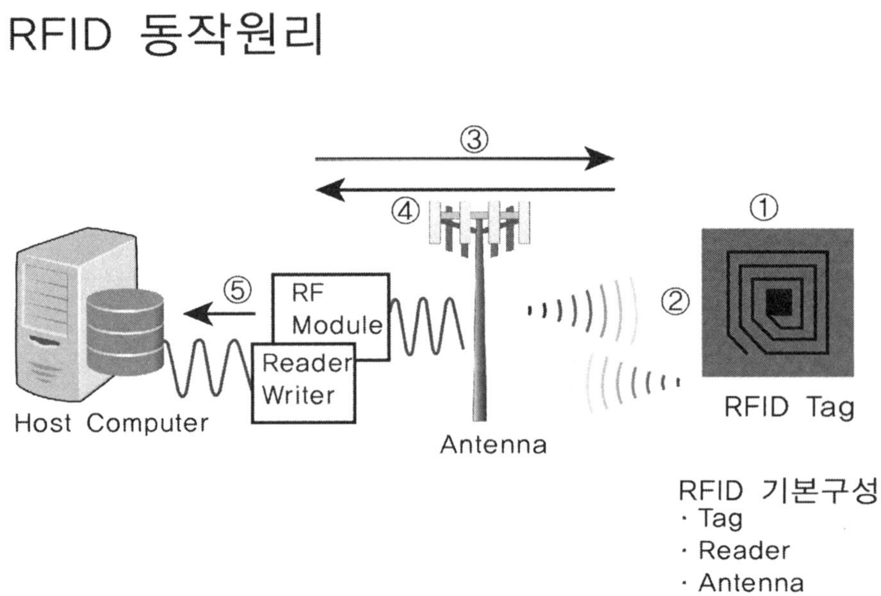

사례그림 2.7 RFID의 기본 구성 및 동작 원리

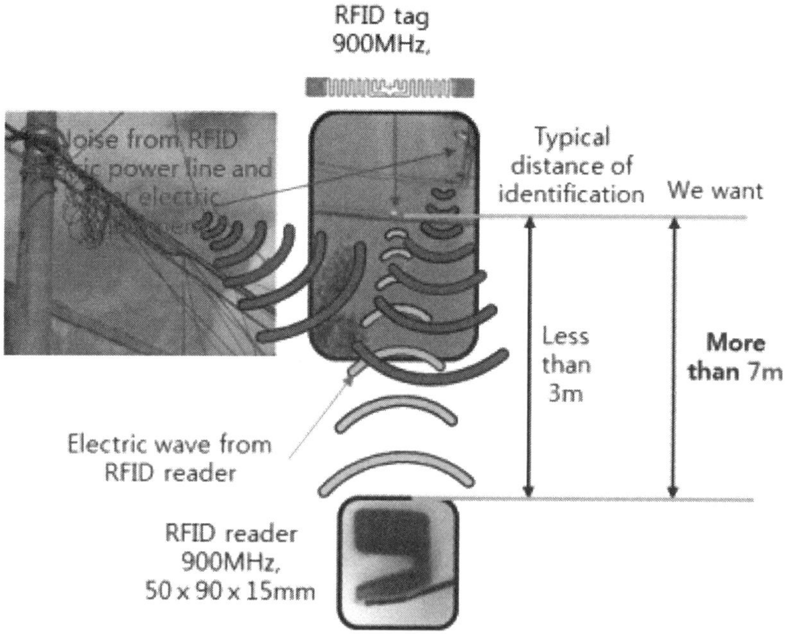

사례그림 2.8 RFID 공가 시스템의 문제점

3.2 기능 분석

3.2.1 Component 분석

문제 해결을 위한 성분 분석은 사례표 2.1과 같다.

사례표 2.1. Component 분석

시스템	컴포넌트
상위 시스템	전자장(Target) 공기 습기 22.9 kV 전력선 통신선 기타 전기 설비(스마트폰, TV, 라디오 등) 잡음

엔지니어링 시스템	RFID 리더기 RFID 태그
시스템 성분	RFID 리더기 안테나 RFID 리더기 배터리 RFID 리더기 하우징 RFID 태그 안테나 RFID 태그의 IC 칩 PE/PP 재료들

3.2.2 Interaction 분석

Interaction 분석을 위한 매트릭스는 사례그림 2.9와 같다.

RFID reader and tag	Electric and magnetic field	Air	Humidity	Power line	Communication line	Electric equipment	Noise	RFID Antenna	Tag antenna	Housing	Battery	IC chip	PE/PP material
Electric and magnetic field		+	+	+	+	+	+	+	+	+	+	+	+
Air			+	-	-	-	+	-	-	-	-	-	-
Humidity				+	+	+	+	+	+	-	-	-	-
Power line					+	+	+	+	+	-	-	+	-
Communication line						+	+	+	+	-	-	+	-
Electric equipment							+	+	+	-	-	+	-
Noise								+	+	-	-	+	-
RFID Antenna									+	+	+	+	+
Tag antenna										-	-	+	-
Housing											-	+	-
Battery												+	-
IC chip													-
PE/PP material													

사례그림 2.9 Interaction 매트릭스

3.2.3 Function 분석

Function 분석은 사례그림 2.10과 같다.

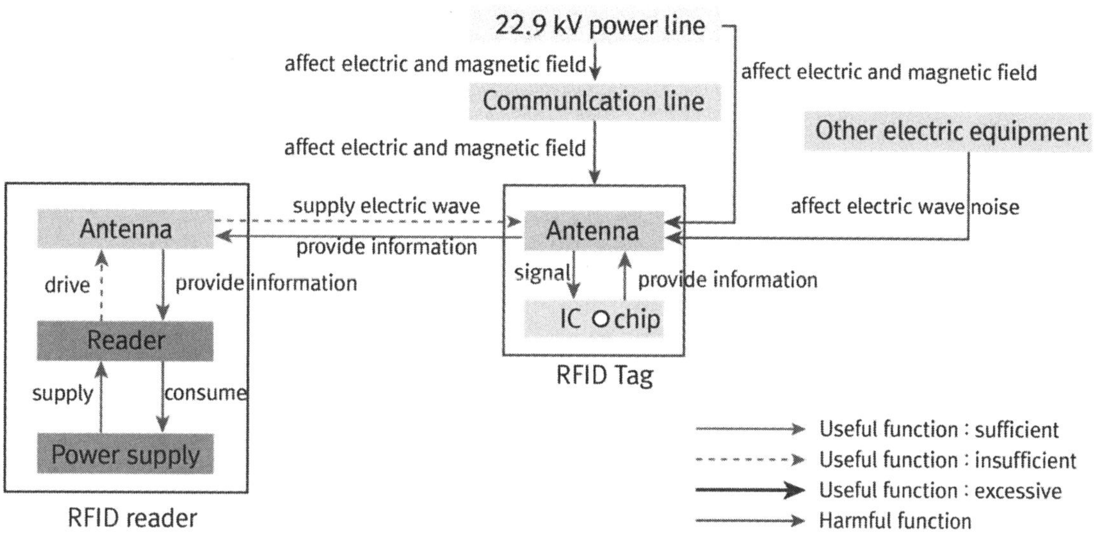

사례그림 2.10 Function 분석

3.2.4 근본 원인 분석

근본 원인 분석(Root-Cause) 분석은 사례그림 2.11과 같다.

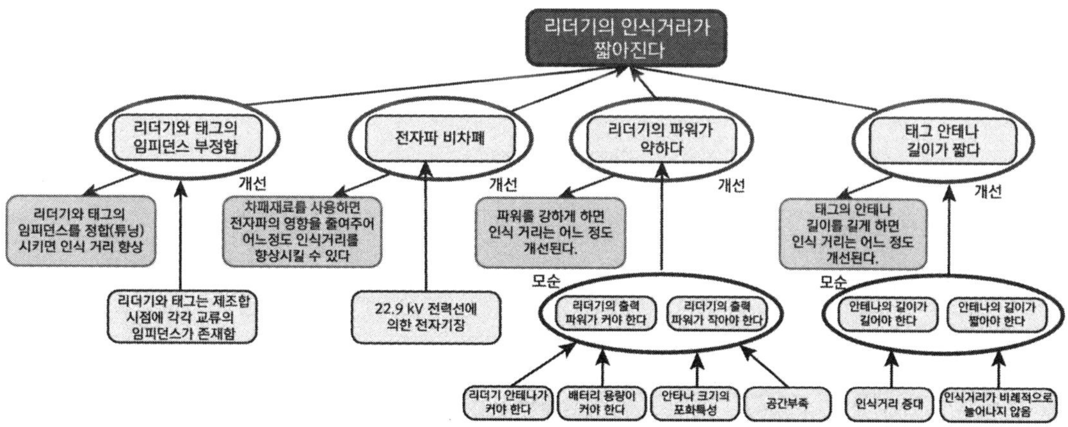

사례그림 2.11 근본 원인 분석

Part 4. 모순 정의

모순을 정의하면 그림 2.12와 같다.

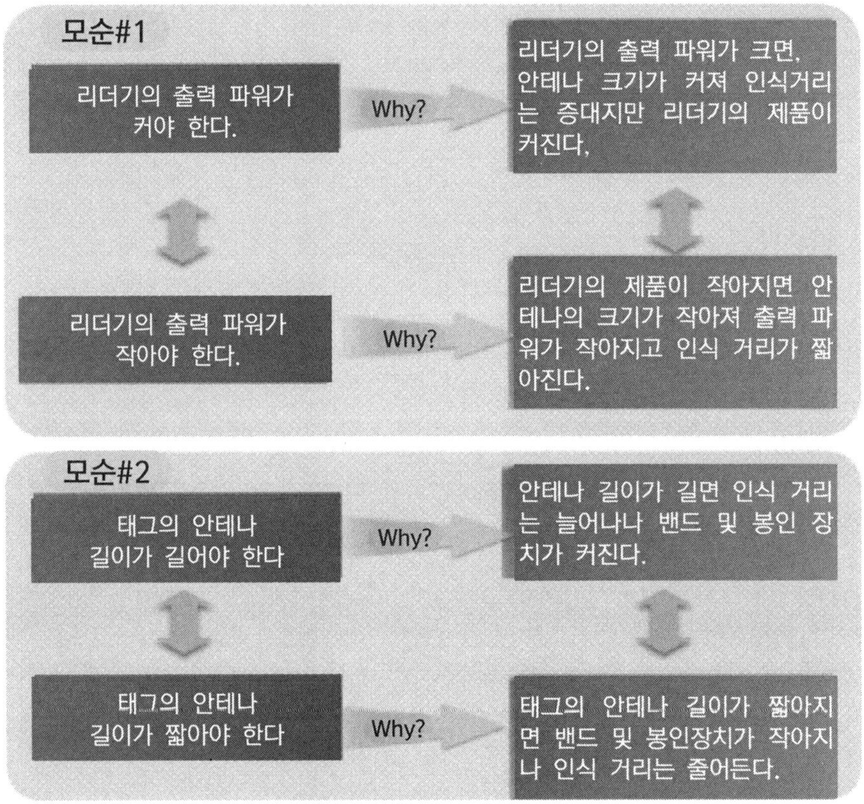

사례그림 2.12 모순 정의

Part 5. Ariz 적용

5.1 Formulate the mini-problem

최소 문제의 상황을 특수한 용어를 사용하지 않고 다음과 같이 기술한다. 최소한의 시스템 변경을 통하여 수동 태그 전체의 크기는 커지는 것과 태그에 도달하는 전파의 거리를 늘려주는 상황을 기술한다.

- 공가관리 수행을 위하여 설계된 공가관리 기술시스템은 RFID 리더기, 전자, 잡음, RFID 태그로 구성되어 있다.
- 주기능: RFID 리더기는 전주의 공가관리를 위해 부착한 RFID 태그의 식별정보(키 값)를 인식한다.
- TC-1: 만약 수동 태그의 안테나의 크기가 크다면 RFID 리더로부터 태그까지 도달하는 전파 거리는 증가되지만(+) 수동 태그 전체 크기는 커짐 (-)
- TC-2: : 만약 수동 태그의 안테나의 크기가 작다면 수동 태그의 전체 크기는 작아지지만(+) 태그에 도달하는 전파의 거리는 줄어듦 (-)
- 문제점: 수동 RFID의 식별거리는 본래의 특성으로 인하여 3 m 미만이다. 따라서 우리는 한국의 전파법 때문에 50 dBm 이상의 전력을 인가할 수 없다. RFID 수동 태그의 포화특성으로 인하여 수동 RFID 태그의 길이를 크게 제작할 수 없다.

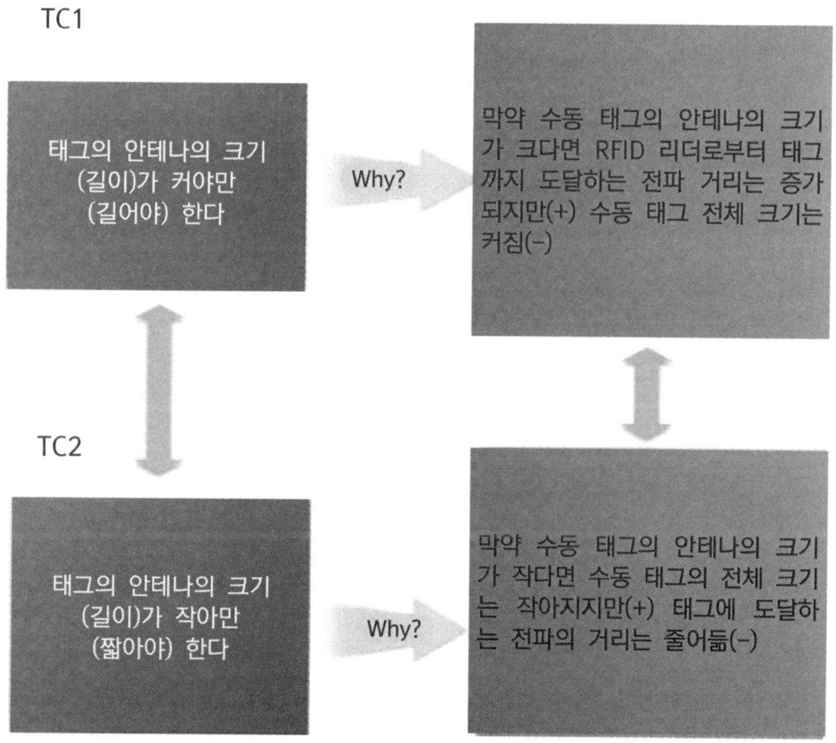

사례그림 2.13 모순 정의

5.2 Define the conflicting elements

(1) 단계에서 모순을 일으키는 도구(주체, tool)와 대상(객체, object or tool)을 다음과 같이 정의한다.

- 제품 : RFID 리더기의 출력, 잡음(외부 전파)
- 도구 : RFID 태그 안테나(긴 거리, 대형, 또는 짧은 거리 소형)

5.3 Describe graphic models for technical contradiction

TC-1과 TC-2를 사례그림 2.14와 같이 도식 모델로 작성한다.

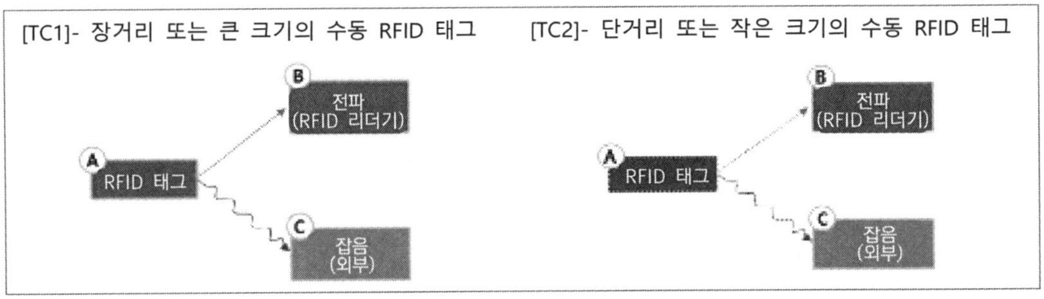

사례그림 2.14 모순의 그래프 표현

5.4 Select a graphic models for further analysis

두 개의 모순 도식 모델 중 (1)단계에서 정의한 기술 시스템의 주기능을 더 잘 수행할 수 있는 모델을 사례그림 2.15와 같이 선정한다.

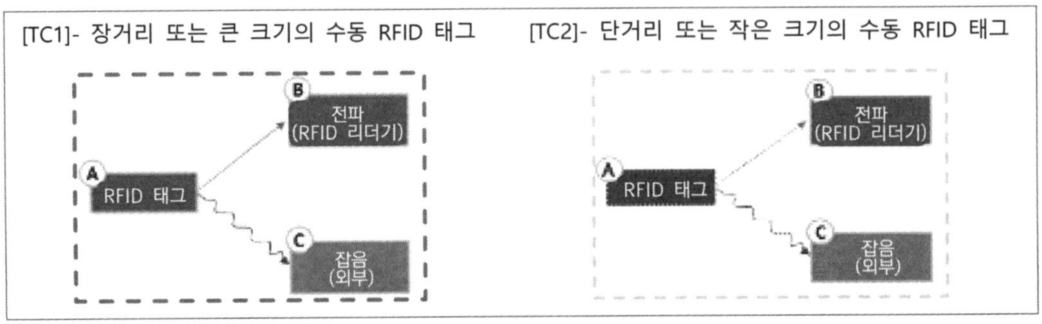

사례그림 2.15 주기능을 더 잘 수행할 수 있는 모델 선정

5.5 Intensify the conflict

각 구성 요소의 상태나 작용을 극한 상황으로 표현하여 수동 RFID 태그가 없는 경우를 상정하여 모순을 심화시키는 단계로 사례그림 2.16과 같이 나타낸다.

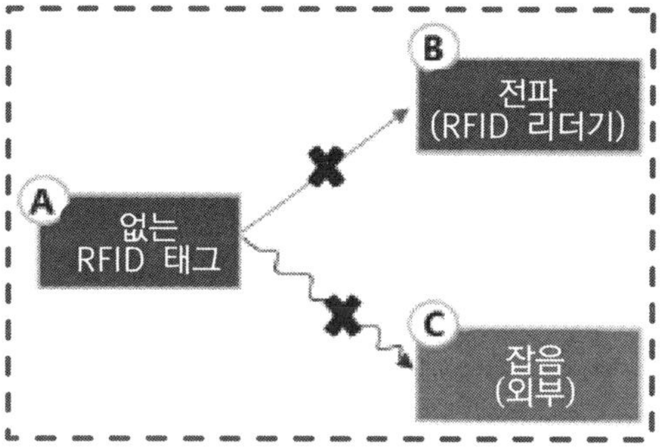

사례그림 2.16 모순을 심화시킨 단계

5.6 Describe the problem model

다음 사항을 고려하여 문제를 공식화한다.

- 심화된 모순 요소 쌍
- 심화된 모순 정의
- 문제 해결을 위해 도입되는 "x-요소"가 해야 할 일

  * 무엇을 유지해야하고 없애야하며 개선해야하고 제공해야 하는지 등을 고려하여 사례그림 2.17과 같이 수동 RFID 태그가 없을 때를 표현한다.

- 심화된 모순 요소 쌍: 없는 RFID 태그
- 심화된 모순 정의: 없는 RFID 태그는 전파수신을 방해하지 않으며 외부 잡음으로부터 영향도 없다.
- 문제 해결을 위해 도입되는 "x-요소"가 해야 할 일: 전파수신을 방해하지 않도록 RFID 태그가 하나도 없는 상태를 유지하면서 외부 잡음으로부터 영향을 받지 말아야 한다.

위의 사항 등을 고려하여 사례그림 2.17과 같이 수동 RFID 태그가 없을 때를 표현한다.

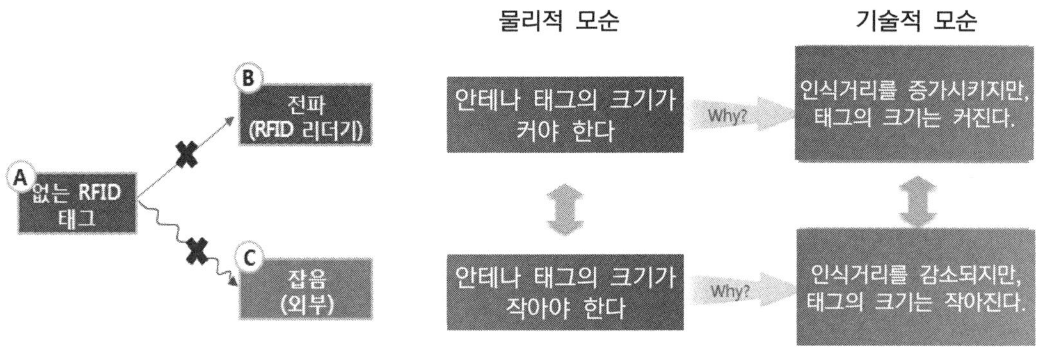

사례그림 2.17 문제 모델 공식화

본 과제에서는 문제 해결을 위하여 사례그림 2.18과 같이 분리, 만족, 바이패스 원리를 적용하여 사례그림 2.18과 같이 표현한다.

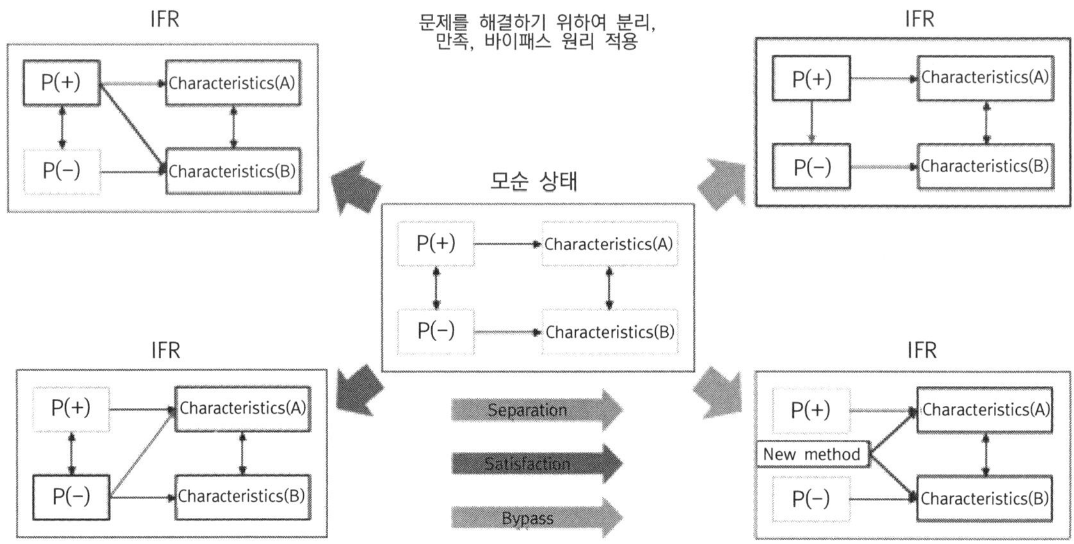

사례그림 2.18 문제 해결 적용

문제 해결을 위하여 다음과 같은 분리 원리를 적용한다.

1) 공간에 의한 분리

- 다른 공간에서 모순되는 2개의 특성(P(+) , P(-)) 들을 요구하는가? No
- 그렇다면 시간에 대한 분리 검토 수행

2) 시간에 의한 분리

- 다른 시간에서 모순되는 2개의 특성(P(+) , P(-)) 들을 요구하는가? No
- 그렇다면 조건 관계에 의한 분리 검토 수행
- 40개의 발명의 원리를 적용해 보았지만 시간에 의한 분리로는 적절한 해결책을 찾을 수 없었음.

3) 조건 관계에 의한 분리

- 특정 조건 또는 관계에 따른 모순되는 2개의 특성(P(+), P(-)) 들을 요구하는가? No
- 그렇다면 크기에 의한 분리 검토 수행

4) 크기에 의한 분리

- 공간, 시간에 의해 모순되는 2개의 특성(P(+), P(-)) 들을 분리하는 것이 어렵기 때문에 부분 또는 전체에 의한 분리를 검토하였지만, 40개의 발명 원리를 적용하였음에도 불구하고 적절한 해법을 찾을 수 없었음.

분리에서 문제 해결을 찾을 수 없었으므로 문제 해결을 위하여 다음과 같은 만족 원리를 적용한다.

5) 만족

- 공간에 의한 부분과 전체로 모순되는 2개의 특성(P(+), P(-)) 들을 분리하는 것이 어렵기 때문에 물리적 모순의 조건을 선택하고 약한 기술적 모순 쌍의 요구를 만족할 수 있는 아이디어를 검토한다.

사례그림 2.19와 같은 1과 2의 두 가지 경우에 대한 해법의 아이디어를 검토한다.

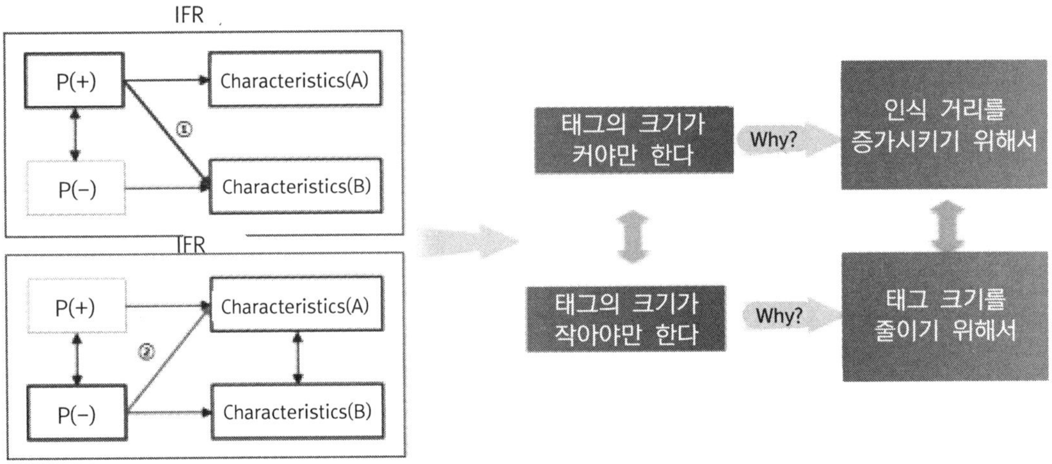

사례그림 2.19 만족의 원리 적용

- ①의 경우

  발명의 40가지 원리 중 1(segmentation), 7(nesting), 17(dimension change)을 사례그림 2.20과 같이 검토하였다.

- ②의 경우

  발명의 40가지 원리 중 1(segmentation)을 사례그림 2.20과 같이 검토하였다.

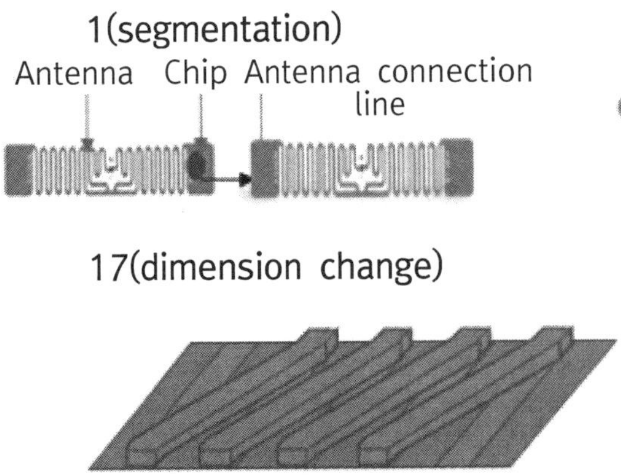

사례그림 2.20 만족의 원리에 발명의 40가지 원리 중 1, 7, 17 적용

만족의 원리 이외에 바이패스 원리를 적용한다.

6) Bypass

- ①의 경우

  발명의 40가지 원리 중 1(segmentation), 7(nesting), 17(dimension change)을 적용하여 사례그림 2.21과 같이 검토하였다

- ②의 경우

  발명의 40가지 원리 중 1(segmentation)을 적용하여 사례그림 2.21과 같이 검토하였다.

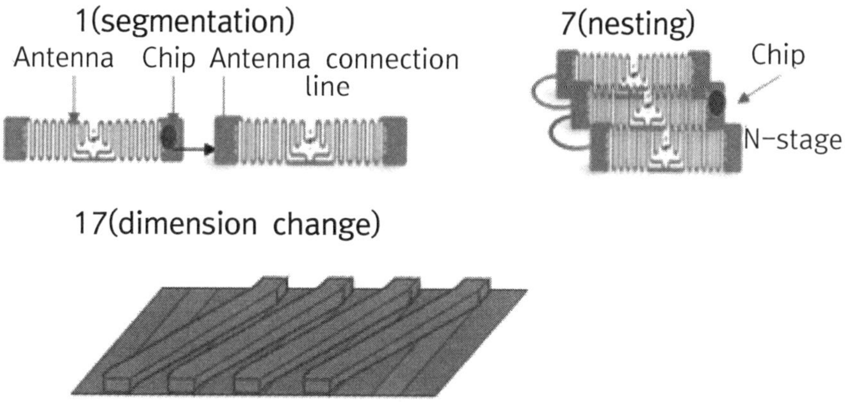

사례그림 2.21 바이패스의 원리에 발명의 40가지 원리 중 1, 7, 17 적용

지금까지 검토한 내용을 가지고 x-요소로서 dimension change를 적용하여 표시하면 사례그림 2.22와 같다.

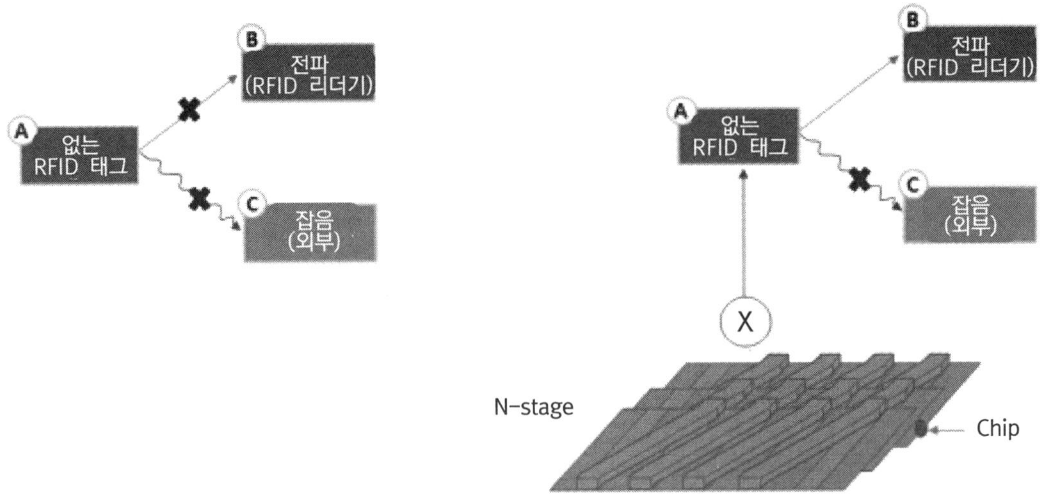

사례그림 2.22 Dimension change를 적용하여 x-요소

5.7 Apply the inventive standard

본 과제에서는 문제 해결을 위하여 사례그림 2.23과 같이 표준해를 적용한다.

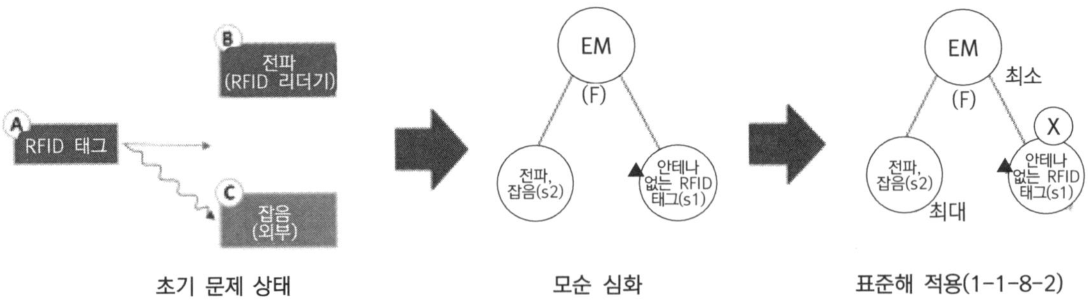

사례그림 2.23 표준해 적용

Part 6. Analyzing the problem model

6.1 Define the operational zone

본 과제에서는 적용 영역 정의를 사례그림 2.24와 같이 나타낸다.

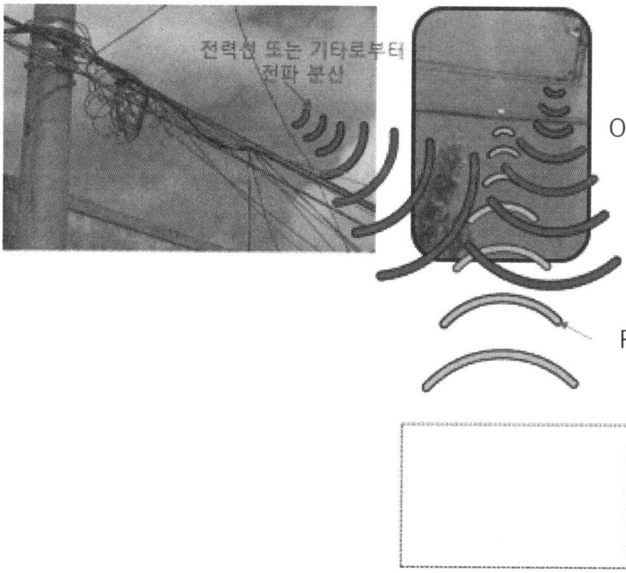

사례그림 2.24 적용 영역 정의

6.2 Define the operational time

본 과제에서는 작용 시간 정의를 사례그림 2.25와 같이 나타낸다.

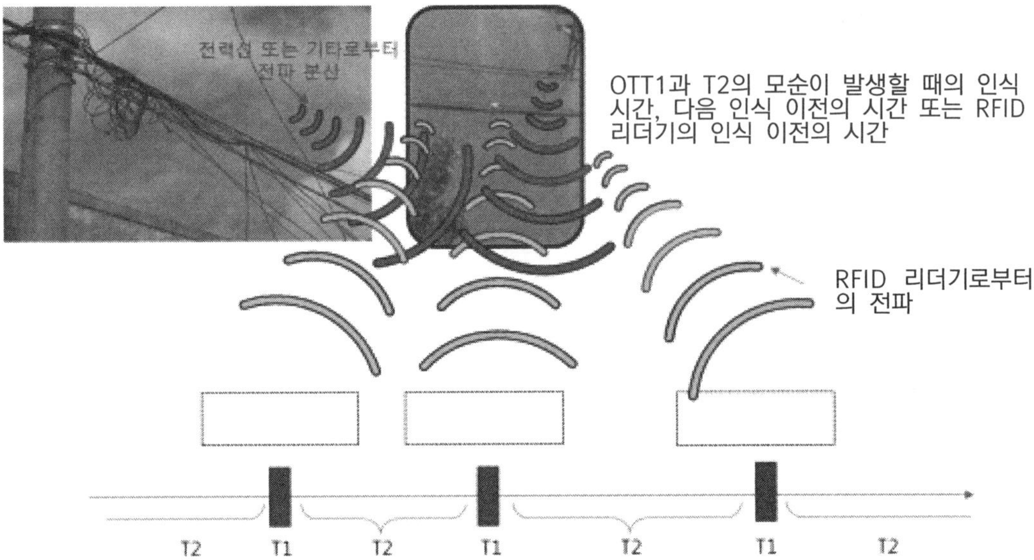

사례그림 2.25 작용 시간 정의

6.3 Define the substance – field resource(SFR)

본 과제에서는 문제 해결에 사용 가능한 시스템 내부 및 환경의 물질-장 자원을 다음과 같이 정의한다.

1) 시스템 내부 물질-장 자원

- 도구의 SFR (없는 RFID tag): 전파(전계)
- 제품의 SFR (RFID 리더기의 출력): 전파(전계), 잡음(전계, 자계)

2) 획득 가능한 주위 환경의 물질-장 자원

- 문제 조건에 의해 특정하게 주어진 환경의 SFR: 공기, 바람, 햇빛, 구름, 전계, 자계
- 공기, 중력장, 물 등 거의 모든 환경에서 공통적인 SFR : 전계, 자계, 중력, 수분(물)

3) 상위 시스템의 SFR

- 상위 시스템에서 발생하는 불필요한 부산물: 열, 바람
- 비용이 무시될 정도의 매우 비용이 싼 상위 시스템 자원들 : 밴드 구조

표 2.2에 자원 분석을 나타내었다.

사례표 2.2 자원 분석

분류	기존 자원	은닉 자원	파생 자원
도구1	RFID 태그 안테나	폴리프로필렌, 펄리이미드, 구리막, 정보저장용 IC칩, 안테나 재료, 태그 재료	잡음, 전자파
객체1	RFID 리더기	안테나 재료, 배터리, 하우징	
객체2	전자파 차례 재료	페라이트 재료, 금속막	
객체3	밴드	밴드 재료(PP,PE)	

Part 7. Defining Ideal Final Result(IFR) and Physical Contradiction

7.1 Formulate IFR-1

IFR-1의 공식을 아래와 같이 기술한다.

x-요소는 시스템을 복잡하게 하지 않고 추가적인 유해 작용 없이 인식 시간T1 또는 다음 인식 시간 T2 중에 안테나 없는 RFID 태그의 빈 공간안에서 안테나가 없는 태그가 수행하는 안테나의 전파 수신을 방해받지 않음을 유지하면서 RFID 태그가 인식하지 못하는 것을 제거한다.

7.2 Intensify definition of IFR-1

IFR-1을 부가적 요구에 따라 심화시킨다.

안테나 없는 RFID 태그는 시스템을 복잡하게 하지 않고 추가적인 유해 작용 없이 인식 시간 T1 또는 다음 인식 시간 T2 중에 안테나 없는 RFID 태그의 빈 공간 안에서 안테나가 없는 태그가 수행하는 안테나의 전파 수신을 방해받지 않음을 유지하면서 RFID 태그가 인식하지 못하는 것을 제거한다.

다음과 같은 순서에 따라 SFR을 검토한다.

① 도구의 SFR(시스템 내부 자원들)

② 환경의 SFR(확보 가능한 외부 자원들)

③ 상위 시스템의 SFR

④ Product에 대한 SFR

이상의 순서에 따라 본 과제에서는 다음과 같은 자원에 대한 SFR을 검토한다.

★7.2.1 전파와 잡음(주파수 대역폭)

7.2.2 공기/밴드/햇빛/구름/전계와 자계

7.2.3 RFID 안테나 재료

7.2.4 배터리

7.2.5 RFID 리더기의 하우징

★7.2.6 페라이드 재료

7.2.7 금속 필름

7.2.8 밴드 재료들

7.2.1의 전파와 잡음(주파수 대역)에 대한 7.3이후의 과정은 다음과 같다.

7.3 Identify the physical contradiction for macro-level

선정된 자원에 대한 변수 분석을 통하여 물리적 모순을 거시적 관점에서 기술한다.

안테나가 없는 RFID 태그는 식별하는 시간 T1 또는 T2 중에 RFID 리더기의 잡음을 차단하기 위해서는 좁은 대역폭을 가져야만 하고 RFID 태그의 정보 식별을 위해서는 넓은 대역폭을 가져야 한다.

7.4 Identify the physical contradiction for macro-level

물리적 모순을 미시적 관점에서 기술한다.

안테나가 없는 RFID 태그의 인식을 위해서는 넓은 주파수 대역이 있어야 하고, 잡음 차단을 위해서는 넓은 주파수 대역은 존재하지 않아야 한다.

7.5 Formulate IFR-2

IFR-2를 기술한다.

RFID 태그에서 주파수 대역은 RFID 리더기가 판독하는 동안 스스로 넓은 대역폭을 가져야 하고 RFID 리더기가 인식하지 않는 시간에는 스스로 좁은 대역폭을 가져야 한다.

7.6 Apply the inventive standard to resolve physical contradiction

- IFR-2로부터 물리적 모순 해결을 위하여 표준 해결책을 적용
- 만일 풀리지 않는다면 part 8로 갈 것
- 만일 문제가 풀린다면 곧 바로 part 7로 갈 것
- 이렇게 문제가 풀리는 경우라 하더라도 part 8을 통해 문제를 계속 분석할 것을 권장

본 과제에서는 위에 제시한 방법을 이용하여 사례그림 2.26과 같은 표준해(1-1-8-2)를 적용하였다.

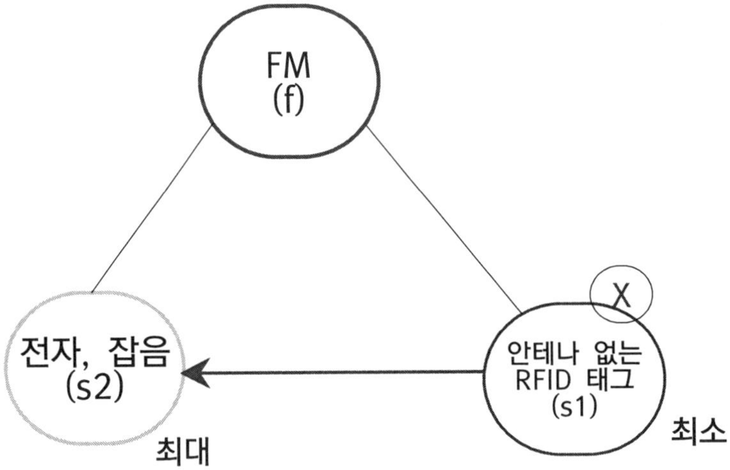

사례그림 2.26 표준해(1-1-8-2) 적용

Part 8. Mobilizing and utilizing of Substance-Field Resources

8.1 Simulation with the little creatures

① 작은 사람 모델 방법을 사용하여 모순을 도식화하며

② 작은 사람들이 모순없이 IFR-2를 달성할 수 있도록 모델을 바꾼다.

1) 모순 상황

사례그림 2.27과 같이 RFID 태그 부근의 작은 사람(전파와 잡음)이 손을 잡고 있기 때문에(전자파 잡음의 신호 감쇄), 전자파는 태그로 이동하기 어렵다.

사례그림 2.27 작은 사람 표현

2) IFR-2

RFID 태그 부근의 주파수 대역폭은 RFID 태그가 RFID 태그의 정보를 인식하는 동안 전파와 잡음으로 분리하고, 전파는 스스로 넓은 대역폭을 가지게 되어 사례그림 2.28과 같이 전파가 태그로 이동한다.

사례그림 2.28 작은 사람이 표현으로 전파가 이동하는 모습

3) 주파수 대역폭을 증가시키는 방법은 RFID 태그 안테나의 길이를 증가시키는 것이다.

7.2.6 페라이트에 대한 7.3이후의 과정은 다음과 같다.

7.3 Identify the physical contradiction for macro-level

선정된 자원에 대한 변수 분석을 통하여 물리적 모순을 거시적 관점에서 기술한다.

안테나가 없는 RFID 태그는 식별하는 시간 T1 또는 T2 중에 RFID 리더기의 잡음을 차단하기 위해서는 차폐를 해야만 하고 RFID 태그의 정보 식별을 위해서는 차폐를 하지 말아야 한다.

7.4 Identify the physical contradiction for macro-level

물리적 모순을 미시적 관점에서 기술한다.

안테나가 없는 RFID 태그의 인식을 위해서는 잡음을 차단하는 동안 차폐가 있어야 하고, 그 나머지 시간은 차폐가 없어야 한다.

7.5 Formulate IFR-2

IFR-2를 기술한다.

RFID 태그에서의 차폐는 RFID 리더기가 인식하는 동안에 스스로 차폐 영역을 가져야 하고 인식하지 않는 동안에는 스스로 차폐 영역을 가지지 말아야 한다.

7.6 Apply the inventive standard to resolve physical contradiction

- IFR-2로부터 물리적 모순 해결을 위하여 표준 해결책을 적용
- 만일 풀리지 않는다면 part 8로 갈 것
- 만일 문제가 풀린다면 곧 바로 part 7로 갈 것
- 이렇게 문제가 풀리는 경우라 하더라도 part 8을 통해 문제를 계속 분석할 것을 권장

본 과제에서는 위에 제시한 방법을 이용하여 사례그림 2.29와 같은 표준해(1-2-1)를 적용하였다.

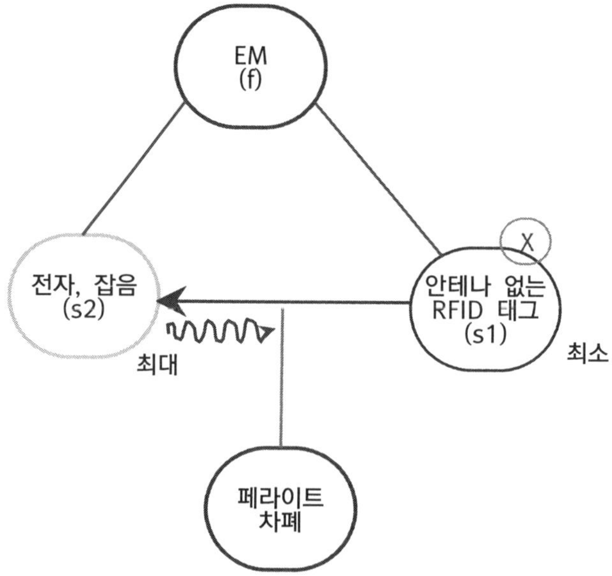

사례그림 2.29. 표준해(1-2-1) 적용

Part 8. Mobilizing and utilizing of Substance-Field Resources

8.1 Simulation with the little creatures

① 작은 사람 모델 방법을 사용하여 모순을 도식화하며

② 작은 사람들이 모순없이 IFR-2를 달성할 수 있도록 모델을 바꾼다.

1) 모순 상황

사례그림 2.30과 같이 RFID 태그 부근의 작은 사람(전파와 잡음)이 손을 잡고 있기 때문에(전자파 잡음의 신호 감쇄), 전자파는 태그로 이동하기 어렵다.

사례그림 2.30 작은 사람 표현

2) IFR-2

RFID 태그 부근의 차폐 재료들은 RFID 리더가 태그의 정보를 인식하는 동안 전파와 잡음을 차폐하므로, 강한 전파는 사례그림 2.31과 같이 태그로 이동한다.

사례그림 2.31 작은 난장이
표현으로 전파가 이동하는 모습

3) 차폐의 감소법은 잡음의 크기를 줄여 RFID 태그의 안테나로 접근한다.

Part 9. 해결 아이디어 도출

9.1 모순 극복 ①

- 모순 : RFID 리더기의 식별 거리를 증가시키 위해서 리더기의 출력을 크게하고 리더기의 공간과 크기는 줄여야한다.
- 적용한 발명의 원리 : 분리와 추출

물리적 길이의 제한을 가진 리더기의 외부에 하나 이상의 외부 안테나를 부착한다.

사례그림 2.32에 이전 방법과 제안한 방법의 개념 및 특성을 나타내었다.

	개념	특징
이전 방법	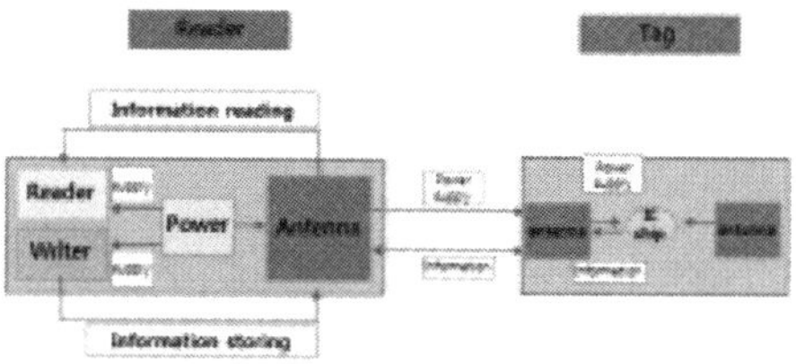	▪ 이전의 리더기는 RFID 내부에 내장된 안테나로 인하여 포화 특성과 공간 제한을 보여준다.
제안 방법	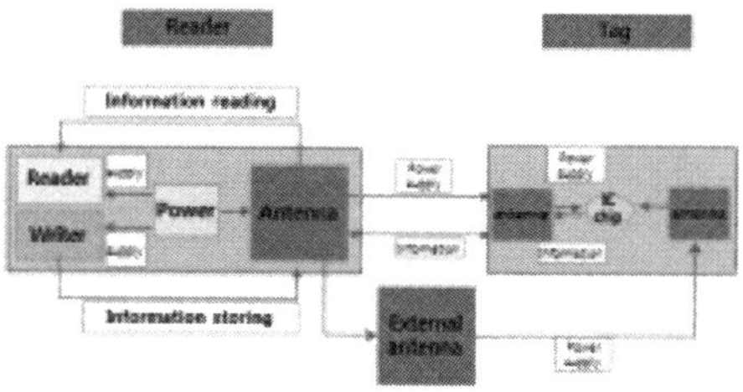	▪ 이전의 리더기의 내부 안테나를 제외하고 하나 또는 그 이상의 외부 안테나를 설치한다. 이 경우에 내부 안테나는 증폭기 역할을 하므로 공간 문제를 해결할 수 있으며, 동시에 인식 거리를 증가시킬 수 있다.

사례그림 2.32 아이디어 도출을 위한 이전 방법과 제안 방법의 비교

9.2 모순 극복 ②

- 모순 : RFID 리더기의 식별 거리를 증가시키 위해서 태그 안테나의 길이를 길게 하고, 리더기를 소형으로 제작하기 위해서는 태그 안테나의 크기를 줄여야한다.
- 적용한 발명의 원리 : segmentation, nesting, dimension changing

사례그림 2.33에 이전 방법과 제안한 방법의 개념 및 특성을 나타내었다.

	개념	특징
이전 방법		▪ 이전의 RFID 태그는 RFID 태그 길이 증가에 대한 한계를 보여 준다.
제안 방법	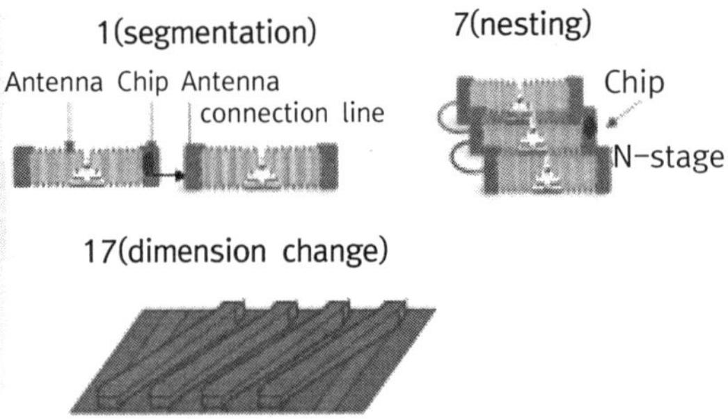 	▪ RFID 태그를 수평으로 분리한 후 RFID 태그 분리 사이를 접속선으로 안테나를 접속한다. Nesting. cimension changing을 적용하면 안테나 태그의 길이를 증가시킬 수 있다.

사례그림 2.33 아이디어 도출을 위한 이전 방법과 제안 방법의 비교

9.3 FOS 적용

본 과제에서 FOS 적용을 위해 다음과 같은 검색식을 적용하였다.

(RFID OR antenna) AND (increase OR large OR nesting OR dimension change)

검색 결과 해결방법으로서 nesting, dimension change를 찾았다. 사례그림 2.34에 FOS를 적용하여 이전 방법과 제안한 방법의 개념 및 특성을 나타내었다.

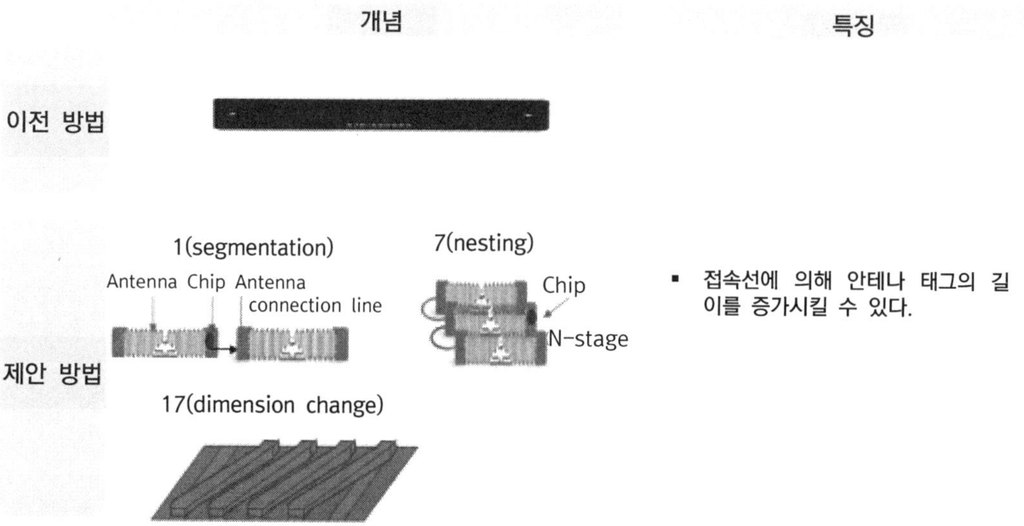

사례그림 2.34 FOS를 적용한 아이디어 도출에 대한 이전 방법과 제안 방법의 비교

9.4 표준해 적용 ①

본 과제에서 전파와 잡음(주파수 대역폭) 문제를 해결하기 위해 표준해 적용(1-1-8-2)를 적용하였다. 표준해 적용은 RFID 태그에서 주파수 대역폭은 RFID 태그가 인식하고 있는 동안은 스스로 대역폭이 넓어야 하고 인식하지 않는 기간에는 좁은 대역폭을 가져야 한다.

사례그림 2.35에 전파와 잡음(주파수 대역폭)에 표준해를 적용하여 이전 방법과 제안한 방법의 개념 및 특성을 나타내었다.

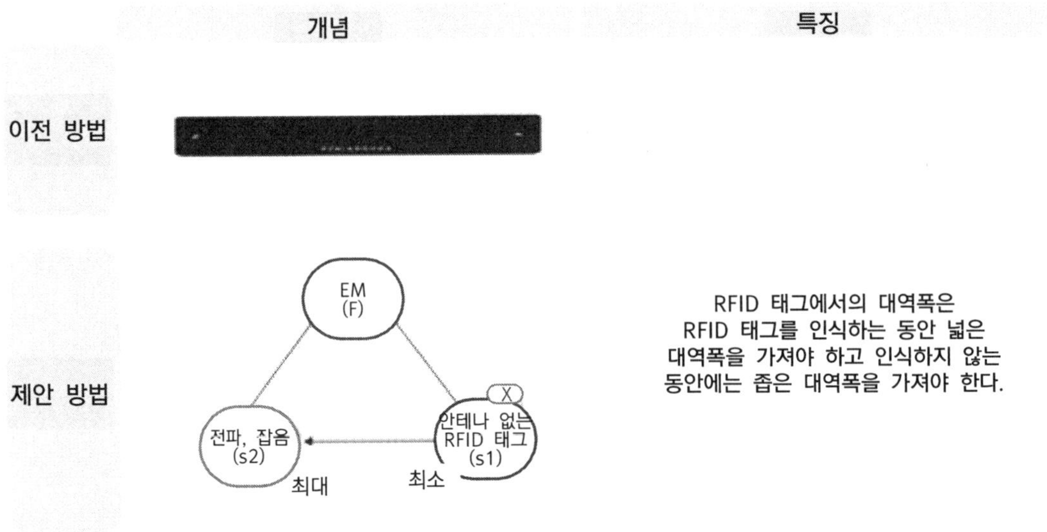

사례그림 2.35 전파와 잡음(주파수 대역폭)에 표준해를 적용한 아이디어 도출에 대한 이전 방법과 제안 방법의 비교

9.5 표준해 적용 ②

본 과제에서 페라이트 차폐 문제를 해결하기 위해 표준해 적용(1-2-1)를 적용하였다. 표준해 적용은 RFID 리더가 인식하고 있는 동안에는 차폐 지역을 가져야 하고, 인식하고 있지 않는 동안에는 차폐 영역을 가지지 말아야 한다.

사례그림 2.36에 페라이트 차폐에 표준해를 적용하여 이전 방법과 제안한 방법의 개념 및 특성을 나타내었다.

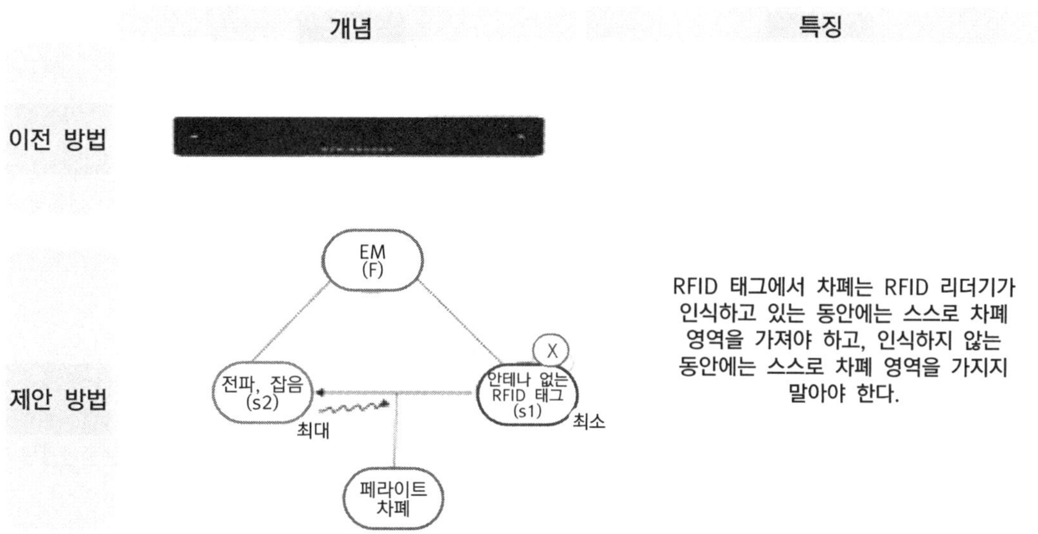

사례그림 2.36 페라에트 차폐에 표준해를 적용한 아이디어 도출에 대한 이전 방법과 제안 방법의 비교

Part 10. 최종 해결안

10.1 최종 해결안 선택

최종 해결안으로 RFID 태그의 수평 분할 방법으로 분할 한 후 분할한 RFID 태그를 접속선으로 연결하는 방법을 채택한다. 또한 Nesting and dimension changing 방법을 적용한다. 적용 결과 안테나 태그의 길이를 늘일 수 있었다.

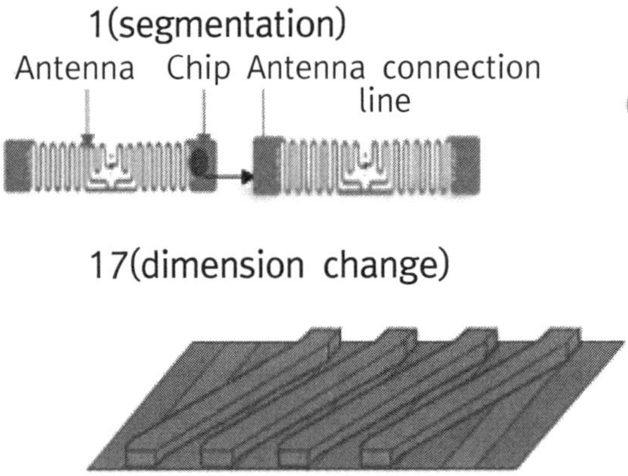

사례그림 2.37 최종 해결안

10.2 적용 계획

적용계획으로 금속형 태그와 스티커형 태그의 설계에 적용한 후 실제 전주의 공가선에 적용할 예정이다.

10.3 기대 효과

RFID 태그의 인식 거리 증가로 인하여 RFID 주변에 존재하는 전자장이 있을지라도 인식 거리를 7 m 이상으로 늘일 수 있을 것으로 기대하고 있으며 그 결과 적용 및 응용 분야가 넓어질 것으로 예상하고 있다.

사례 3 남자의 소변에 오염되지 않는 변기 시트

서문

우리가 가정에서 화장실을 이용할 때 남자와 여자가 동일한 변기 시스템을 사용한다. 하지만 남자가 소변을 볼 때는 굳이 변기 시트가 필요하지 않다.

사례그림 3.1
변기 시트를 들어 올리지 않고 소변을 보는 경우

남자는 변기 시트를 들어 올리지 않고 서서 소변을 본다. 그로 인해 소변이 1차적으로 옆으로 벗어나거나 변기에 담겨 있는 물에서 2차적으로 튀게 됨으로써 변기 시트를 오염시키게 된다.

사례그림 3.2
동일한 변기시스템에 여자가 앉아서 볼 일을 보는 구조

여자는 동일한 변기 시스템에 앉아서 볼 일을 보게 되고, 그로 인해 여자들은 남자가 볼 일을 보고 난 후에 오염이 된 상태로 변기를 이용해야 한다. 결과적으로 남자가 볼 일을 보기 전에 변기 시트를 올려야 하는지, 아니면 여자가 앉기 전에 변기 시트를 내려야 하는지에 관해서 실제로 가정에서 남자와 여자 사이에 많은 분쟁이 일어나는 것도 현실적인 이슈가 된다.

문제를 분석하기 위해 요소 분석을 통해 10개의 구성 요소를 도출하였고 정리된 결과는 다음과 같다.

사례표 3.1. 요소 분석

System Level	Components
Super System	Men
	Men's Urine
	Women
	Toilet Bowl
	Toilet Water
	Toilet Button
	Toilet Cover
Engineering System	Toilet Seat
System Component	Upper side
	Down Side

요소분석 결과에 의한 항목간 상관 관계 매트릭스 결과는 다음과 같다.

사례표 3.2 상관관계 Matrix

	Men	Men's Urine	Women	Toilet Bowl	Toilet Water	Toilet Button	Toilet Cover	Toilet Seat	Upper Side	Down Side
Men		+				+		+		
Men's Urine	+		+	+	+		+	+	+	+
Women		+			+	+		+	+	
Toilet Bowl		+			+			+		+
Toilet Water		+	+	+				+	+	+
Toilet Button	+		+							
Toilet Cover		+						+	+	
Toilet Seat	+	+	+	+	+		+			
Upper Side		+	+		+		+			
Down Side		+		+	+					

표에 "+"가 있으면 행의 구성 요소와 열 간의 상호 작용이 있음을 의미하고 표에 공백이 있으면 두 항목 간의 상호 작용이 없음을 의미한다.

구성 요소 간의 상호 작용을 다이어그램으로 표현하면 다음과 같다.

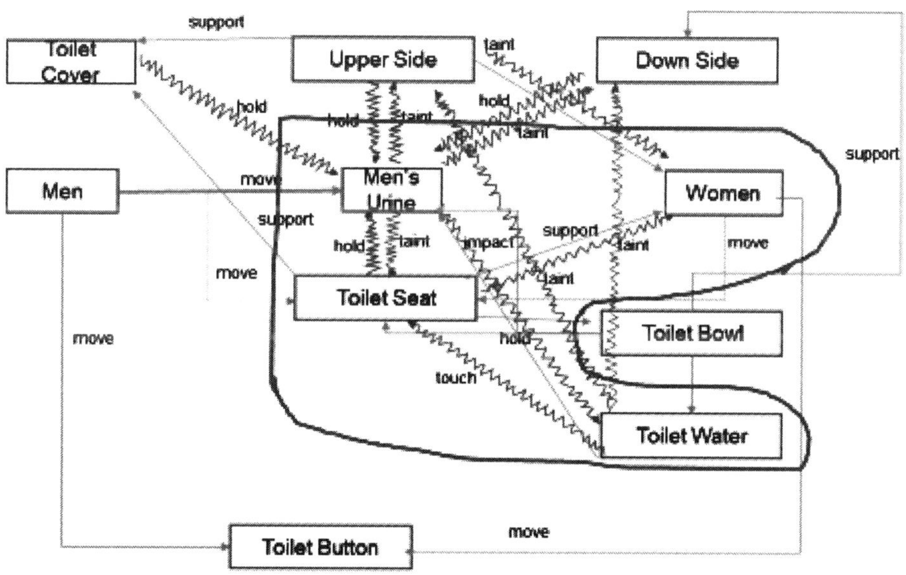

사례그림 3.3 기능 모델

***범례 :**

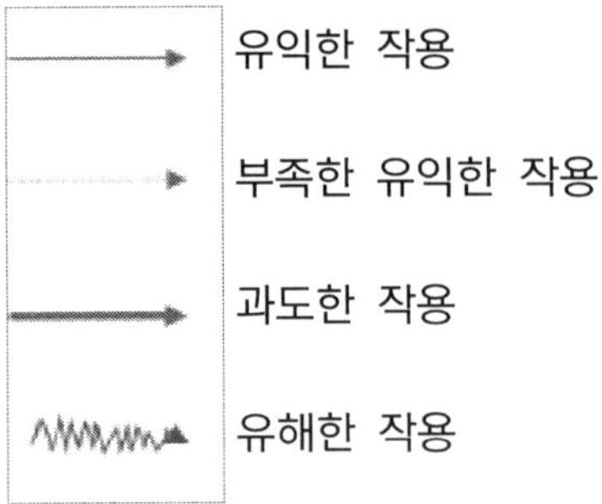

우리는 위의 '기능 모델'에서 이 시스템으로부터 2 가지 문제점을 도출할 수 있다.

① 문제점 1 : 남자의 소변은 화장실 좌석에 직접 오염되고 그 다음에 여자에게 묻어나게 된다.

② 문제점 2 : 남자의 소변은 변기에 강하게 부딪치고 나서 물과 함께 변기에 얼룩으로 묻게 되고 결국에는 2차적으로 여자에게 묻어나게 된다.

내부 시스템 구성 요소로서 '덮개 상측'과 '덮개 하측'을 무시할 수 있다면, 위의 다이어그램은 적색 선으로 표시된 부분으로 좁힐 수 있으며, '변기 덮개'는 남자나 여자에게 직접적인 영향을 미치지 않게 된다.

결과적으로 '근본원인분석(RCA, Root Cause Analysis)'를 통해서 여자들이 남자의 소변으로 인해 오염 된 이유 두 가지가 다음과 같이 도출된다.

① 변기 시트가 넓기 때문에 남자의 누출 된 소변으로부터 오염이 될 수 있다.

② 그리고 남자의 소변 보는 자세가 높기 때문에 남자의 소변이 강하게 떨어지고, 그로 인해 물에서 튀어 나온 소변이 변기로 오염 될 수 있다.

모순(Contradiction)

RCA의 '넓은 변기 시트'에 대한 기술적인 모순은 다음과 같이 정의된다.

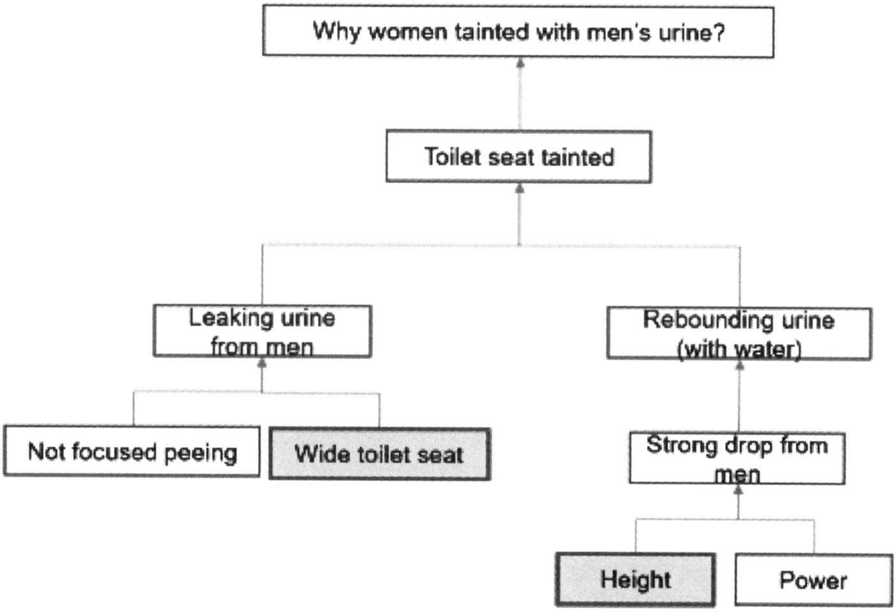

사례그림 3.4 근본 원인 분석

TC-1 : 변기 시트가 넓으면 여자를 쉽게 받쳐줄 수 있지만 또한 여자를 오염시킬 수 있고 남자는 그 시스템에서 소변을 보기가 자유롭지 않다고 느낄 수 있다.

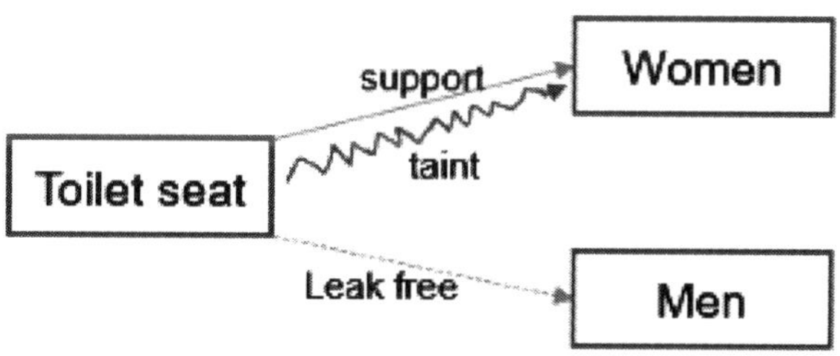

사례그림 3.5 넓은 변기 시트에 대한 기술적 모순

TC-2 : 변기가 좁으면 여자가 시스템으로 인해 오염되지 않고 남자가 시스템을 통해 소변을 보는 일이 자유롭다고 느낄 수 있지만 이 시스템은 여자가 볼 일을 볼 때 쉽게 받쳐 주지 못하게 된다.

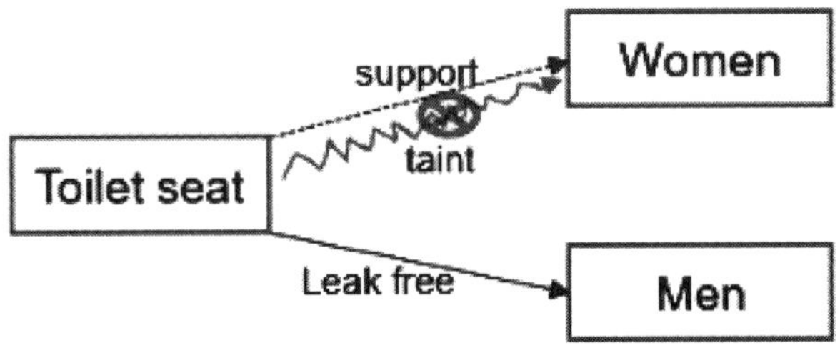

사례그림 3.6 좁은 변기 시트에 대한 기술적 모순

그리고 RCA를 통한 높이에 대한 기술적 모순은 다음과 같이 정의된다.

TC-1 : 남자가 자세를 높게 하여 소변을 보게 되면, 남자는 편하게 느낄 수 있지만, 동시에 소변도 변기 시트를 쉽게 오염 시킬 수 있게 된다.

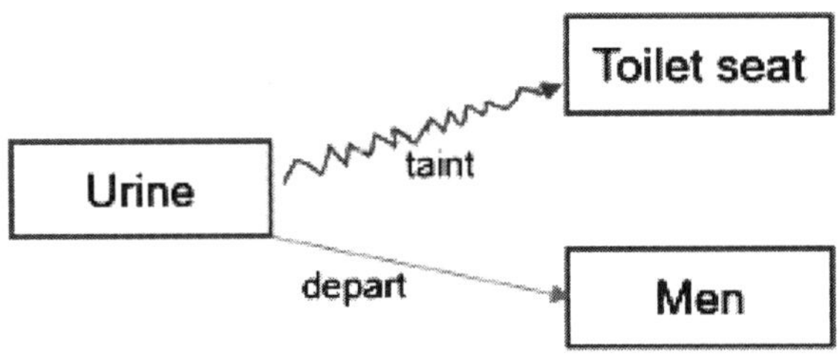

사례그림 3.7 높은 소변 자세에 대한 기술적 모순

TC-2 : 남자들이 앉은 자세로 소변을 보게 되면, 소변이 변기를 오염시키지 않지만, 남자들은 소변을 보는 일이 시원하게 느껴지지 않음으로 인해 일반적으로 남자들은 이 방법으로 선택하기를 꺼려한다.

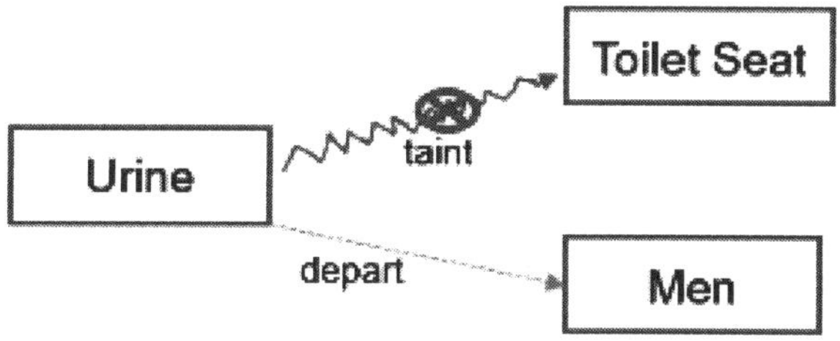

사례그림 3.8 남자의 앉아서 소변보기에 대한 기술적 모순

그리고 위에서 언급 한 기능 모델 (사례그림 3.3 기능 모델 참조)에서 '남자'는 이 모델에서 제외된다. 따라서 제어 할 수 없는 요소로 볼 수 있는 '남자의 앉아서 소변보기'라는 두 번째 기술적 모순은 이 과제에서 배제한다.

이상적 최종해(IFR, Ideal Final Result)

여자를 받쳐 주고 오염을 방지해야 하며, 남자가 편안하게 소변을 볼 수 있게 하기 위해서는 변기 시트가 넓기도 해야 하고 동시에 좁기도 해야 한다. 이것은 물리적으로 모순이 발생하게 되는 것이다.

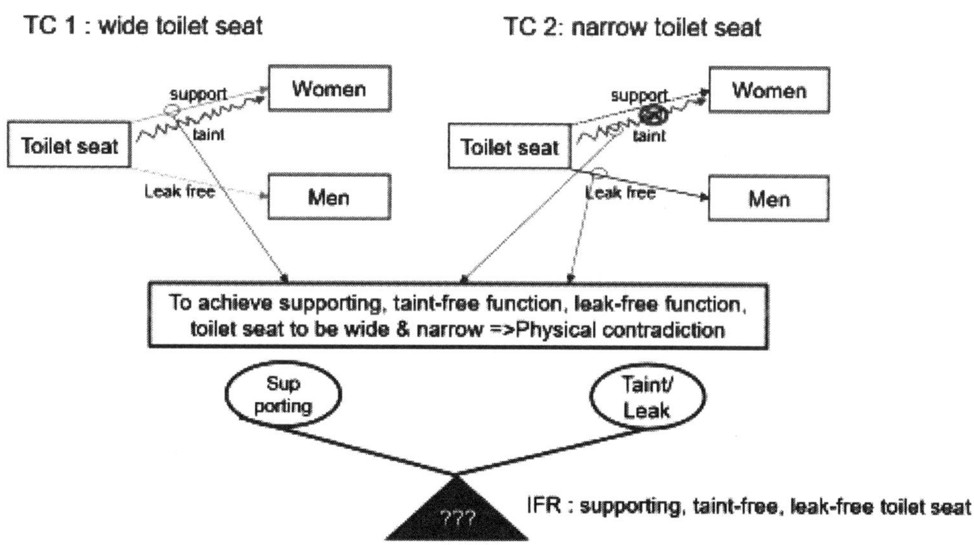

사례그림 3.9 변기 시트에 대한 이상적 최종해

이러한 관점에서 우리는 물리적 모순의 '시간에 의한 분리 원리'를 통해 하나의 해결안을 유추 할 수 있다.

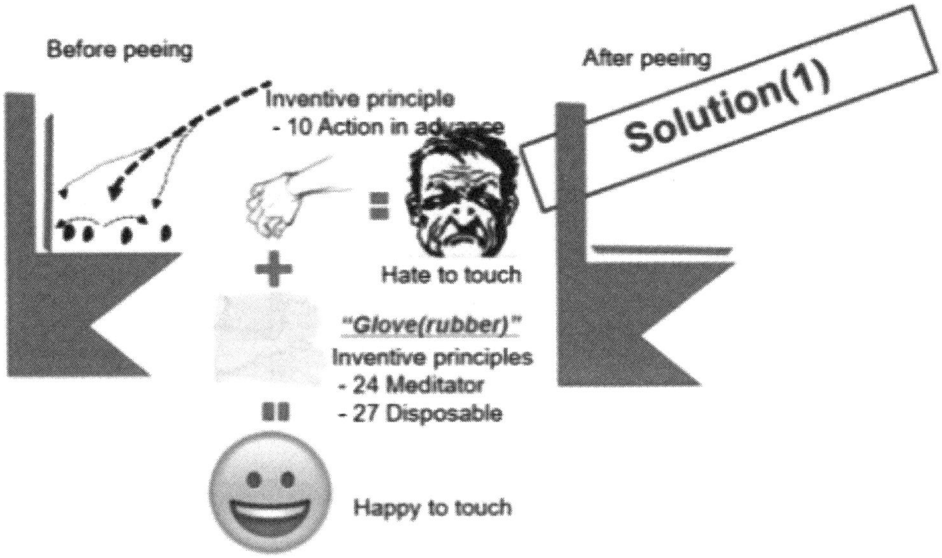

사례그림 3.10 Solution(1) - '고무 장갑(a glove(rubber))'

남자가 맨손으로 변기에 손을 대면 변기 시트를 들어 올릴 때, 일회용 '고무 장갑'을 사용하여 변기시트 없이 소변을 볼 수 있도록 변기 시트를 들어 올릴 수 있다.

이 해결안에 다음 세 가지 발명 원리가 적용되었다.

- 발명원리 10 : 예비 조치
- 발명원리 24 : 매개체
- 발명원리 27 : 값싼 일회용품

하지만 남자들은 일회용 장갑을 사용하지만 오염 된 시트를 손으로 만지는 것 자체를 싫어할 수 있다. 만약 변기 시트를 들어올리기 위해 '페달 버튼'을 사용할 수 있다면 남자들은 보다 기분 좋게 그 일을 할 수 있을 것이다.

여기에는 발명 원리 10 '예비 조치'를 적용하였으며, 인터넷을 통해 'get up, lift, toilet seat 등'이라는 단어로 비슷한 기능들을 찾아 볼 수도 있다.

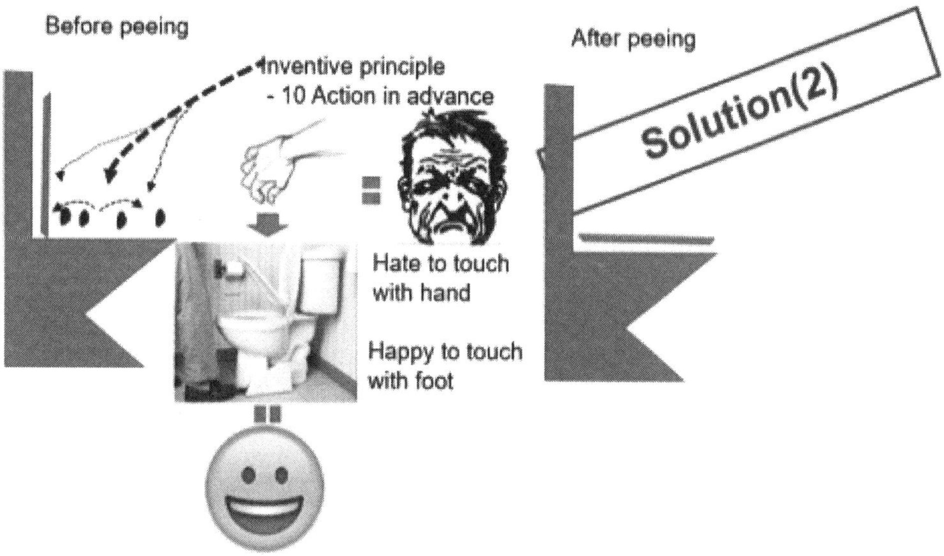

사례그림 3.11 Solution(2) - '페달 버튼(pedal button)'

ARIZ Part 1. 문제 분석(Analyzing the problem)

1.1 문제 정의하기(Formulate the mini-problem)

[화장실]이라는 엔지니어링 시스템은 [생리적 목적]을 위해 [변기 시트, 남자, 여자, 남자 소변, 화장실 용수] 등으로 구성되어 있다.

TC-1 : 변기 시트가 좁으면 남자의 소변과 화장실 물에 오염은 잘 되지 않지만, 여자가 시스템을 사용할 때 자세를 유지하기가 쉽지 않다.

TC-2 : 변기 시트가 넓으면 여자가 시스템을 사용할 때 자세를 쉽게 유지할 수 있지만, 남자의 소변으로 부터 쉽게 오염이 일어날 수 있다.

우리는 최소한의 시스템 변화로 여자가 남자의 소변이나 화장실 용수로부터 오염이 일어나지 않도록 조치하기를 원한다는 것이 핵심이다.

사례그림 3.12 이상적인 최종해(Ideal Final Result)

이러한 관점에서 기술적인 모순을 피하기 위해 변기 시트 크기를 최적화하는 것은 어떨까? 우리는 어떻게 해야 최소한 아무도 만족시키지 못하는 결론에 도달하는 것만이라도 피할 수 있을까?

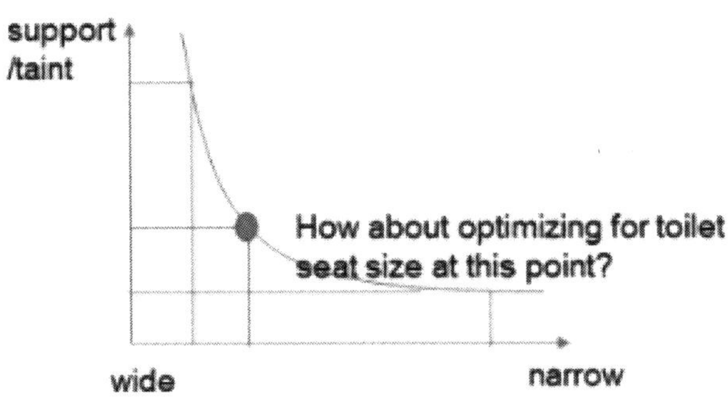

사례그림 3.13 TC의 최적화 개념

1.2 모순 요소 정의(Define the conflicting elements)

위의 1.1 단계에서 모순 요소는 다음과 같다.

- Product : 남자와 여자(Men and Women)
- Tool : 변기 시트(Toilet seat)

1.3 기술적 모순의 도식화

(Describe graphic models for technical contradiction)

기술적 모순의 도식화 모델은 다음과 같다.

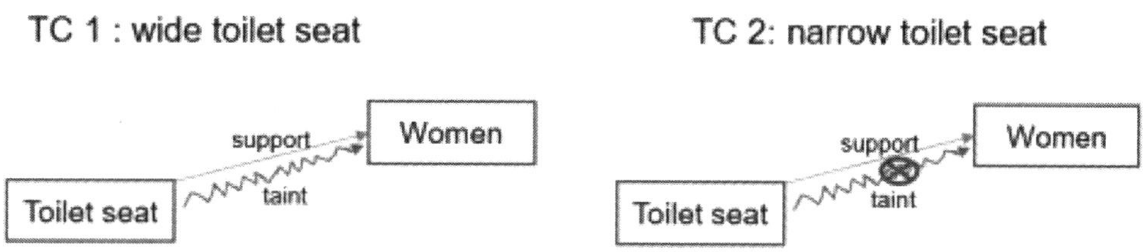

사례그림 3.14 Graphic models for technical contradiction

완전하게 좁은 변기 시트를 설계 할 수 있다면 남자들은 자동적으로 편안하게 변기 시스템을 이용할 수 있는 결과를 얻게 될 것이고 'leak free for men'에 관한 모순은 존재하지 않게 될 것이다. 따라서 'leak free for men' 모순은 위의 그림 모델에서 제거하였다.

1.4 추가 분석을 위한 그림 모델 선정(Select a graphic model for further analysis)

TC 2를 오염되지 않는 변기 시트의 주기능으로 보고 추가 분석을 위한 그림 모델로 TC 2 선정하였다.

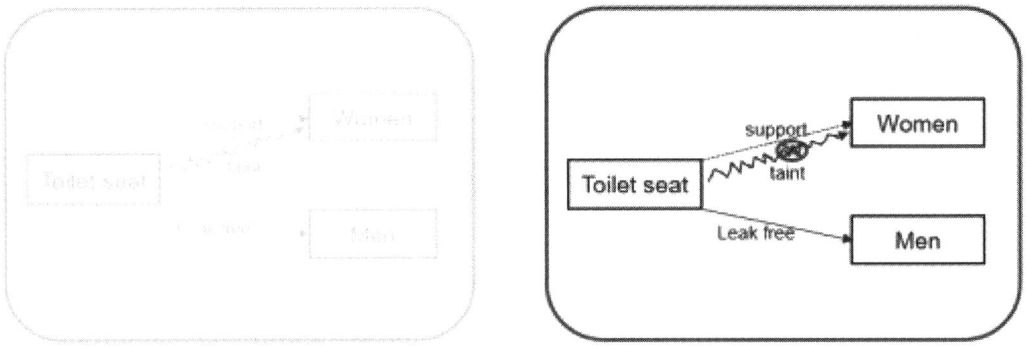

사례그림 3.15 추가 분석을 위한 그림 모델 선정

1.5 모순의 심화(Intensify the conflict)

모순을 심화시키기 위해 변기 시트가 없는 변기 시스템을 설계 할 수 있다. 그러므로써 변기 시스템 내의 유해한 기능을 제거 할 수 있게 되는 것이다.

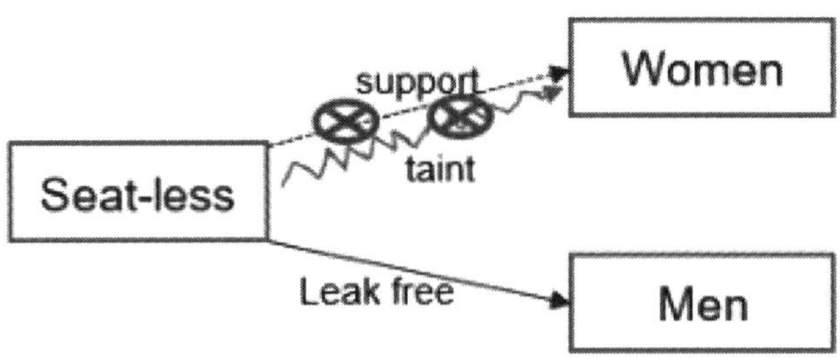

사례그림 3.16 모순의 심화

1.6 문제 모델 기술(Describe the problem model)

- 심화된 모순 : 변기 시트 없는 변기시스템과 여자의 지탱 기능
- 심화된 모순의 정의 : 변기 시트 없는 변기 시스템은 여자를 오염시키지 않고 동시에 여자를 지탱하지 못한다.
- x인자의 역할 : x인자는 여자를 오염시키지 않고 동시에 여자를 지탱할 수 있다.

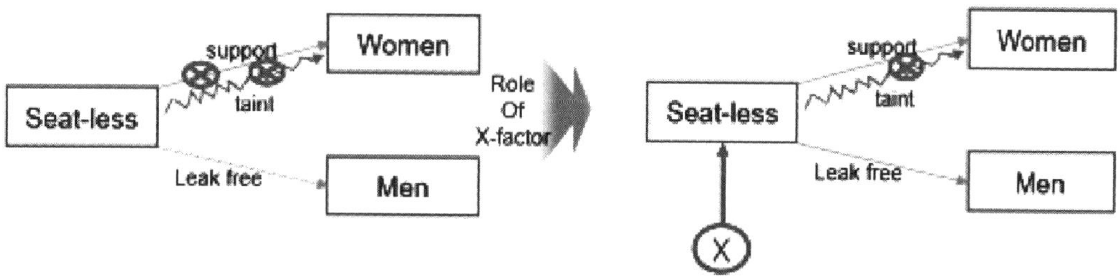

사례그림 3.17 문제 모델

1.7 표준해(解) 적용(Apply the inventive standards)

여기서 우리는 표준해(解) 1.1.3 외부 물질을 S1의 대체 물질 x로 적용 할 수 있다.

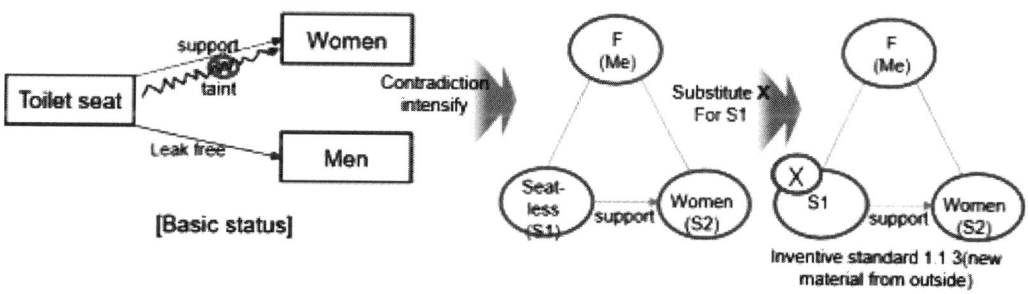

사례그림 3.18 S1의 대체

따라서 우리는 기능지향 검색(FOS, Function Oriented Search)을 통해 해먹을 찾았고 해먹을 통해 무언가를 지탱하면서도 움직임이 쉬운 기능의 적용 방안에 대한 힌트를 얻을 수 있다. 여기서 '기능 지향 검색'방법은 다음과 같이 적용되었다.

사례표 3.3 x에 대한 기능 지향 검색

	S	V	O
Bask	Seat	support	women
		float	ship
		hold	glass
		받치다	chair
		밀다	rope
		push	
		grasp	
		stay	
		정지하다	
		공중부양	
		매달다	
		걸다	
		지지하다	
		hang	

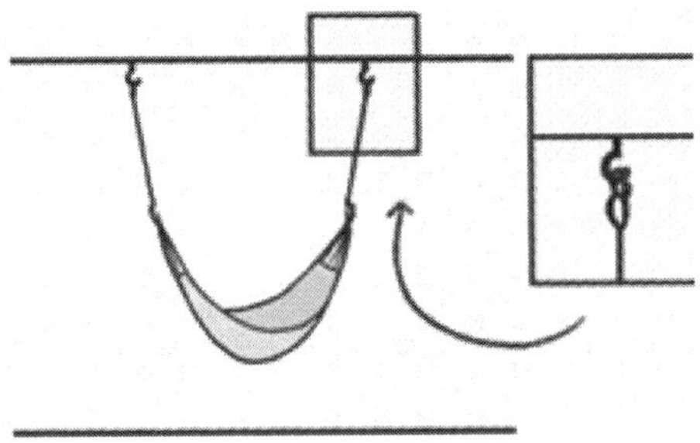

사례그림 3.19 구글 검색_해먹

이러한 힌트를 통해 움직일 수 있고 걸려있는 로프 의자로 변기 시트를 없앨 수 있다는 생각을 하고, 여성을 지탱할 수 있는 세 번째 해결책으로 "움직일 수 있는 로프 의자"를 디자인 할 수 있다. 움직일 수 있고 걸린 의자는 남자들에게는 오염을 발생시키지 않으면서 여자들의 지탱을 용이하게 할 수 있게 된다.

심화된 모순에서 시트가 없는 변기 시트를 적용하면 여자를 오염시키지 않지만 대신에 필요할 때 지탱을 할 수가 없게 된다. 따라서 다중 전이 장으로 나아가면 다음과 같이 분리 된 물질 장 모형으로 구분 수 있다.

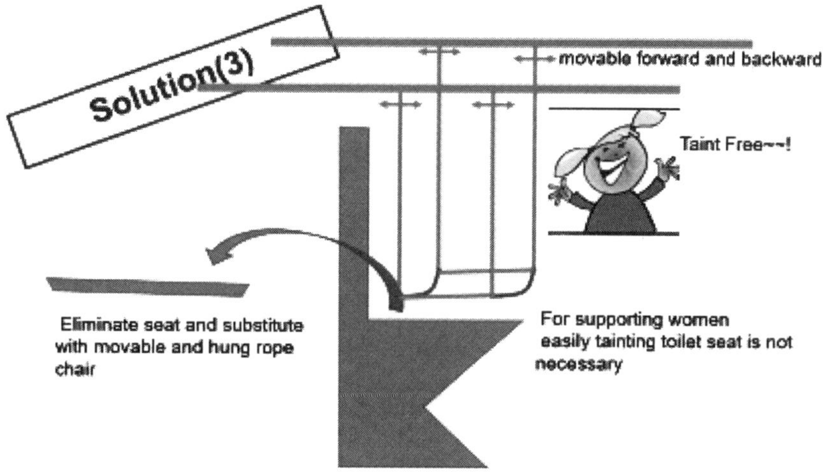

사례그림 3.20 Solution(3) - '움직이면서 매달려 있는 로프 의자'

- 오염과 물이 없는 장을 적용하면, 시트를 오염시키지 않는다.
- 시트 장을 적용하면, 여자를 지탱할 수 있다.

여기서 표준해(解) 2.1.1 체인 물질-장으로의 전이를 적용했다.

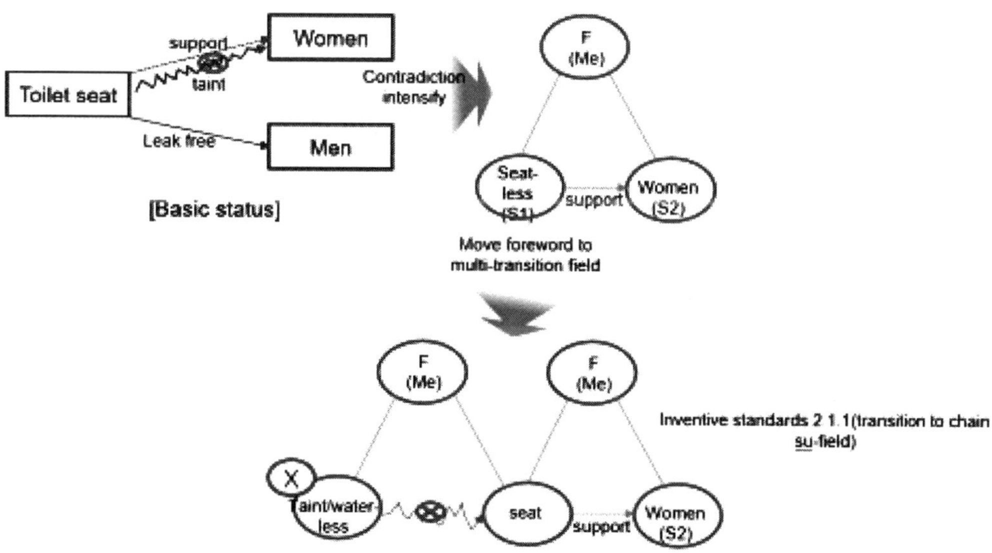

사례그림 3.21 다중 전이 장

결과적으로 동사인 '모으다, 집진하다, 퍼짐방지, 받다, 오염방지, 흘림방지'와 명사인 ' urine, water'에 대한 기능 중심 인터넷 검색을 통해 여자를 위한 소변 보조기구를 찾아 낼 수 있었다. 여기서 우리는 여자에게 필요한 변기 시트를 오염시키지 않으면서도 남자가 쉽게 사용할 수 있는 남자용 소변 보조기구를 재설계를 통해 제작할 수 있다.

사례표 3.4 x에 대한 기능중심 검색

	S	V	O
Basic		모으다	urine
Extension		집진하다	water
		퍼짐방지	
		받다	
		오염방지	
		흘림방지	

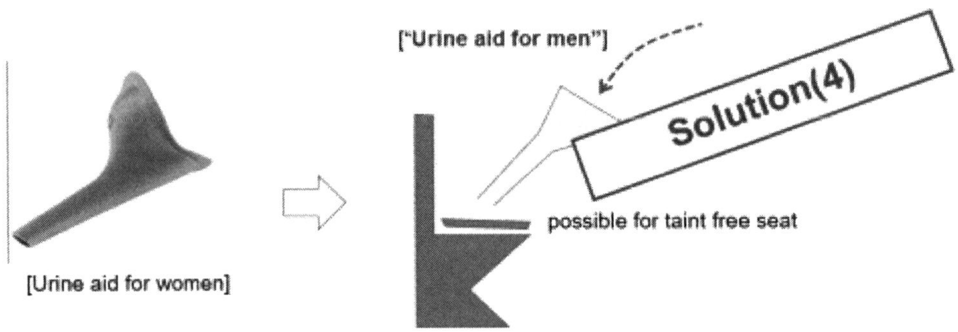

사례그림 3.22 Solution(4) '남자용 소변 보조기구'

이 시스템에서 변기와 용수에서 반작용으로 튀어 나와서 오염시키는 것을 감소시키기 위해 '튀지 않다, 반작용, 물결, bubble, 튀다, 줄이기'라는 단어로 인터넷 기능중심 검색을 하면, 바닷가 방파제에서 파도의 부딪치는 힘을 줄이기 위해 설치해 둔 콘크리트 구조물을 찾을 수 있다. 그래서 이러한 힌트를 통해 변기 시스템에서 남자의 오줌이 튀어나오는 것을 줄이기 위해 거품발생 물질 등을 고안해 낼 수 있을 것이다.

사례표 3.5 x에 대한 기능중심 검색

	S	V	O
Basic		튀지않다	urine
Extension		반작용	water
		물결	파도
		bubble	
		튀다	
		줄이기	

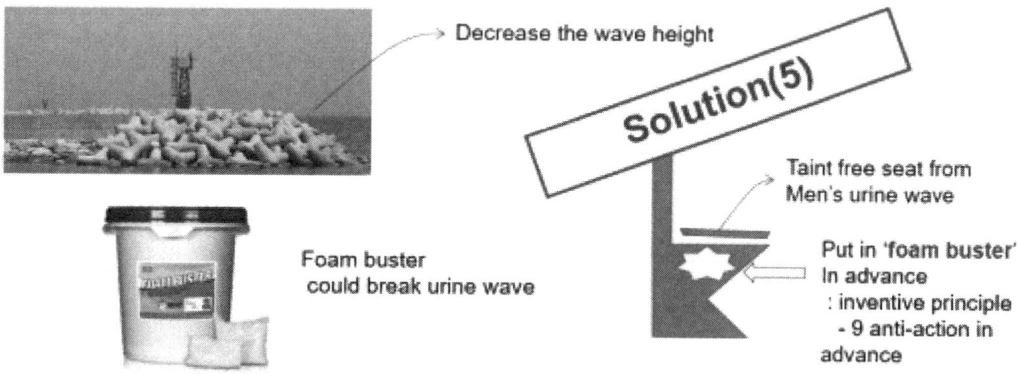

사례그림 3.23 Solution(5) 'foam buster'

Solution(5) 'foam buster'에서는 발명원리 9 사전 예비 반대조치가 적용되었다.

ARIZ Part 2. 문제 모델 분석(Analyzing the problem model)

2.1 작동 구역 정의(Define the operational zone)

'시트가 없는'공간을 작동 구역으로 정의 할 수 있다. '시트가 없는'공간은 모순을 심화시키기 전에 변기 시트 표면을 만지거나 오염시키는 구역과 동일하다.

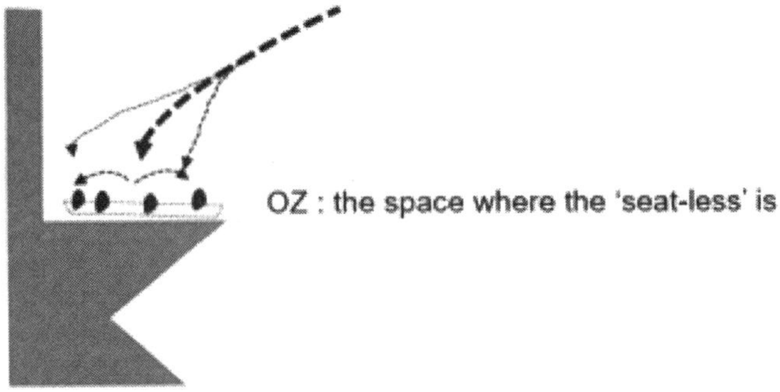

사례그림 3.24 작동 구역

2.2 작동 시간 정의(Define the operational time)

터치와 오염의 작동 시간을 T1으로 정의하고, 오줌이 떨어져서 다시 튀어 나오는 시간을 T2로 정의할 수 있다. 우리는 주어진 문제를 해결하기 위해서는 T1과 T2를 별도로 분리해서 고려해야 할 필요가 있다.

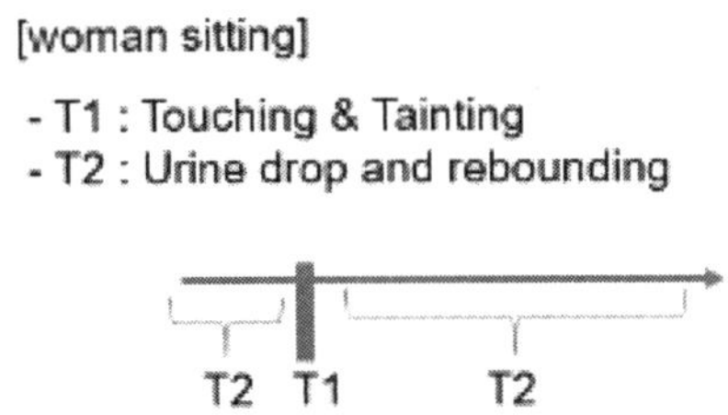

사례그림 3.25 작동 시간

2.3 물질-장 자원 정의(Define the substance-field resources)

물질-장 자원은 다음과 같이 정의할 수 있다.

- 상위 시스템 : 28 항목
- 엔지니어링 시스템 : 4 항목
- 환경 : 14 항목

이 단계에서 우리는 사례표 3.6의 청색으로 강조 표시된 자료에서 힌트를 받을 수 있다. 발명 원리 10 예비조치와 27 값싼 일회용품을 적용하면 사례표 3.6에 나타난 대로 '조직, 헤어 드라이어, 물, 샤워 헤드' 등으로 소변과 물을 없애거나 말릴 수 있을 것이다.

사례표 3.5 x에 대한 기능중심 검색

System Level	Ready	Potential
Super System	Men	Age, Number, Character, Standing Height
	Women	Age, Number, Character
	Kids	Age, Boys, Girls
	Toilet Bowl	Button, Bidet, Cover(Upper), Number of Toilet
	House	Apartment, Dispatched House, Electricity, Electric Concent
	Toilet Water	Quantity, Temperature, Height Level, Viscosity
Engineering System	Toilet Seat	Material, Seat Cover, Color
Environmnet	Tissues	Material. type, variety
	Culture of Family	Cleaning Period(Daily, Weekly, Monthly)
	Bathroom	Towel, Cleaning Brush, Mop, Hair Dryer, Washstand, Water, Shower Head

적용된 개념과 발명원리는 다음과 같다.

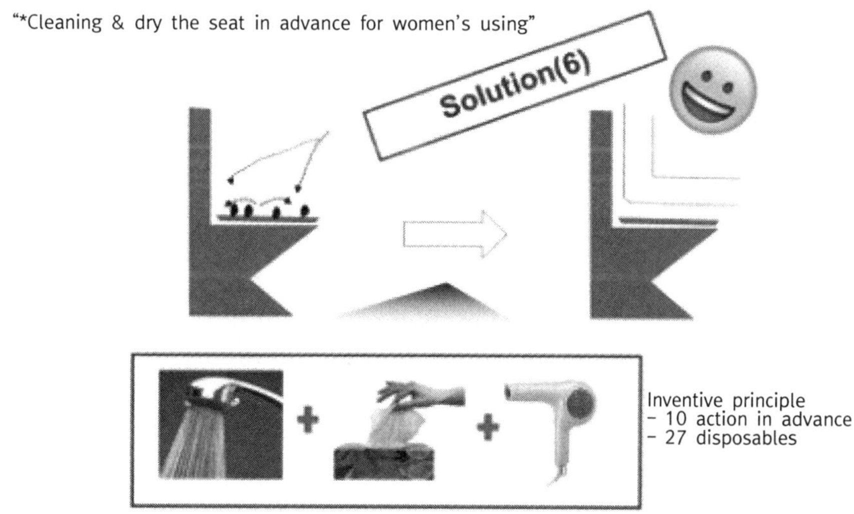

사례그림 3.26 Solution(6) '사전에 깨끗이 닦고 말리기'

ARIZ Part 3. 이상적 최종해와 물리적 모순 정의하기 (Defining Ideal Final Result(IFR) and Physical Contradiction)

3.1 IFR-1 구성(Formulate IFR-1)

X- 요소는 다른 시스템을 복잡하게 하거나 악화시키는 작동 없이 [시트 - 오염(seat-tainting)]을 제거하고, [남자의 소변 및 튀는 시간 (T2) 또는 오염 시간 (T1)]에 [OZ- 시트가 없는 공간] 내에 [변기 시트 없는] 상태로 [여자 지탱]을 유지하게 한다.

3.2 IFR-1정의의 심화(Intensify definition of IFR-1)

우리는 다음의 〈사례표 3.7 업데이트된 물질-장 자원 분석〉에서 'electricity(전기), magnet(자석)'과 같은 물질을 찾을 수 있다.

사례표 3.6 업데이트된 물질-장 자원 분석

System Level	Ready	Potential
Super System	Men	Age, Number, Character, Standing Height
	Women	Age, Number, Character
	Kids	Age, Boys, Girls
	Toilet Bowl	Button, Bidet, Cover(Upper), Number of Toilet
	House	Apartment, Dispatched House, **Electricity, Magnet**, Electric Concent
	Toilet Water	Quantity, Temperature, Height Level, Viscosity
Engineering System	Toilet Seat	Material, Seat Cover, Color
Environmnet	Tissues	Material. type, variety
	Culture of Family	Cleaning Period(Daily, Weekly, monthly)
	Bathroom	Towel, Cleaning Brush, Mop, Hair Dryer, Washstand, Water, Shower Head

결과적으로 우리는 다음과 같이 IFR-1정의를 심화시킬 수 있다.

Magnet(자석)은 다른 시스템이 복잡하고 더 해로운 작동없이 [시트 - 오염 (tainting)]을 제거하고 [남자가 소변을 보고 리바운드하는 시간(T2) 또는 오염시간(T1)에 [시트가 없는] 공간 내에서 [여자를 지탱하는] 역할을 유지한다. 이러한 관점에서 'Built-in magnetic sensors'는 과제의 7 번째 해결안으로 변기 시트 없이 여성의 몸을 지탱할 수 있다.

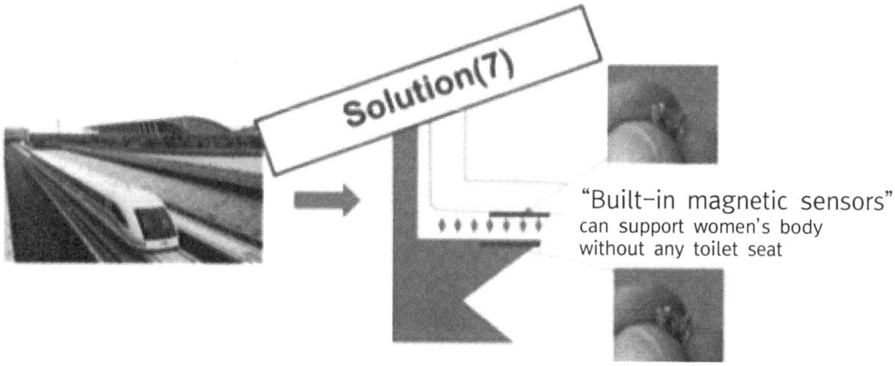

사례그림 3.27 Solution(7) 'Built-in magnetic sensors'

3.3 물리적 모순 심화(macro-level) (Intensify the physical contradiction for the macro-level)

Macro-level에서의 물리적 모순은 다음과 같이 심화시킬 수 있다.

[지탱하는 공간]은 [여자를 지탱하기 위해] [남자의 소변과 튀김시간(T2) 또는 오염시간(T1)]에 [시트 없는 공간 내]에서 [지탱하는 힘을 가져야] 한다.

3.4 물리적 모순 심화(micro-level) (Intensify the physical contradiction for the micro-level)

Micro-level에서의 물리적 모순은 다음과 같이 심화시킬 수 있다.

우리는 [공간]에서 [시트없는 공간]을 지키는 [지탱하는 힘]을 가져야 하고, 작동 시간에 [오염]이 일어나지 않게 하기 위해서는 [지탱하는 힘]이 필요하지 않게 된다.

3.5 IFR-2의 구성(Formulate IFR-2)

다음과 같이 IFR-2를 구성할 수 있다.

시트가 없는 공간은 여자가 사용하는 작동시간 동안에 스스로 지탱하는 힘을 가져야 하고 남자가 소변을 보거나 튀김이 발생하는 시간 동안에는 지탱하는 힘이 필요하지 않게 된다.

3.6 물리적 모순 해결을 위한 표준해(解) 적용 (Apply the inventive standards to resolve physical contradiction)

생략

ARIZ_Part 4. 물질-장 자원의 응용 (Mobilizing and utilizing of Substance-Field Resources)

4.1 작은 난장이 시뮬레이션(Simulation with little creatures)

생략

4.2 IFR에서 한걸음 물러나기(To take a 'step back' from IFR)

생략

4.3 자원의 조합과 회피의 활용

Using combination of substance resources and 4.4 Using 'void'

4.3 자원의 조합과 4.4'회피' 사용하여, 시스템에 시트가 있지만 직접 앉지 않는 여자는 남자의 소변으로 인해 오염이 될 수 없다고 상상할 수 있다. 따라서 시트의 윗면을 'air floating chair'로 만들어서 과제의 8 번째 솔루션으로 제시할 수 있다.

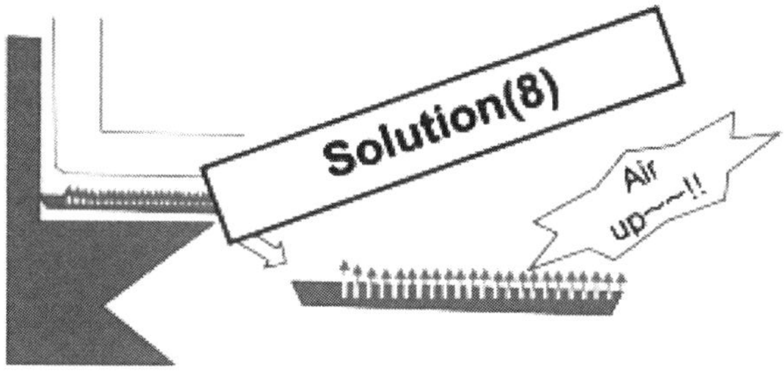

사례그림 3.28 Solution(8) 'air floating chair'

검증(Verify)

최종적으로, 평가를 통해 과제를 검증하고 실행계획을 수립한 결과는 다음과 같다.

사례표 3.7 과제 실행 평가

*Rating : A : 5, B : 3, C : 1

	No	Solutions	TRIZ (principle, standard, etc)	Estimate				Priority
				Funding	Usefulness	Patent	Total	
~in 1 month	1	Glove(rubber)	24 Meditator 27 disposables	A	A	B	75	1
Long term project (3 to 5 years)	2	Lifting seat with pedal	FOS, "lift with pedal"	B	A	C	15	6
~in 1 month	3	Movable and hung rope chair	15 dynamicity	B	A	A	75	1
Under considering	4	Urine aid for men	FOS, "anti-dispersion"	B	C	B	9	8
~in 6 months	5	Foam buster	FOS, "bubble"	B	A	B	45	3
	6	Cleaning and dry seat in advance	10 Action in advance 27 Disposables	A	B	B	45	3
Long term project (3 to 5 years)	7	Built-in magnetic sensor	ARIZ 3.2	C	B	A	15	6
	8	Air floating chair	ARIZ 4.2/4.4	C	A	A	25	5

사례 4 마그네슘 판재 표면 연마장치 개발

□ 개요

마그네슘 판재는 전자 부품, 휴대폰 등에 널리 쓰이는 가벼운 금속 소재 중의 하나이다. 현재 마그네슘 판재는 P사에서 생산하여 시판되고 있다. 전자 및 가전제품용으로 사용하기 위해서는 마그네슘 판재의 표면을 광택 판재로 연마해야 한다. P사는 외주업체에게 마그네슘 판재 표면 광택을 외주 발주하고 있다. 외주 업체는 마그네슘 판재에 광택을 낼 수 있도록 연마지(SiC, Al_2O_3)를 사용하여 광택 연마하는 동안 부산물로 마그네슘 미세 분말이 발생된다. 따라서 외주 업체는 미세 분말을 제거하기 위해 필터를 사용하여 제거하고 있다. 그러나 필터가 고가의 수입 산으로 매우 비싸 생산비가 증가되고 있는 실정이다. 따라서 외주 업체는 고가의 필터를 대체할 새로운 방법을 찾고 있다. 어떤 방법이 있겠는가?

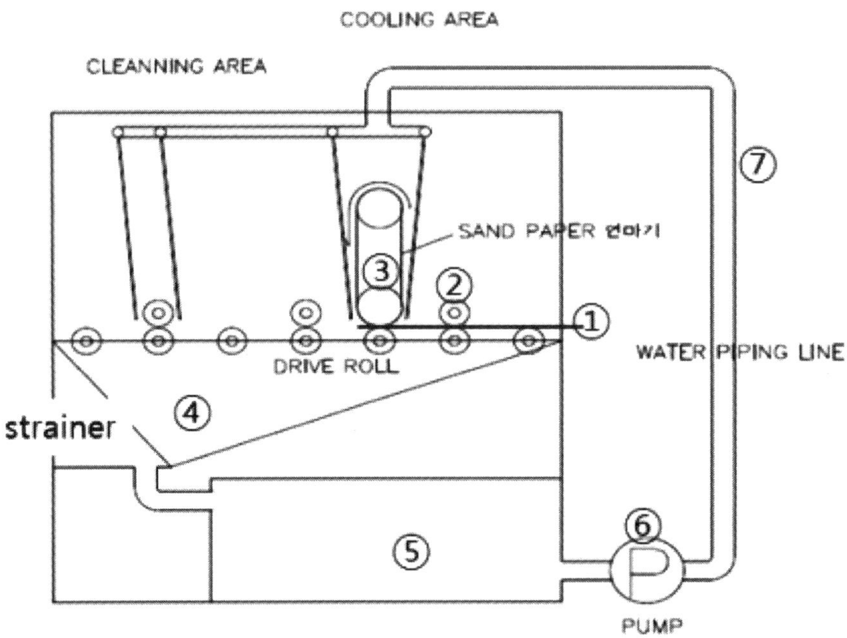

사례그림 4.1 마그네슘 판재 표면 연마장치 모식도

□ 작업 절차

마그네슘 판재 표면 연마 절차는 사례그림 4.1과 같이 진행된다.

① 마그네슘 판재를 회전롤 위에 올려놓는다.

② 회전 롤을 통해 판재를 연마기로 이동시킨다.

③ 연마 페이퍼를 회전시키면서 마그네슘 판재 표면을 연마한다.

- 판재 연마시 동시에 깨끗한 물로 판재 표면을 닦고 마그네슘 미세 분말을 씻는다.
- 건조기를 통해 표면을 건조시킨다.

④ 이물질(마그네슘 미세 분말)이 들어있는 혼합물이 순환한다.

⑤ 필터(strainer)를 통해 미세분말을 걸러 낸다. 걸러낸 물은 깨끗한 물이다.

⑥ 깨끗한 물이 모터 펌프로 이동한다.

□ 기술시스템 정의

마그네슘 표면 연마장치 시스템은 모터, 롤러, 조절장치, 도구(연마기) 즉, 4가지로 구분된다. 도구는 연마기, Target은 마그네슘 판재, 생산물은 연마된 마그네슘 판재이다.

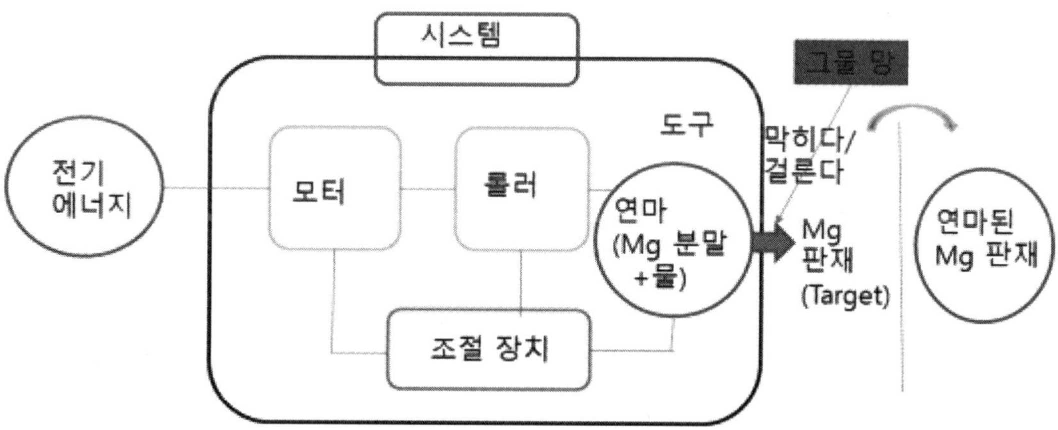

사례그림 4.2 마그네슘 표면 연마 장치에 대한 기술시스템 표현

□ **기능분석을 위한 자료 조사**

	동사	목적어
기능	막힌다/제거한다	Mg 분말
기능 확장	제거한다, 멈춘다, 필터링, 스크린한다, 채질한다, 분리한다 메쉬, 막힌다, 거른다	입자물질, 먼지, 스크랩 분말, 입자, 슬래그
합성	{제거한다 or 거른다 or 막는다 or 필터링 or 스크린 or 멈춘다 or 분리한다} and {입자물질 or 먼지 or 스크랩 or 슬래그 or 분말 or 입자}	

1. 요소분석(Component analysis)

요소분석은 상위시스템 요소, 시스템과 하위 시스템 요소로 구별하여 분석한다.

- 상위 시스템 요소 : 전기에너지, 마그네슘 판재, 공기
- 시스템 요소 : 마그네슘 표면 연마장치
- 하위 시스템 요소 : 연마지, 회전롤, 펌프, 냉각 팬, 물(냉각수), 그물망(필터), 모터, 마그네슘 분말

2. 상호작용 분석(Interaction analysis)

기술시스템과 상위 시스템을 구성하는 요소들 간의 상호작용을 분석한다. ◇ 표시는 대칭 구조 말하며, - 표시는 상호작용이 없는 것을 말하고, + 표시가 요소간의 상호작용을 나타내는 것이다. 따라서 상호작용을 검토할 때는 + 표시된 것을 위주로 검토한다. - 표시한 것은 무시한다.

마그네슘 표면 연마 장치	전기에너지	마그네슘 판재	공기	모터	이동 롤	연마지	냉각팬	그물망	펌프	마그네슘 분말	물
전기에너지	◇	-	-	-	-	-	-	-	-	-	-
마그네슘 판재		◇	-	-	-	+	-	-	-	-	-
공기			◇	-	-	-	+	-	-	-	-
모터				◇	+	-	-	-	-	-	-
이동 롤					◇	-	-	-	-	-	-
연마지						◇	-	+	-	-	-
냉각 팬							◇	-	-	-	-
그물 망								◇	-	+	-
펌프									◇	-	+
마그네슘 분말										◇	-
물											◇

3. 기능 모델링

1) 주 기능

목표 대상의 특성을 변화시키거나 유지하기 위해 대상에게 가해지는 작용을 말한다. 전체 기술시스템이 설계되고 수행하는 유익한 기능을 의미한다.

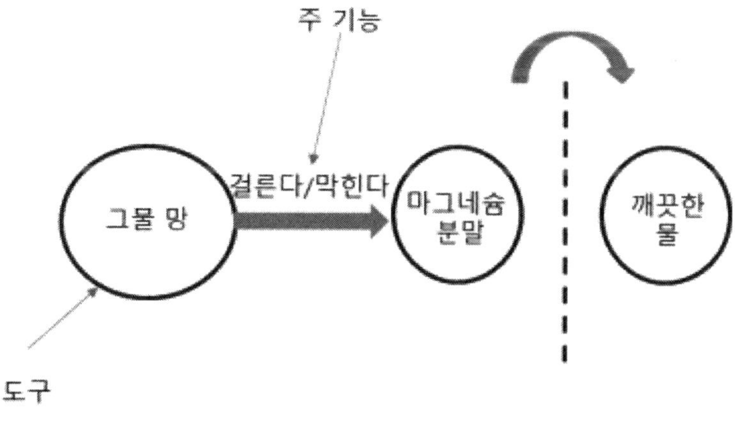

2) 기본 분석

그물망이 마그네슘 분말을 거른 경우는 유익한 작용이고, 마그네슘 분말에 의해 그물망이 막히는 경우는 유해한 작용이다.

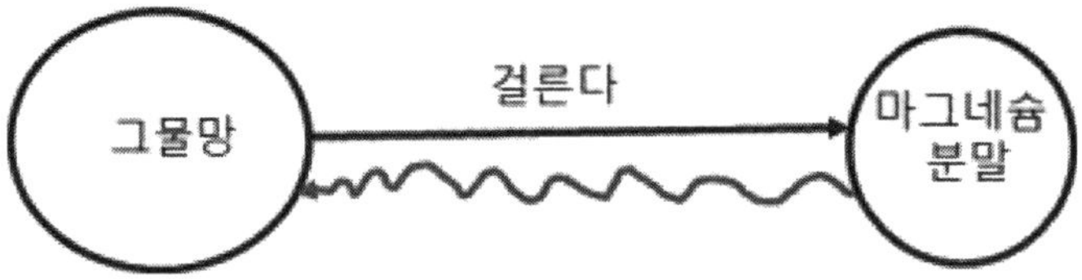

3) 모델 완성

No	도구	작용	목적	범주 (유용한 or 유해한)	변수	성능수준
1	그물망	거른다	마그네슘 분말	유용한	S	A
2	마그네슘 분말	막힌다	그물망	유해한	S	I
3	연마지	연마한다	마그네슘 판재	유용한	S	A
4	펌프	이동시킨다	물	유용한	V	A
5	냉각 팬	이동시킨다	공기	유용한	V	A
6	모터	회전시킨다	이동 롤	유용한	V	A

< 아리즈 85C를 이용한 문제 풀이 >

Part 1. 문제 분석

1.1 최소 문제 공식화

[마그네슘 표면 제거 기능]을 수행하도록 설계된 [마그네슘 표면 연마 장치] 기술 시스템은 [회전롤, 연마지, 마그네슘 판재, 필터(strainer), 펌프 및 냉각 수(물)]로 구성되어 있다. 다음과 같이 모순을 최소 문제로 공식화 한다.

- 기술적 모순 TC-1 : 만약 그물망이 넓으면(+), Mg 분말이 그물망을 막히지 않기 때문에 자주 교체하지 않는다.
- 기술적 모순 TC-2 : 만약 그물망이 좁으면(-), 이물질(Mg 분말)이 그물망을 막히기 때문에 자주 교체해야 한다.

※ 여기서 필터를 일반적인 단어 즉, 그물망으로 대체한다. 일반화된 용어로 변화하면 문제 해결에 도움이 된다.

1.2 모순 요소 정의

생성물 : 마그네슘 분말

도구 : 그물 망

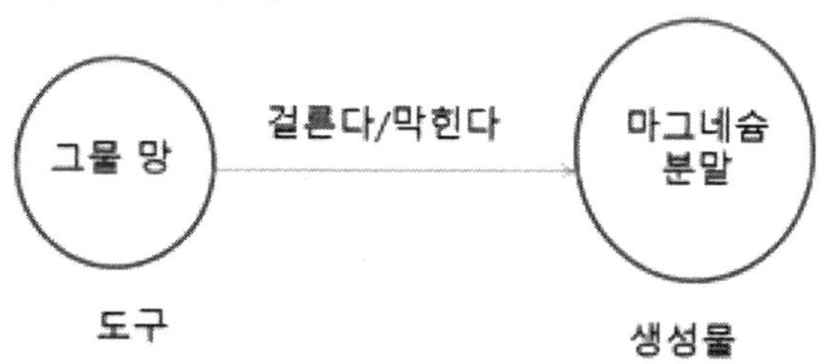

1.3 기술적 모순 도식화

좁은 그물망과 넓은 그물망에 대하여 기술적 모순을 표현한다.

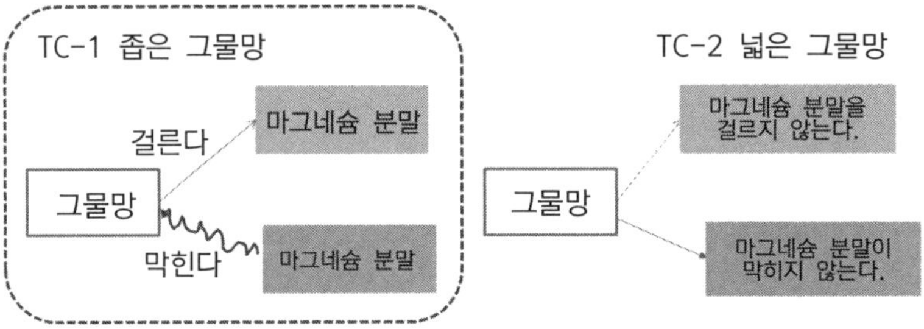

1.4 도식 모델 선정

좁은 그물망의 기술적 모순을 모델로 선정한다.

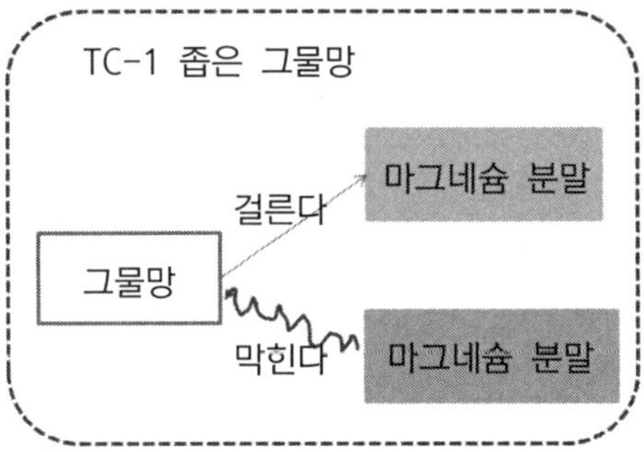

1.5 모순의 심화

좁은 그물망에 대하여 기술적 모순을 심화시킨다.

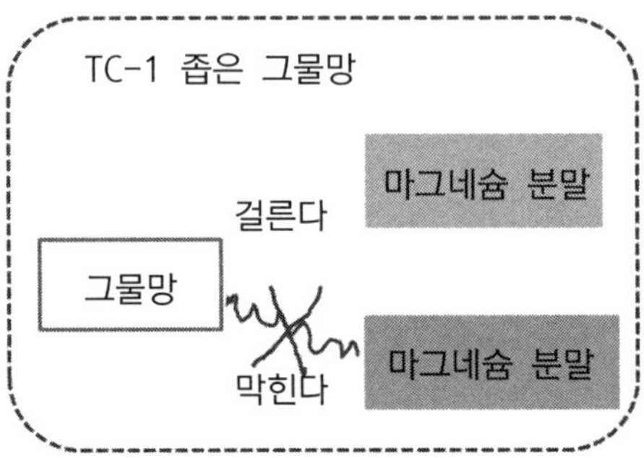

1.6 문제 모델링

- 심화된 모순 요소 쌍 : 좁은 그물망과 마그네슘 분말
- 심화된 모순 정의 : 좁은 그물망은 마그네슘 분말을 잘 걸른다. 그러나 그물망을 막히게 한다.

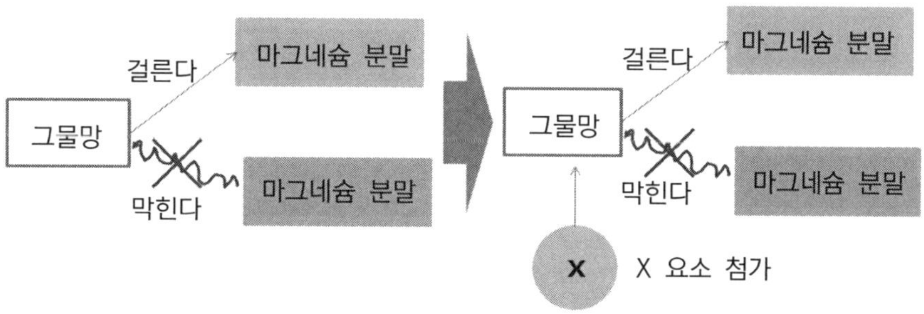

1.7 표준해 적용

마그네슘 분말을 제거하기 위해 전자기장과 X-요소를 도입한다.

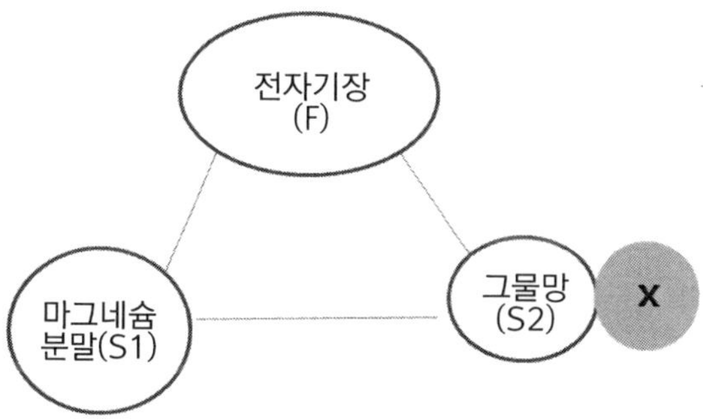

Part 2. 자원 분석

2.1 작용 영역(OZ)정의

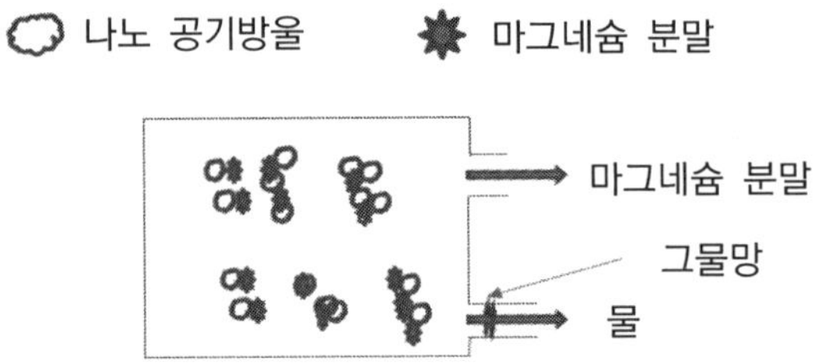

OZ : The place where the object works "empty mesh“

2.2 작용 시간 영역(OT)정의

작용시간(OT) : 마그네슘 분말이 부유하는 시간(T1) 과 마그네슘 분말이 외부 물질에 부착되는 시간(T2)로 모순이 발생하는 빈 그물망으로 나누어진다.

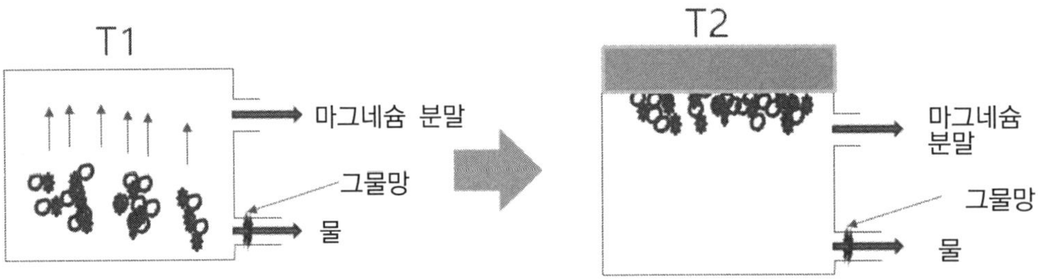

2.3 사용 가능한 물질과 장(field)의 탐색

가) 시스템 내부 물질-장 자원

- 전기장, 소음, 마찰, 열, 비열, 진동, 표면장력

나) 주변 환경에서 얻을 수 있는 물질-장 자원

- 전자기장, 초음파

다) 상위 시스템의 물질-장 자원

- 공기, 햇빛, 중력, 자력

Part 3. 이상 해결책 과 물리적 모순 정의

3.1 이상 해결책-1의 정의

"X-요소"는 시스템을 복잡하게 하지 않고 추가적인 유해 작용이 없이 **그물망이 촘촘한** 시간 중에 **마그네슘 분말이 부양하는** 시간 중에 **빈 그물망이 차지하고 있는 탱크** 안에서 **없는 그물망이** 수행하는 **그물망을 막히지 않음**을 유지하면서 **마그네슘 분말**을 제거한다.

3.2 이상 해결책-1의 심화

"자력, 미세 버블" 요소는 시스템을 복잡하게 하지 않고 추가적인 유해 작용이 없이 **그물망이 촘촘한** 시간 중에 **마그네슘 분말이 부양하는** 시간 중에 **빈 그물망이 차지하고 있는 탱크** 안에서 **없는 그물망이** 수행하는 **그물망을 막히지 않음**을 유지하면서 마그네슘 분말을 제거한다.

3.3 거시 수준의 물리적 모순 정의

"자력, 미세 버블"의 발생은 빈 그물망이 차지하고 있는 탱크 안에서 미세 버블에 포집된 마그네슘 분말이 부양하는 시간 또는 전도성 물체에 매달려 있는 시간 중에 빈 그물망 기능을 수행하기 위해서는 그물망이 마그네슘 분말을 막아야 하고, 그물망이 막히지 않아야 한다.

3.4 미시 수준의 물리적 모순 정의

"자력, 미세 버블"의 발생은 빈 그물망이 차지하고 있는 탱크 안에서 그물망이 수행하기 위해서는 자성을 가지고 미세 버블에 포집 되어야 하고 빈 그물망이 막히지 않기 위해서는 포집된 Mg 분말이 전도성 물체에 매달려 있어야 한다.

3.5 이상 해결책-2의 정의

"자력, 미세버블"이 발생되어 마그네슘 분말에 자성을 주고 스스로 미세버블 속으로 포집되어 부양되어야 하고, 자성체 물체에 스스로 매달려 있어야 한다.

3.6 표준해 적용으로 물리적 모순 해결

"자력, 미세 버블"은 빈 그물망이 부착되어 있는 탱크(수조) 안에서 그물망의 기능이 수행하는 Mg 분말이 그물망에 막히지 않아야 하고, 제거되어야 한다.

Part 4. 물질-장 활용

4.1 작은 사람 모델

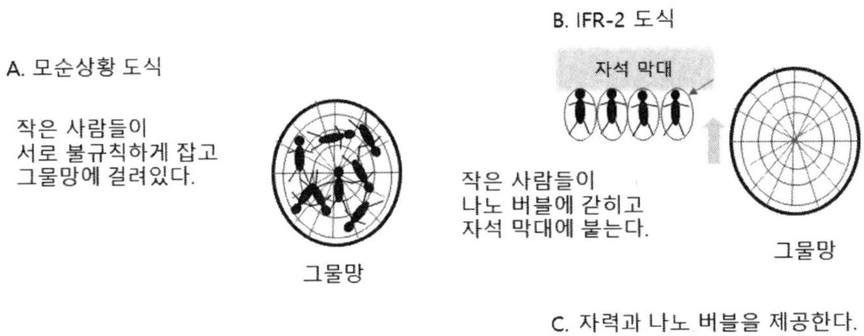

결론

1) **나모 버블과 자력을 사용하여 마그네슘 분말을 제거한다.**

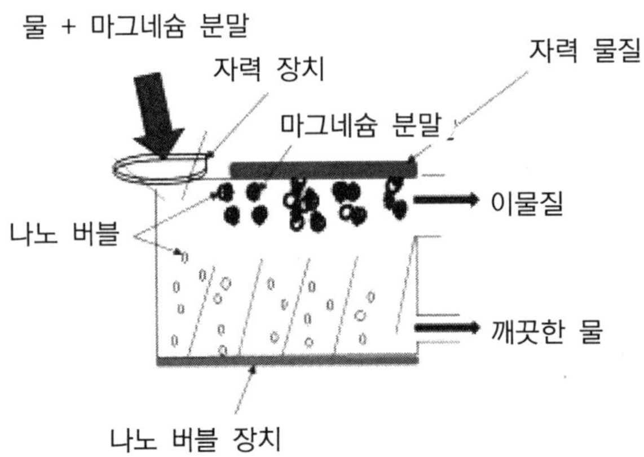

2) 환경에 무해한 응집제(천연)를 사용하여 마그네슘 분말을 제거한다.

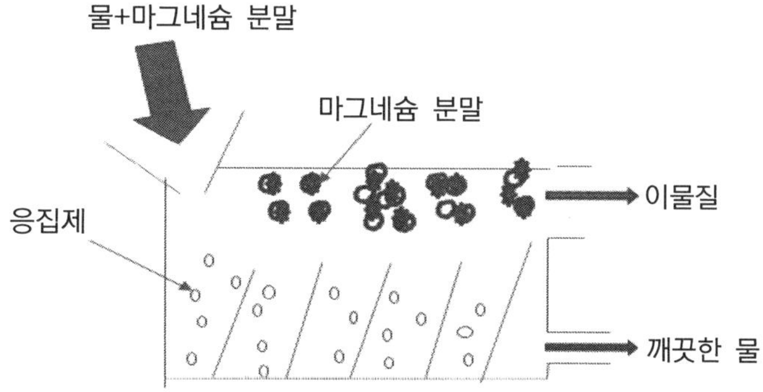

응집제- 무지길, 유기질, 천연

3) 원심력을 이용한 싸이클론 필러를 사용하여 마그네슘 분말을 제거한다.

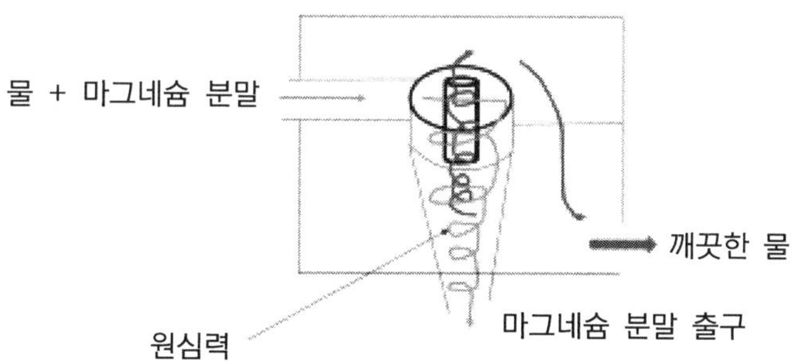

싸이클론 필터

사례 5 살균수 생성장치의 전극에 스케일이 발생하는 것을 방지하는 방법

과제의 정의

살균수 생성장치는 물을 전기분해하여 물속에 살균물질(산화성 혼합물질)이 포함된 살균수를 출수하는 장치이다. 이와 같은 살균수 생성장치는 정수기, 비데 등에 장착되어 유로 등을 자동 살균하는 용도로 사용되고 있다.

한편, 이러한 살균수 생성장치는 전극을 사용하여 물을 전기분해하여 살균수를 생성하는데, 물을 전기분해하면, 칼슘(Ca), 마그네슘(Mg) 등이 환원되어 스케일이 발생하게 되고, 발생한 스케일은 (-)전극에 달라붙게 된다. 이와 같이, (-)전극에 스케일이 부착되면 전기분해 성능이 저하되게 되는데, 전기분해 성능이 저하되는 것을 막기 위해서는 (-)전극에 스케일이 발생하는 것을 방지할 필요가 있다.

사례그림 5.1은 상술한 내용을 도식화한 것이다.

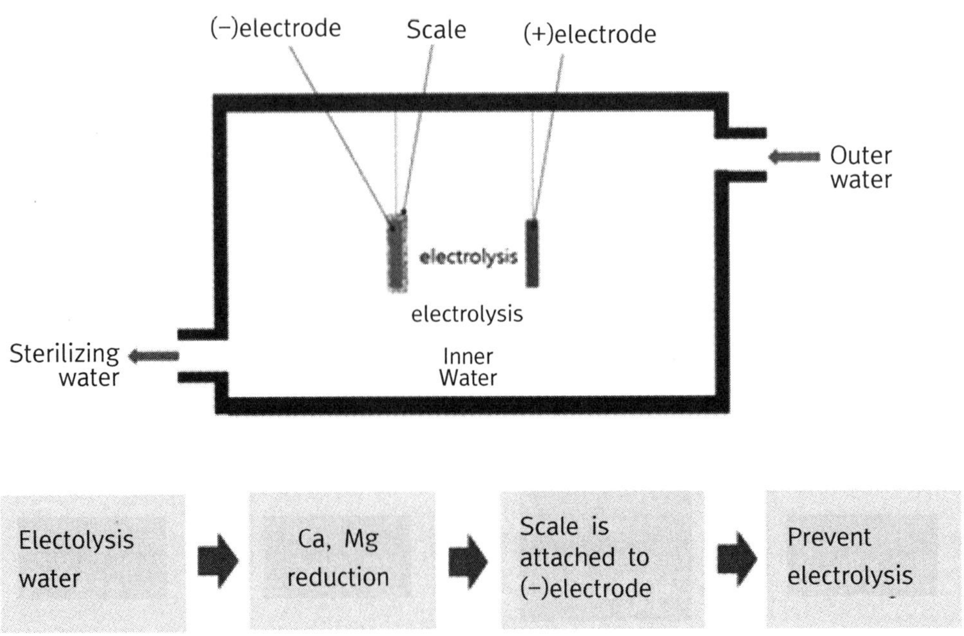

사례그림 5.1 문제상황 도식

기술시스템의 정의

이제 문제를 해결하기 위해서 기술시스템을 정의해보자.

살균수 생성장치는 전기에너지, 전극, 물, 스케일, 살균수로 구성되는 기술시스템으로 정의할 수 있을 것이다.

사례그림 5.2는 살균수 생성장치의 기술시스템을 도시한 시스템 다이어그램(System Diagram)이다.

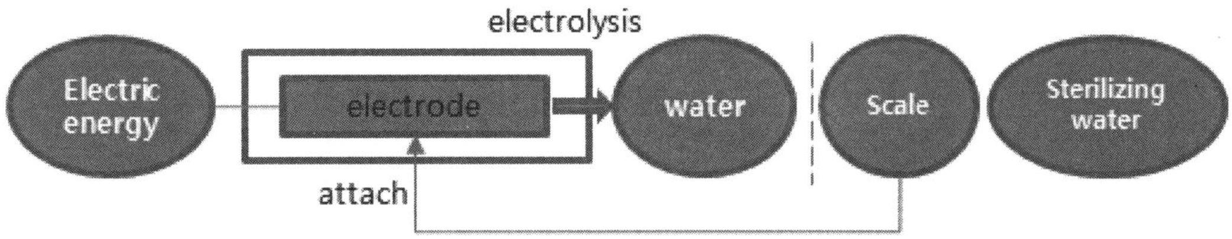

사례그림 5.2 System Diagram

한편, 살균수 생성장치의 기술시스템 정의는 아래와 같다.

- 기술시스템의 명칭 : 살균수 생성장치
- 기술시스템의 주기능 : 물의 전기분해
- 문제의 정의 : 전극에 스케일이 발생하는 것이 기인한 전기분해 성능저하

요소 분석(Analysis of Component)

요소분석은 타겟(Target), 시스템 요소(System Component), 상위 시스템 요소(Super System Component)로 구분하여 시스템을 구성하는 요소를 분석하는 것을 말한다. 살균수 생성장치 시스템에서는, 타겟(Target)으로 내부물(Inner wate)r, 시스템 요소(System Component)로는 챔버(Camber), (+)전극((+)electrode), (-)전극((-)electrode), 입수구(inlet), 및 출수구(outlet)가 있고, 상위 시스템 요소(Super System Component)로는 외부물(Outer water), 전기에너지원(Electric energy source), 스케일(Scale), 및 살균수(Sterilizing water)를 꼽을 수 있다.

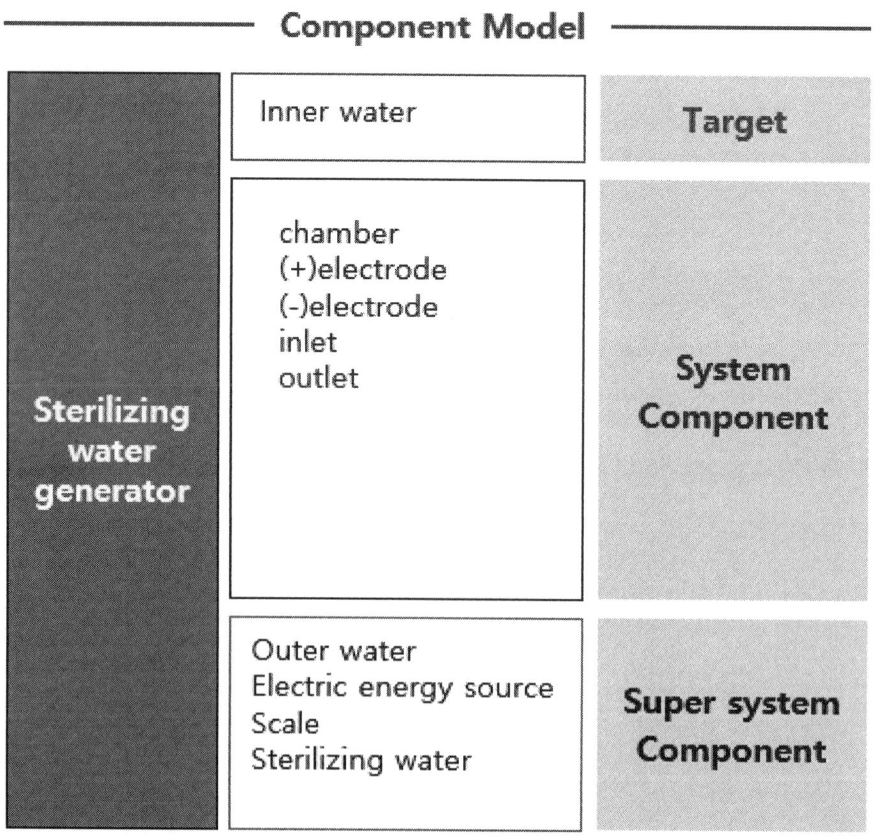

사례그림 5.3 Component Model

상호 작용분석(mutual operation analysis)

앞서 분석한 각 요소들 간의 상호작용을 분석하는데, 상호작용이 존재하면 +, 상호작용이 존재하지 않으면 -로 표기한다.

System compnent / Supersystem component / target

	Chamber	Inlet	Outlet	(+) Electrode	(-) electrode	Outer Water	Electric energy source	Scale	Sterilizing water	Inner water
Chamber		+	+	+	+	-	-	-	+	+
Inlet	+		-	-	-	+	-	-	-	-
Outlet	+	-		-	-	-	-	-	+	-
(+) Electrode	+	-	-		-	-	+	+	+	+
(-) electrode	+	-	-	-		-	+	+	+	+
Outer Water	-	+	-	-	-		-	-	-	+
Electric energy source	-	-	-	+	+	-		-	-	-
Scale	-	-	-	+	+	-	-		+	-
Sterilizing water	+	-	+	+	+	-	-	+		+
Inner water	+	-	-	+	+	+	-	-	+	

사례그림 5.4 mutual operation analysis

기능 분석(Function Analysis)

상호 작용 분석을 토대로 각 요소를 배치하고, 각 요소간에 어떠한 상호작용이 있는지를 표기하여 기능분석을 실시한다. 이때 상호작용의 종류에 따라 유용한 기능(Useful Function), 유용하나 부족한 기능(Useful/insufficient function), 유용하나 과도한 기능(Useful/excessive function), 그리고 유해한 기능(Harmful function)으로 구분하여 표기한다.

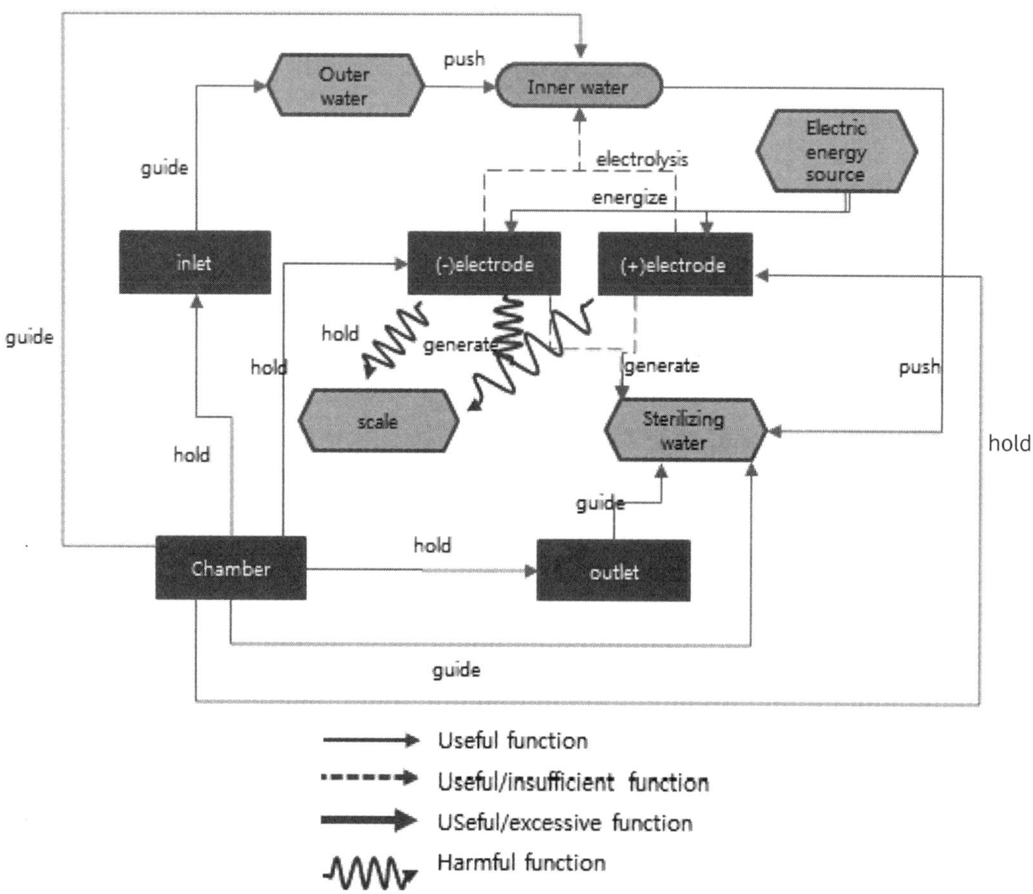

사례그림 5.5 Function Modeling

근본원인 분석(Root Cause Analysis)

본 과제의 기술시스템인 살균수 생성장치의 문제점은 전기분해 성능이 저하되는 것이다.이를 문제로 정의하고 근본원인분석을 실시한다. 유해한 요소는 (-), 유익한 요소는 (+), 모순이 발생하는 요소는 (+,-)로 표기하여 구분한다.

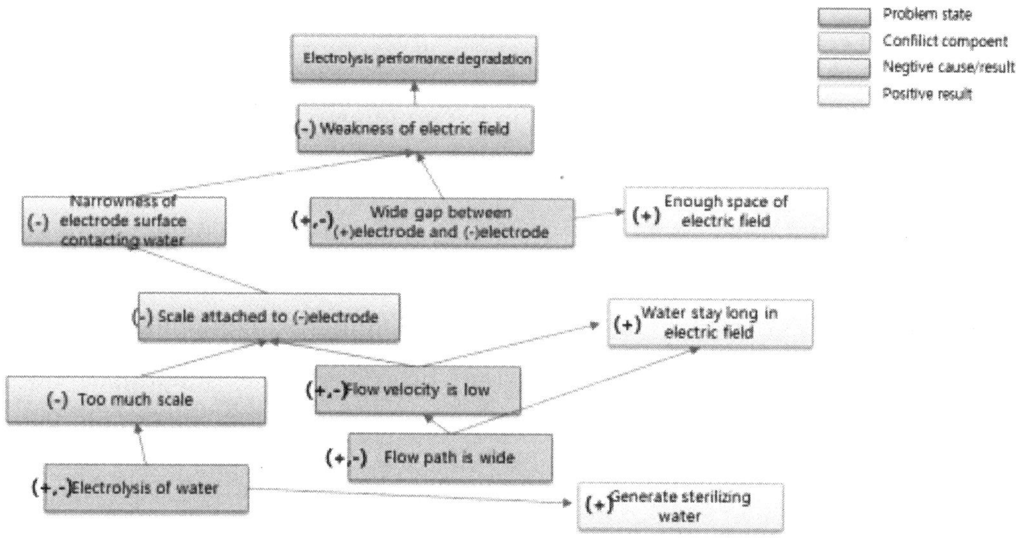

사례그림 5.6 Root Cause Analysis

<Ariz 85C를 이용한 문제해결>

이제 Ariz 85C를 이용하여 기술문제를 해결해 보도록 하자.

Ariz Part 1

1.1 최소문제 공식화(Formulate the mini-problem)

물을 전기분해하는 기능을 수행하도록 설계된 살균수 생성장치는 전극, 물, 스케일로 구성되어 있다.

아래와 같이 최소문제로 공식화가 가능하다.

기술적 모순 TC-1 : 만약 전극이 많으면, 전기분해의 효율이 좋아지지만, 전극에 스케일이 많이 발생하게 된다.

기술적 모순 TC-2: 만약 전극이 적으면, 스케일의 발생량은 감소하지만, 전기분해의 효율이 떨어진다.

	(IF) means/method	(THEN) improved feature(a)	(BUT) deteriorated feature(B)
TC1	Many electrodes(+,-)	Efficiency of electrolysis is good	Too much scale attach to(-) electrodes
TC2	A few of electrodes(+,-)	Scale attached to (-) electrodes decrease	Efficiency of electrolysis is bad

1.2 모순요소 정의(Define conflicting elements)

위에서 정의된 모순을 일으키는 도구와 대상을 정의하는데, 여기에서는 도구를 전극으로 대상은 물과 스케일로 정의할 수 있다.

- 대상(Product): 물(water), 스케일(scale)
- 도구(Tool): 전극(electrode)

1.3 기술적 모순 도식화(Describe graphic models for technical contradiction)

이제 도구인 전극과 생성물인 물과 스케일에 대해서 기술적 모순을 도식화하여 표현한다.

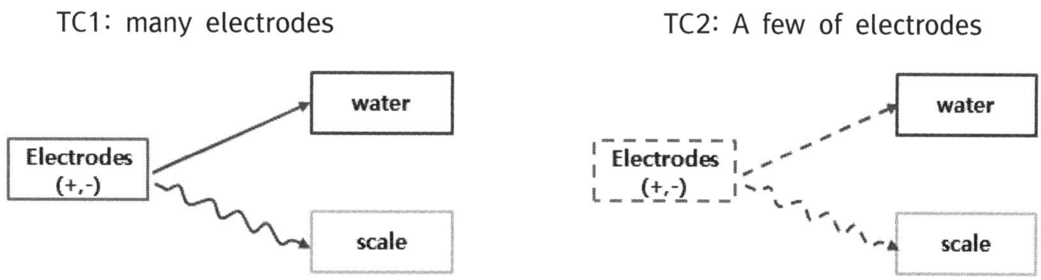

사례그림 5.7 기술적 모순 도식화

1.4 도식 모델 선정(Select agraphic model for further analysis)

두개의 모순 도식 모델 중 1.1단계에서 정의한 기술 시스템의 주기능을 더 잘 수행할 수 있는 모델을 선정하는데, 본 과제에서는 살균수 생성장치가 물의 전기분해를 더 잘 수행할 수 있는 모델을 선정하여야 하므로, 많은 전극을 갖는 TC-1을 선정한다.

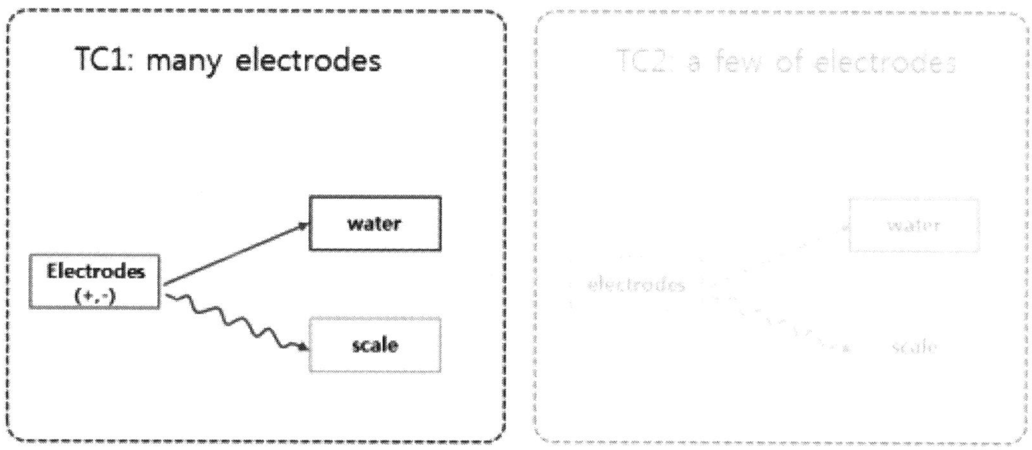

사례그림 5.8 도식 모델 선정

1.5 모순의 심화(Intensify the conflict)

이제 각 구성요소의 상태나 작용을 극한 상황으로 표현하여 모순을 심화시킨다.

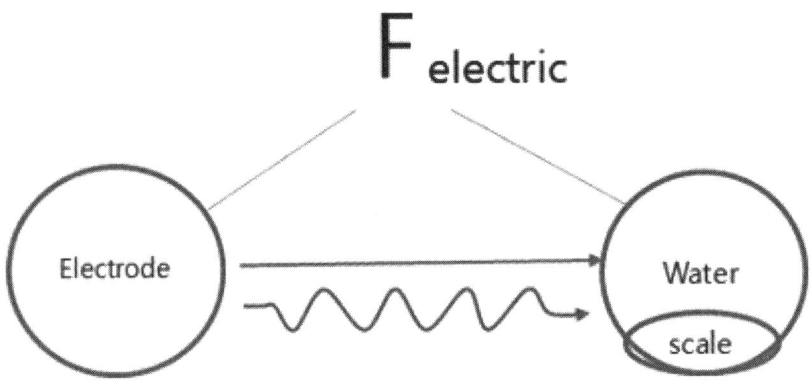

사례그림 5.9 모순의 심화

1.6 문제의 모델링(Describe the problem model)과

1.7 표준해 적용(Apply the inventice standards)

스케일이 생기는 것을 방지하기 위해 X요소를 도입한다.

여기서는 X요소로서 물의 유속(Velocity of water)과 전극의 진동(vibration of electrodes)을 도입할 수 있을 것이다.

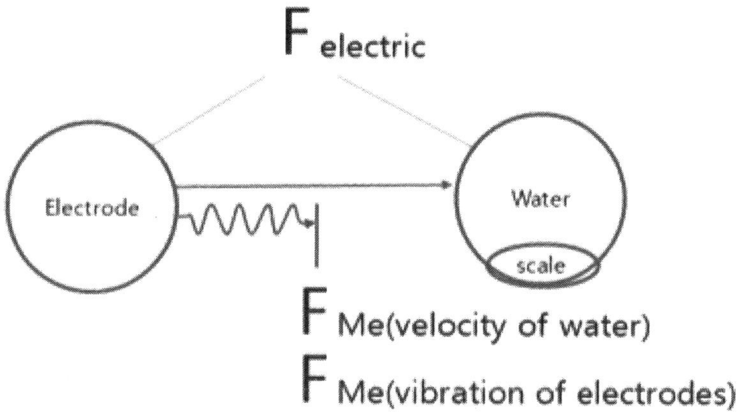

사례그림 5.10 표준해의 적용

이를 통해서,아래와 같은 두가지의해결안(solution)을 도출하였다.

첫번째 해결안은 (+)전극과 (-)전극이 마주보도록 길게 형성하고, 물이 (+)전극과 (-)전극 사이를 빠르게 지나가도록 함으로써, 물의 유속에 의해 (-)전극에 스케일이 부착되지 않도록 하는 방법이다.

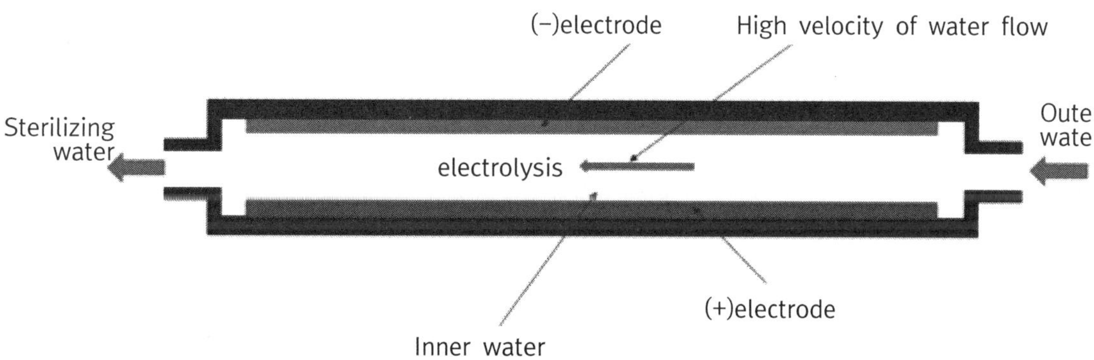

사례그림 5.11 Solution #1

그리고 두 번째 해결안은 (-)전극을 지속적으로 떨리도록 함으로써, 스케일이 달라붙지 못하게 함과 동시에 달라붙은 스케일을 떨어뜨리는 방법이다.

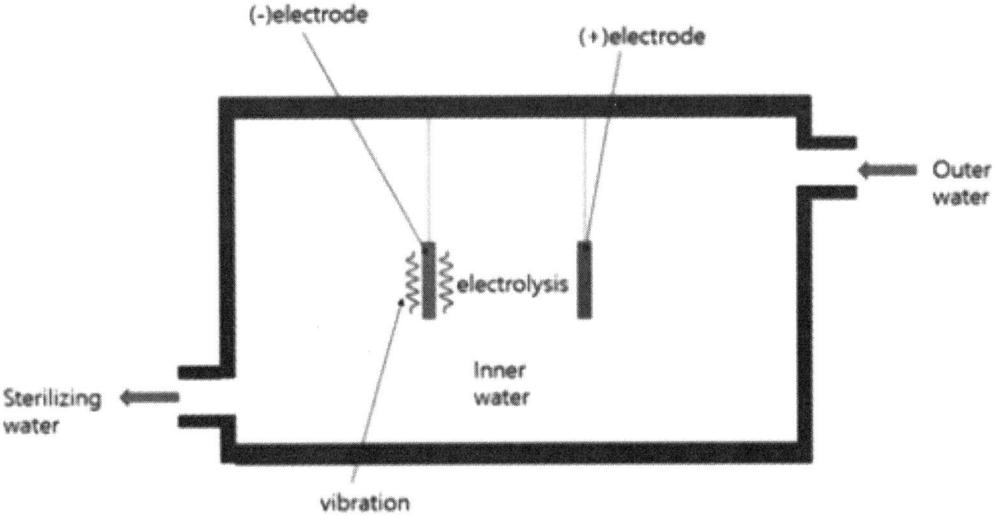

사례그림 5.12. Solution #2

Ariz Part2

2.1 작용 영역 정의(Define the operational zone(OZ))

명칭과 그림으로 작용영역을 정의한다.

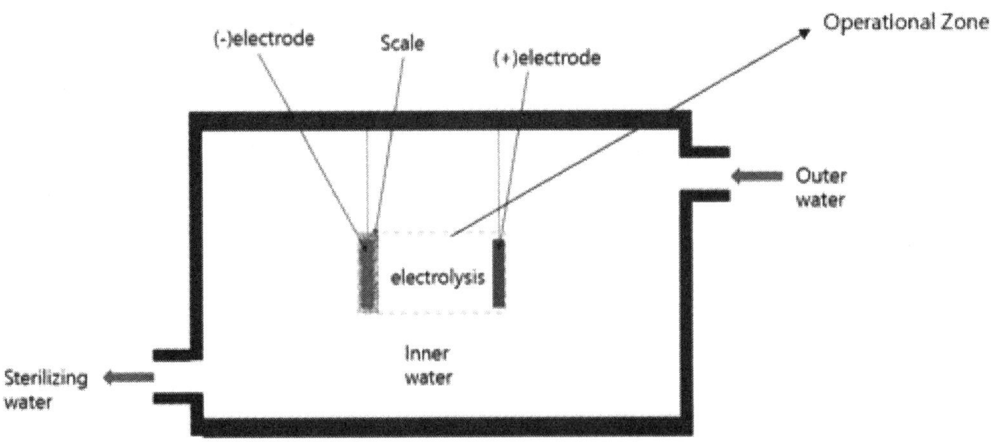

사례그림 5.13 작용 영역 정의

2.2 작용 시간 정의(Define the operational time(OT))

본 과제에서의 작용 시간은 전극이 물의 전기분해를 수행하는 시간이다.

2.3 사용가능한 물질-장자원의 정의(Define the substance-field resources(SFR))

문제해결을 위해 사용가능한 시스템 내부 및 환경의 물질-장 자원을 정의한다.

본 과제에서는 물, 스케일, (+)전극, (-)전극을 자원으로 사용할 수 있을 것이다.

Ariz Part 3

3.1 이상해결책-1의 기술(Formulate IFR-1)

"X- 요소는 시스템을 복잡하게 하지 않고 추가적인 유해한 작용없이 전극이 물의 전기분해를 수행하는 동안, 물의 전기분해가 일어나는 (+)전극과 (-)전극 사이에서, 전극이 스케일을 붙잡는 것을 방해한다."

3.2 이상해결책-1의 심화(Intensify definition of IFR-1)

이상해결책-1(IFR-1)을 부가적 요구에 따라 심화하는데, 여기에서 심화란 X-요소 대신 2.3단계에서 분석한 자원을 대입하는 것을 의미한다.

본 과제에서는 전극을 x-요소 대신 대입해보았다.

"[개선된 전극은]시스템을 복잡하게 하지 않고 추가적인 유해한 작용없이 전극이 물의 전기분해를 수행하는 동인, 물의 전기분해가 일어나는 (+)전극과 (-)전극 사이에서, 전극이 스케일을 붙잡는 것을 방해한다. "

3.3 거시적 관점에서 물리적 모순 기술 (Identify the physical contradiction for the macro-level)

선정된 자원에 대한 변수분석을 통하여 물리적 모순을 거시적 관점에서 기술하는데, 본 과제에서는 전극에 대해 물리적 모순을 기술해 본다.

“전극의 극성은 물의 전기분해를 수행하기 위해서 (+)극과 (-)극이 있어야 하고, 전극의 극성은 스케일이 부착되지 않기 위해서 (+)극이거나 극성이 없어야 한다.”

3.4 미시적 관점에서 물리적 모순 기술 (Identify the physical contradiction for the micro-level)

“전극의 극성은 물의 전기분해를 수행하기 위해서 (+)극과 (-)극이 있어야 하고,

(-)전극의 극성은 스케일을 제거하기 위해서 (+)극으로 바뀌어야 한다.”

3.5 이상해결책-2의 정의(Formulate IFR-2)

“전극의 극성은 물의 전기분해를 수행하기 위해서 스스로 (+)극과 (-)극이 되어야 하고, (-)전극의 극성은 스케일을 스스로 제거하기 위해서 (+)극으로 바뀌어야 한다.”

3.6 물리적 모순을 해결하기 위해 표준해 적용(Apply the inventive standards to resolve physical contradiction)

이상해결책-2(IFR-2)로부터 물리적 모순을 해결하기 위해 표준해를 적용한다.

이를 통해 세 번째 해결안을 도출할 수 있었다.

세 번째 해결안은 전극에 인가되는 전류의 방향을 주기적으로 바꿔줌으로써, 주기적으로 (+)전극과 (-)전극이 각각 (-)전극과 (+)전극으로 바뀌도록 하는 것이다.

이를 통해서 (-)전극의 극성이 (+)로 바뀌면서 붙어있던 스케일이 자연적으로 제거될 수 있다.

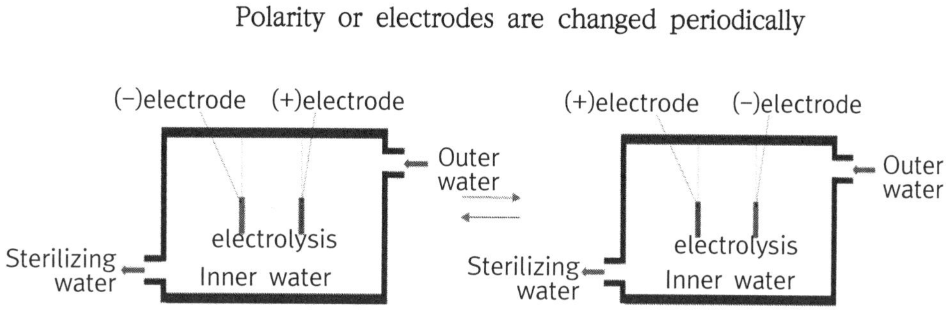

사례그림 5.14 Solution #3

<Solutions>

상술한 과정을 통해 도출된 해결안을 다시 한 번 정리하면, 아래와 같다.

1) 판상으로 이루어진 전극 사이로 물을 빠르게 지나가게 하여, 스케일의 발생을 방지한다.

Solution #1 High velocity of water flow

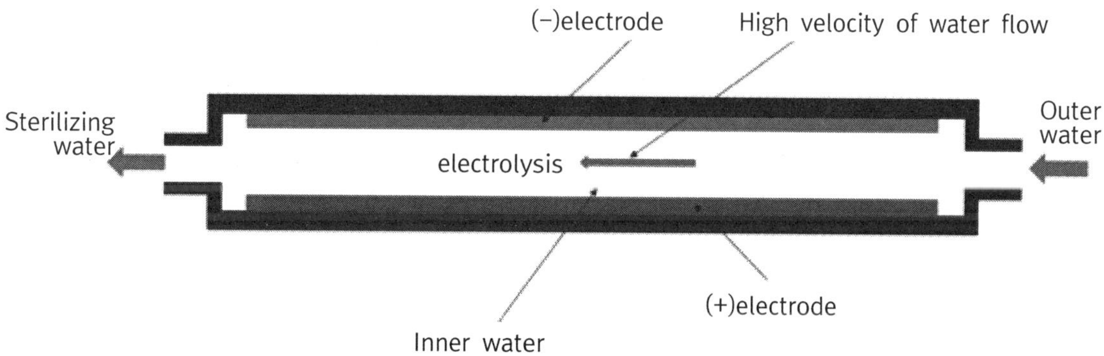

2) (-)전극에 진동을 가하여, 스케일의 부착을 방지함과 동시에 부착된 스케일을 이탈시킨다.

Solution #2 Vibration of (-)electrode

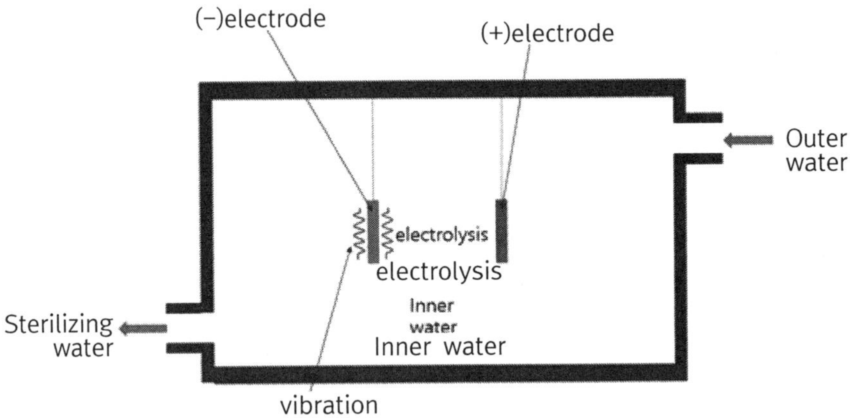

3) 전극의 극성을 지속적으로 바꿔주어, 전극에 부착된 스케일을 이탈시킨다.

Solution #3 Polarity of edectrodes are changed periodically

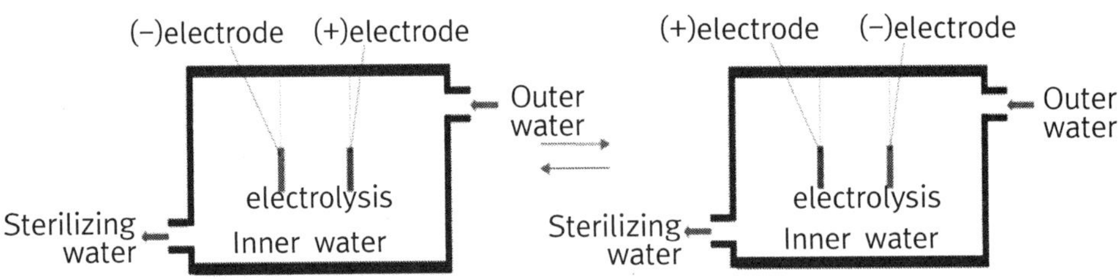

사례 6 ARIZ를 활용한 TLO 업무 혁신

Part 1. 서론

기술사업화란 보유기술의 잠재적 가치 실현을 위해 기술을 이전하거나 생산과정에 적용함으로써 제품 및 서비스를 생산 판매하는 절차를 의미한다고 볼 수 있다.[(1)] 해당 용어를 기술의 이전 및 사업화 촉진에 관한 법률에서는 기술을 이용하여 제품을 개발·생산 또는 판매하거나 그 과정의 관련 기술을 향상시키는 것을 말한다고 정의하고 있다.

이러한 기술사업화를 촉진하기 위해 Bayh-Dole Act를 비롯하여 전세계적으로 많은 정책적 지원이 이루어지고 있는데, 기술의 이전 및 사업화 촉진에 관한 법률 역시 제11조에서 기술이전·사업화에 관한 업무를 전담하는 조직, 즉 TLO(Technology Licensing Organization)를 운영하도록 각급 공공연구기관 및 학교에 의무화하고 있다.

본고에서는 TLO의 한정된 인력자원 범위 내에서도 폭증하는 지재권 및 기술이전 업무에 능동적으로 대처하기 위한 전략을 논한다.

Part 2. 본론

2.1 TLO 일반적인 업무 구조

광의의 기술이전전담조직이라 하면 창업 보육 및 중소기업지원업무까지 포함한다 할 것이나, 일반적으로 협의의 TLO 업무는 특허를 비롯한 지재권 관리와 기술마케팅을 통한 기술이전 업무로 구성된다. 지재권 관리업무는 다시 지재권 창출, 유지 · 관리, 비용업무로 나뉘며, 기술이전 업무는 마케팅, 기술이전 계약, 기술료 징수 및 사후관리 업무로 세분화된다. 이 중 특히 지재권 유지· 관리 업무는 우리나라 기술사업화 성과가 누적됨에 따라 부담이 가중되고 있으나 한정된 인력 자원으로 인해 대응이 여의치 않은 상황이다. 이러한 상황의 타계를 위해 ARIZ를 이용하여 업무 효율화를 도모하고 실제 이를 적용, 성과를 거둔 사례를 제시하고자 한다.

2.2 문제의 분석

지재권 관리 조직은 특허 관리직원, 연차료 관리직원, 법률 검토직원 그리고 팀장으로 구성된다. 먼저 기술적 모순을 정의한다. 첫 번째 상황으로 지재권 관리 조직이 더 많은 직원을 고용한다면 특허 처리 건수는 증가하겠지만, 인건비 증가 및 T.O. 부족 문제에 부딪치게 된다. 반대로 직원을 더 이상 늘리지 않거나 감소시킨다면 인건비 절감 및 T.O. 보전 효과는 있을 것이나 처리 가능한 특허 건수가 한계점에 다다르는 문제가 발생한다. 이에 따라 시스템에 변화를 최소화하면서 인건비 및 T.O.의 소모 없이 더 많은 특허를 처리하는 방법을 찾는 것이 목표가 된다.

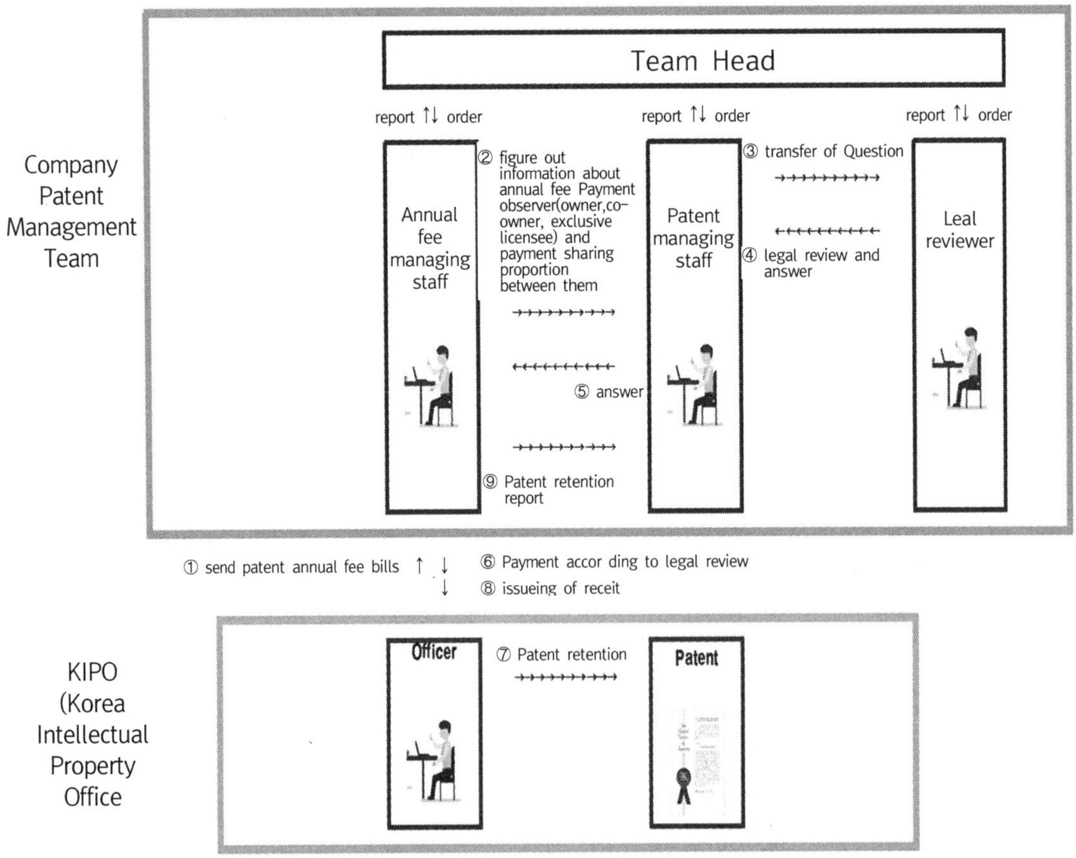

사례그림 6.1 mini-problem

구체적으로 모순 요소를 정의하자면 도구(tool)는 연차료 관리직원, 법률검토 직원이고 대상은 특허가 된다. 한편 기술적 모순을 그래픽 모델화한 결과는 다음과 같다.

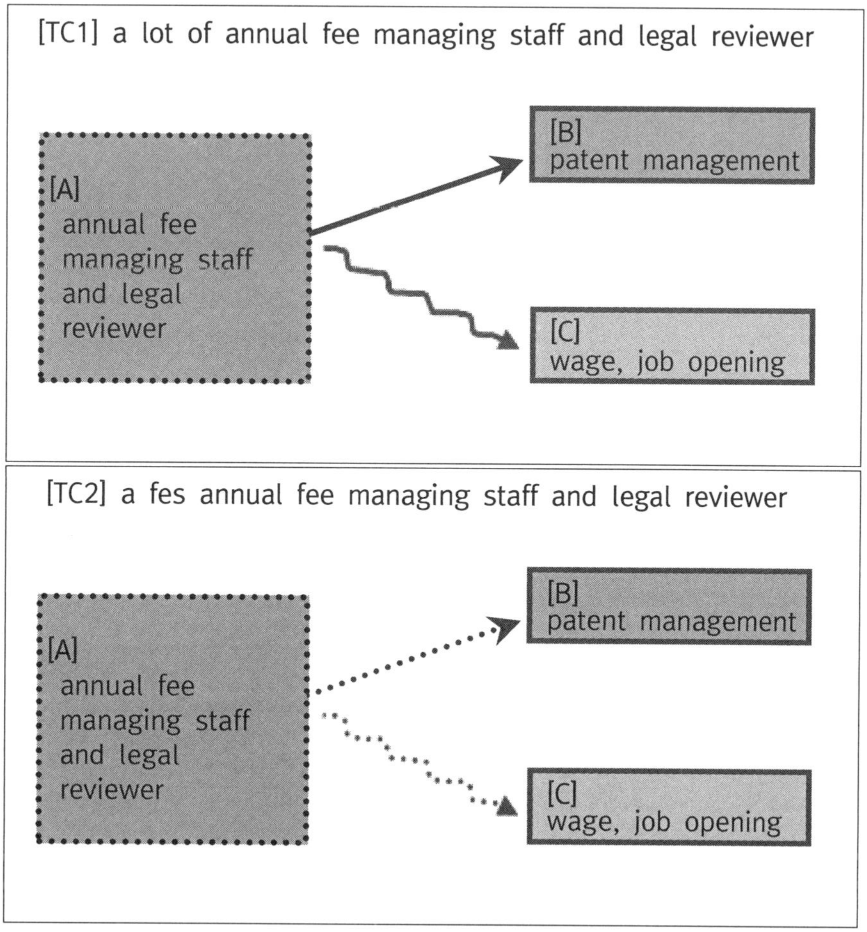

사례그림 6.2 graphic models for technical contradiction

이 중에서 최종해를 도출하기 위한 모델은 후자를 택하기로 하며 후자 상황에서 모순을 극대화한 결과는 다음과 같을 것이다.

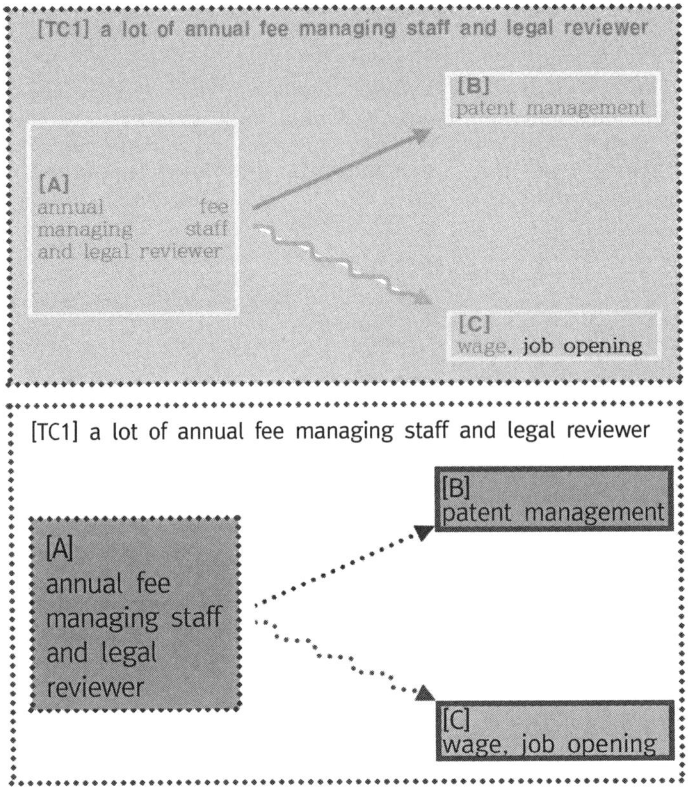

사례그림 6.3 graphic model for further analaysis

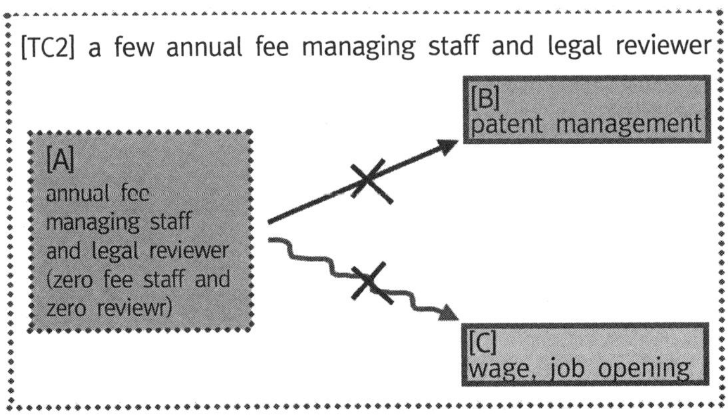

사례그림 6.4 intensify the conflict

상기 모델을 분석해 보면 다음과 같은 사실을 알 수 있는데, 첫째로 도구(연차료 관리직원 및 법률검토 직원의 多·少)와 산출물(특허 처리량 對 인건비·T.O.)에서 모순이 극명하게 드러난다. 둘째로 연차료 관리직원과 법률검토 직원이 사라진다면 인건비 및 T.O.의 낭비는 없을 것이나 처리되는 특허량의 감소를 가져오게 된다. 이에 따라 문제의 해결을 위해서는 연차료 관리직원 및 법률검토 직원의 기능을 구현하면서도 인건비 및 T.O.의 소모를 가져오지 않는 추가 구성요소 x를 모색해야 한다.

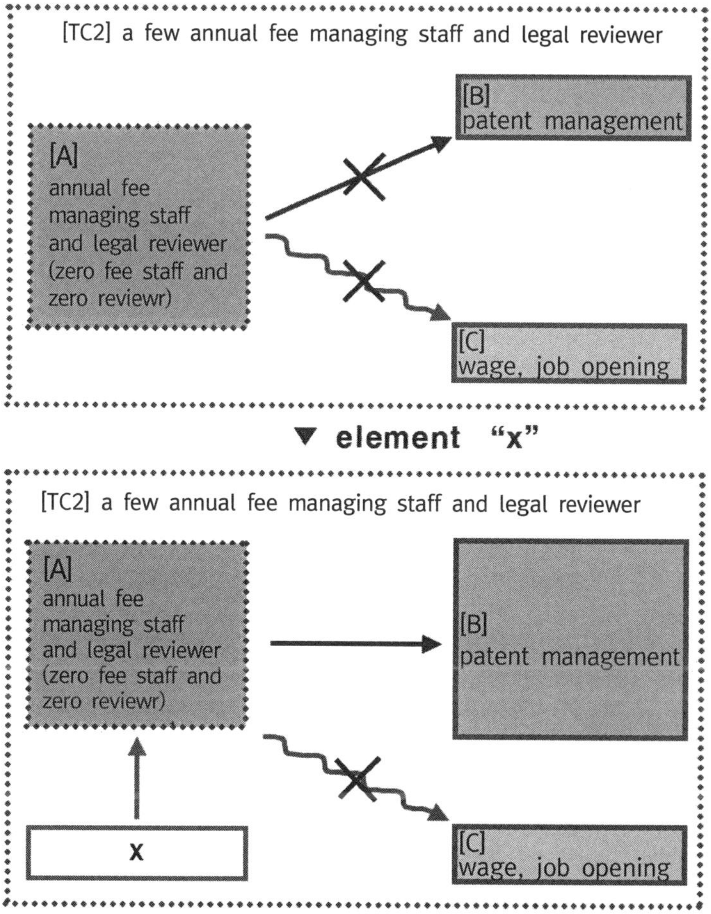

사례그림 6.5 describe the problem model

이후 문제의 해결을 위해 물질-장 이론과 76가지 표준해를 검토하였고, 그 결과 1-1-1(construction of Su-F model)과 1-1-3(Outer combination Su-F model)이 적용되었다.

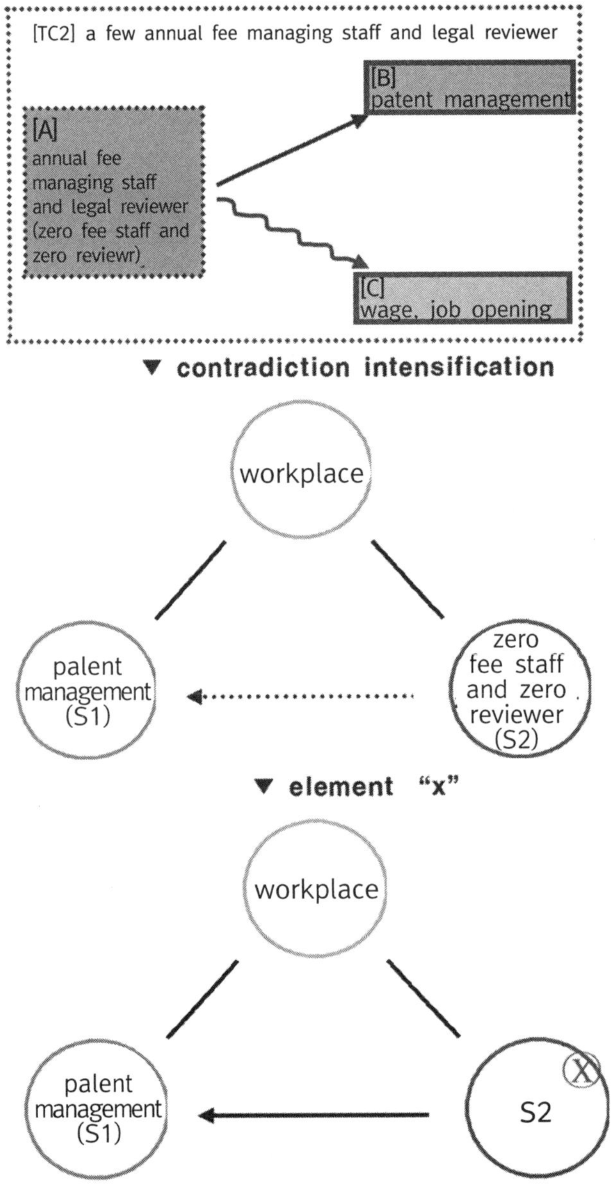

사례그림 6.6 apply the inventive standards

2.3 문제 모델의 분석

문제 모델의 분석을 위해 먼저 작동 공간(operational zone)을 분석하였고 그 결과 연차료 관리직원과 법률검토 직원의 "공석(空席)"이 OZ로 설정되었다.

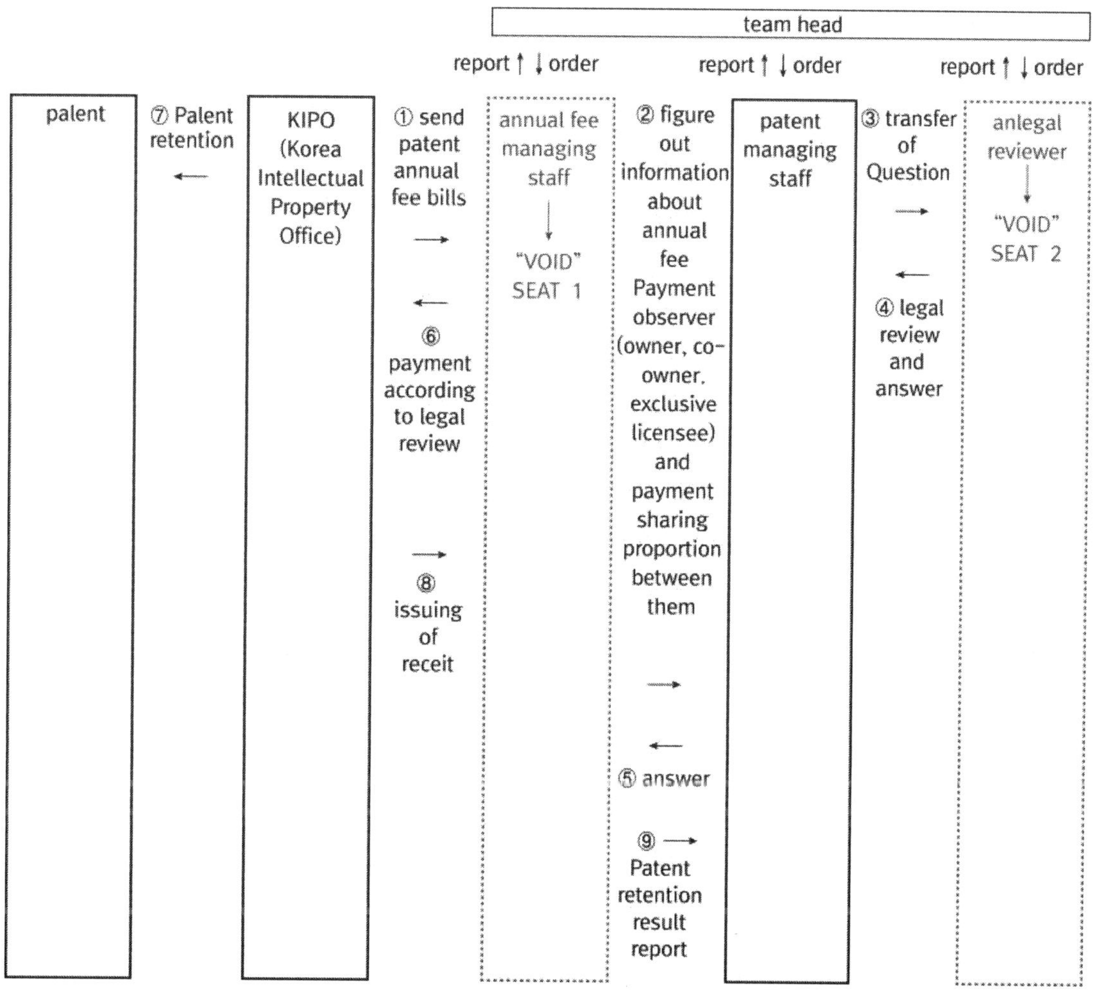

사례그림 6.7 define the operational zone (OZ)

그 다음 단계로 작동 시간(operational time)을 정의한다. ["VOID "SEAT 1]에 있어서 OT는 연차료 납부 주체 및 비율에 대해 실무자가 정보를 확인한 후 연차료를 특허청에 납부하는 등의 시간이고, ["VOID "SEAT 2]에 있어서 OT는 상기 사항에 대한 법률검토 의뢰 및 답변이 이루어지는 시간이다.

T2	T1	T2	T1	T2	T1	T2	T2	T1
① KIPO send patent annual fee bills	② figure out infor-mation about fee Payment oberver (owner, co-owner, exclusive licensee) and payment sharing proportion between them	③ transfer of Question	④ legal review and answer	⑤ answer	⑥ payment to KIPO according to legal review	⑦ Patent retention	⑧ KIPO send receit	⑨ Patent retention result report

사례그림 6.8 define the operational time

물질-장 이론에 따라 구체적으로 접근하자면 내부 시스템에 있어서의 자원은 지식재산권관리시스템(Intellectual Property Management System)이, 외부 시스템에 있어서의 자원은 외부의 연차료 관리 전문 기업, 지재권 관련 법률서비스 회사 등이 있다.

2.4 이상해의 정의와 물리적 모순

문제를 해결하기 위한 수단인 element "x"를 정의한다. element "x"는 시스템을 복잡하게 하지도 해로운 효과를 일으키지도 않으면서, 작동시간 T1에 모순구역 내에서 연차료 관리직원과 법률검토 직원의 역할을 수행하면서 인건비 및 T.O.의 낭비를 제거한다.

다음으로 (3)에서 검토한 내·외부 자원을 대입해보면 외부 지재권 법률서비스 회사와 지식재산권관리시스템은 시스템을 복잡하게 하지도 해로운 효과를 일으키지도 않으면서, 작동시간 T1에 모순구역 내에서 연차료 관리직원과 법률검토 직원의 역할을 수행하면서 인건비 및 T.O.의 낭비를 제거한다.

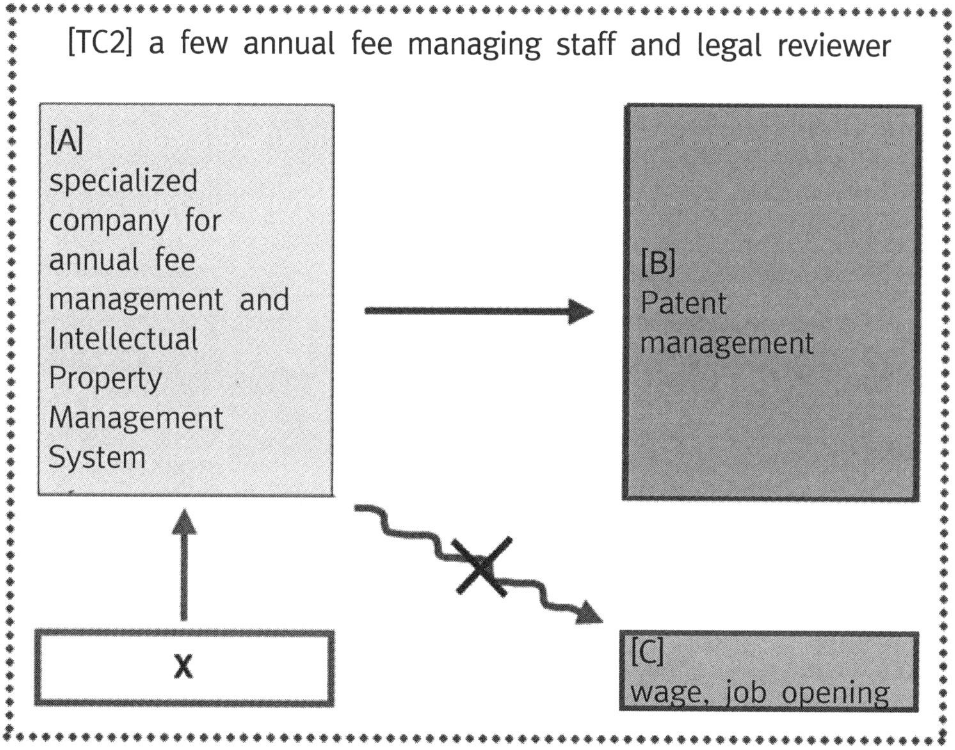

사례그림 6.9 Intensify definition of IFR-1

이제 거시적 차원에서 물리적 모순을 규명한다. 외부 지재권 법률서비스 회사와 지식재산권관리시스템은 작동시간 T1에서 해당 기능을 구현하기 위해서는 인건비와 T.O.를 소모해야 하고, 예산을 절감하고 T.O. 문제를 해결하기 위해서는 인건비와 T.O.를 소모하지 않아야 한다.

앞의 결과를 미시적 차원에서 분석하자면 외부 지재권 법률서비스 회사와 지식재산권관리시스템은 해당 기능을 구현하기 위해서는 노동 주체가 존재해야 하고, 예산을 절감하고 T.O. 문제를 해결하기 위해서는 노동 주체가 없어야 한다.

IFR을 찾기 위해 상황을 한층 구체화 해보면 외부 지재권 법률서비스 회사와 지식재산권관리시스템 안에서 VOID SEAT의 기능을 구현하는 자는 T1에서 예산과 T.O.를 소모해야 하고 T2에서는 그러지 않아야 한다.

2.5 물질-장 이론을 활용한 문제 해결

ARIZ 특유의 사고 방법인 난쟁이 개념을 활용하여 해법을 모색한다. 먼저 이전 단락에서 정의된 물리적 모순 상황 시 난쟁이가 활약하는 구조는 아래와 같을 것이다.

[T1]

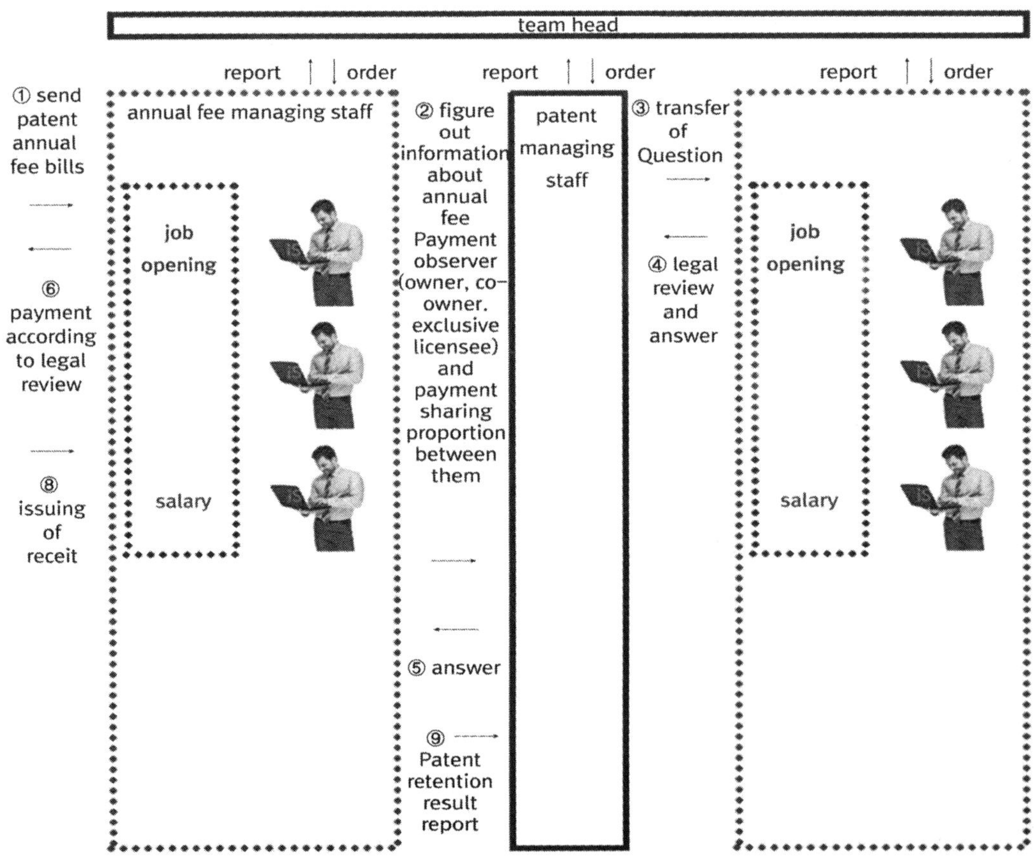

사례그림 6.10 Intensify definition of IFR-1

준 공허 개념(quasi-void concept)을 활용하여 최종해를 도출하자면, 존재하지 않는 연차료 관리직원 및 법률검토 직원은 외부의 연차료 관리 전문회사 및 지재권 법률서비스 회사로의 위탁용역으로 대체될 것이고 상기 주체 간의 업무협조는 지재권관리시스템(IPMS)를 통해 이루어지는 방식으로 대체될 것이다. 이로써 기술적 모순은 해결되었다.

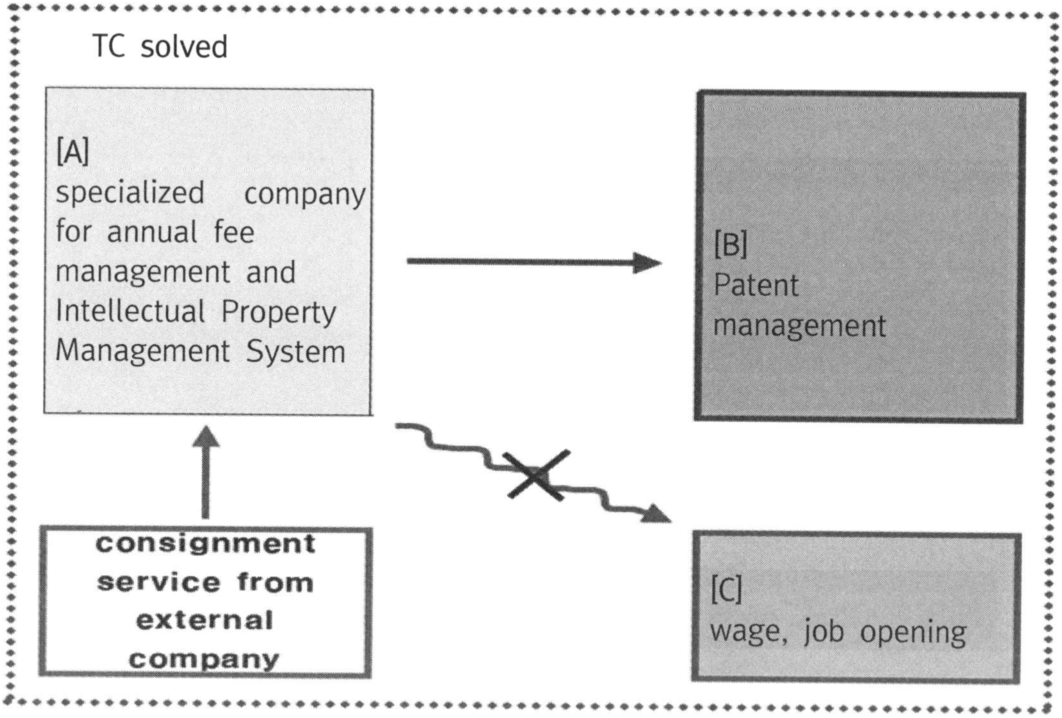

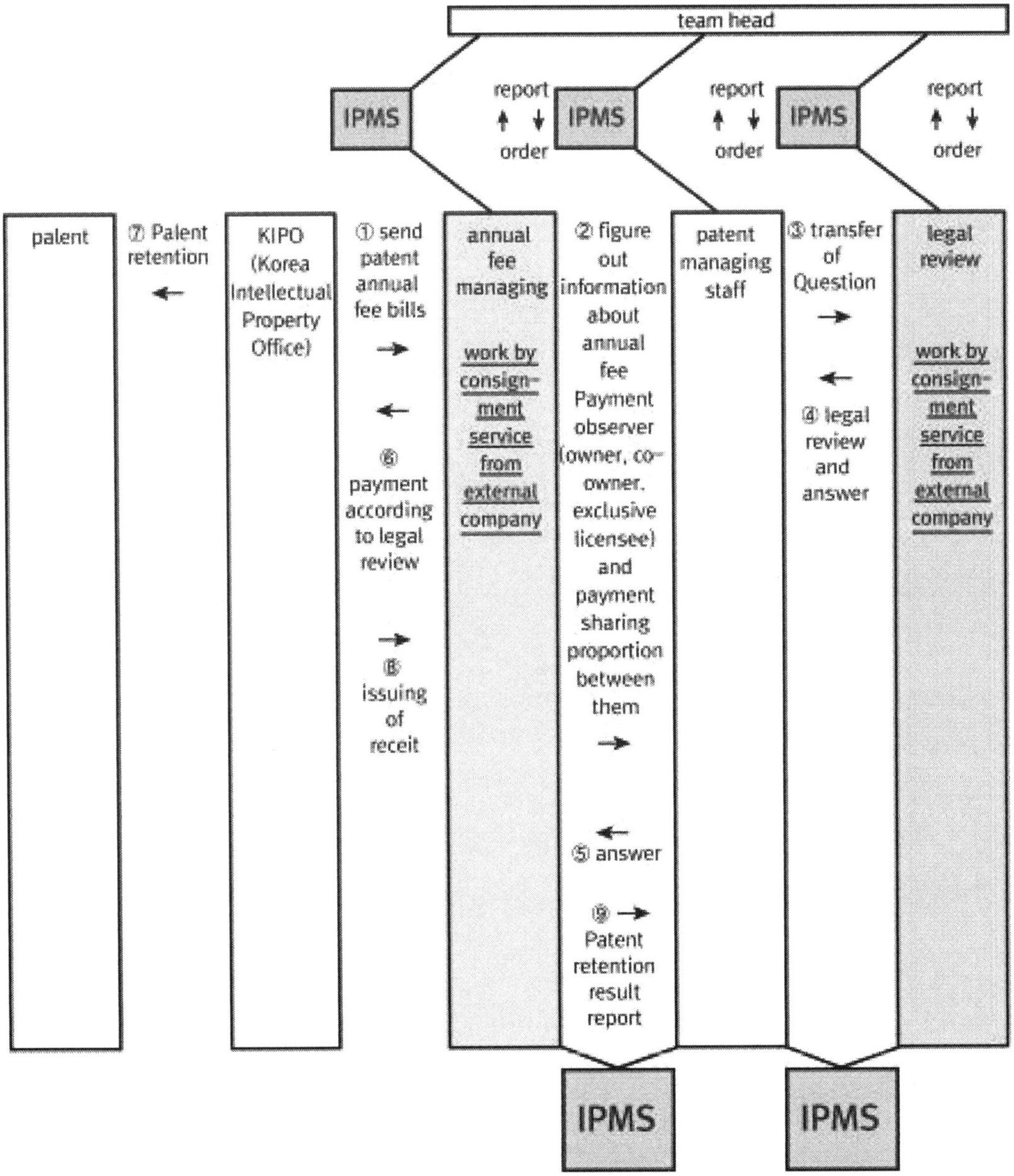

사례그림 6.11 mobilizing and utiling of substance-field Resources

Part 3. 결론

TLO 업무의 중요성과 함께 ROI가 강조되기 시작한 것은 우리나라의 GDP 대비 연구개발 투자 비율이 세계적 수준에 도달한 시점과 일치한다. 연구개발 생산성의 의미에 대해서는 다양한 정의가 존재하는데 연구개발을 위한 투입자원에 대한 산출의 양적 질적 정도라는 견해, 투입대비 산출이라는 효율성(Efficiency) 개념이라는 견해, 연구개발 활동에 투입된 인적 물적 자원의 투입량에 대한 연구성과 및 연구수행 능력향상 등을 포함한 연구결과와의 비율이라는 견해 등이 있다.(2) 어느 정의로 보든 TLO의 생산성, 즉 투입인력 대비 관리 지재권의 양이 향상되어야 함은 분명하나.

이러한 기술적 모순을 해결하기 위해 ARIZ 기법을 활용하여 조직의 인사적, 재무적 제약을 극복하고 TLO 업무 효율을 개선하는 방안으로서, 첫째로 외부 자원으로서 연차료 관리 전문회사, 지재권 법률 서비스 회사의 활용을, 둘째로 내부자원으로서 지재권관리시스템을 활용한 유기적 협업을 도입하는 방안을 제안한다.

Part 4. References

1) GeunHa, Jeong, 2013, “Research on the concept of key terminology related to science and technology planning and policy”, KISTEP, SeJong-si, pp. 30

2) GeunHa, Jeong, 2013, “Research on the concept of key terminology related to science and technology planning and policy”, KISTEP, SeJong-si, pp. 92

사례 7 PRC 추진관의 연결부 구조 개선

I. 문제 정의

1. 기술 요약

1) 시공 방법

PRC 추진관은 지하추진공법(Underground pipe jacking system)을 적용하는 수도관용 레진관(Polyester Resin Concrete Pipe)이다. PRC 추진관은 사례그림 7.1에서 보이는 것과 같이 지하에서 드릴링 머신을 사용하여 파이프를 설치하여야 하는 방향으로 파이프 추진구멍을 형성하면서 그 후방에서 추진관을 유압으로 밀면서 설치한다. 이 공법은 기존의 노면 절개에 따른 교통의 혼잡상황을 야기하지 않고, 기존의 공법에 비해 노면을 절개하는 규모가 작고 시공 기간이 짧다는 장점을 가지고 있다.

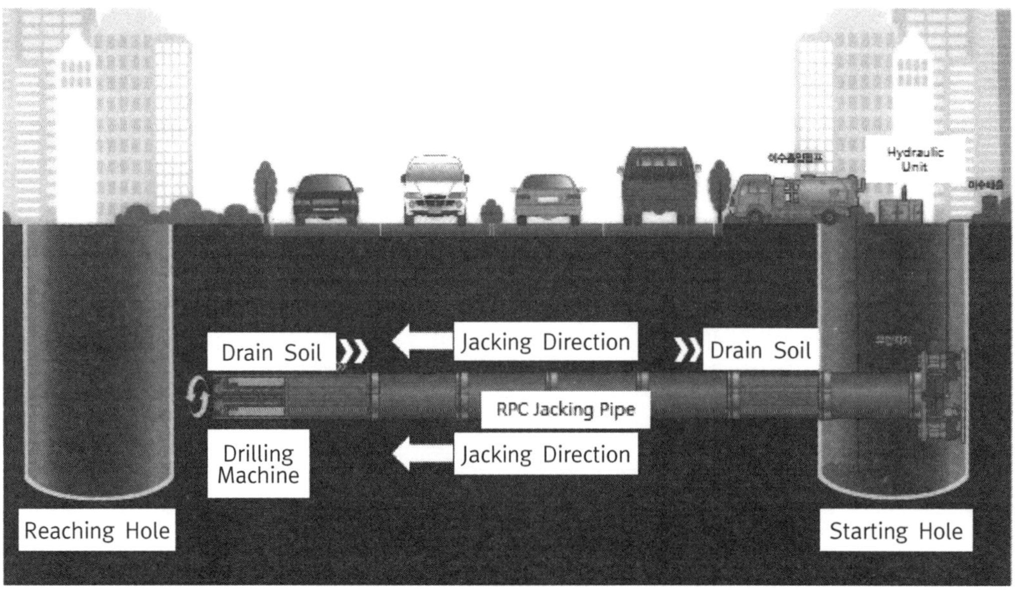

사례그림 7.1 PRC 추진관 설치 공법

PRC 추진관의 기술적 요구사항은 다음과 같다. 사례그림 7.2는 공장에서 생산된 상태의 PRC 추진관의 외형을 보여준다.

- 파이프의 압축강도가 충분해야 한다. 이는 파이프의 재료 특성에 의해 결정된다.
- 충분한 수밀 성능이 확보되어야 한다. 이는 결합부의 형상과 규격, 고무씰(Rubber Seal)의 형상과 크기와 재질에 의해 결정된다.
- 결합 방법이 간단해야한다. 이는 조인트 형상과 고무씰의 크기에 의해 결정된다.

사례그림 7.2 PRC 추진관

2) PRC 파이프 형상과 구조

PRC 추진관은 사례그림 7.3과 같은 구조를 갖는다. 파이프 본체는 레진관으로 형성되고 파이프의 좌우 측면이 삽입부와 연결부로 각각 구성되어 있다.

삽입부는 본체 위에 고무씰이 원수방향으로 부착되어있다. 연결부는 연결되는 파이프의 측면이 접촉하는 쿠션이 원형 링의 형태로 파이프 측면에 부착되고 바깥쪽으로 스테인레스 슬리브가 부착되어 있다.

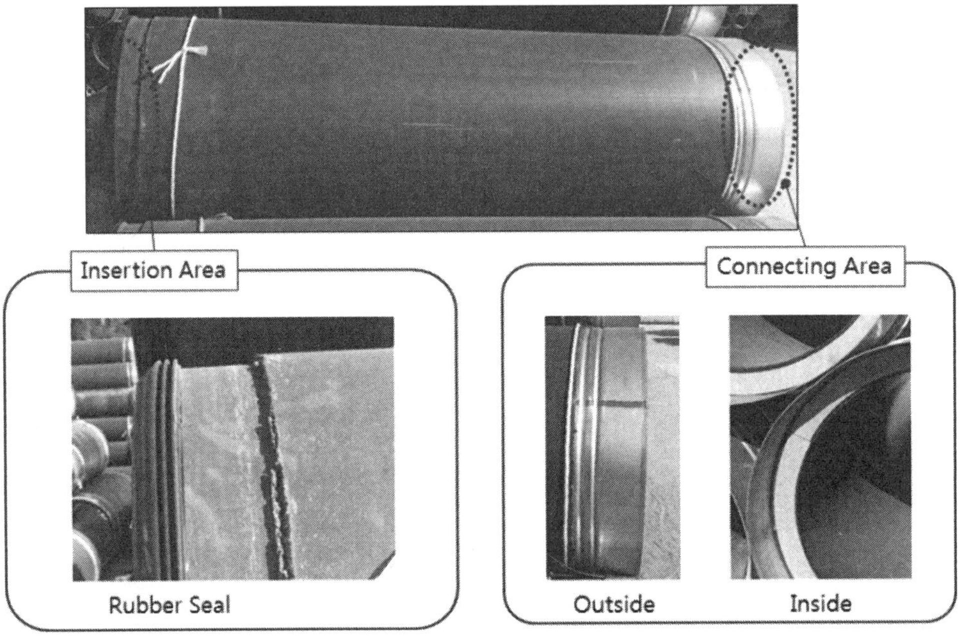

사례그림 7.3 PRC 추진관 형상 및 구조

3) PRC 추진관 결합부 구조

PRC 추진관의 결합부의 세부 구조는 사례그림 7.4와 같다. 추진관이 결합되는 과정은 다음과 같은 순서로 이루어진다.

- 고무씰에 발수성 윤활제를 바른다. 발수성 윤활제는 삽입부가 결합될 때 윤활유로서의 역할을 한다. 결합이 완료된 후 물과 반응하여 부풀어 올라서 빈 공간을 제우고 굳어서 실링제의 역할을 한다.
- 추진관의 삽입부를 결합부의 스테인레스 슬리부 내부로 삽입한다.
- 삽입부가 쿠션에 접촉할 때까지 축방향 힘을 가하여 민다.
- 결합부와 누수를 확인한다.

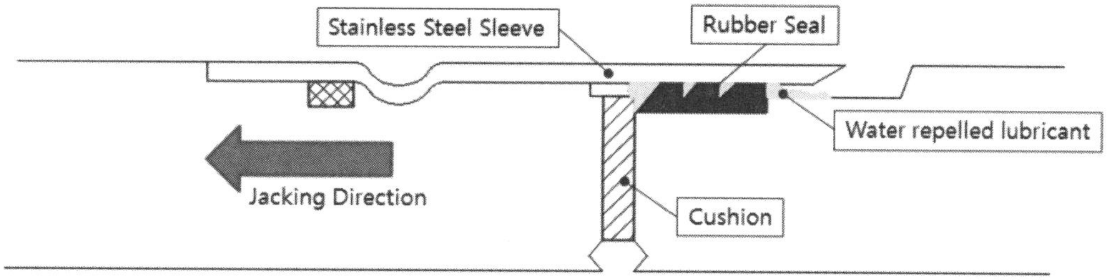

사례그림 7.4 추진관 결합부 세부 구조

4) 주요 문제점

PRC 추진관의 사용에 있어서 가장 중요한 두 가지의 문제점과 그 원인은 다음과 같다.

① 누수 문제 : 결합이 완료된 후 결합부에서 발생하는 누수문제이다. 고무씰의 두께와 형상에 그 원인이 있고, 슬리브와 파이프 본체 사이에 형성되는 틈으로 누수가 발생한다.

② 작업성 문제 : 작업성은 추진관을 슬리브 내부로 추진관을 삽입하는 과정에서의 용이성에 관한 문제이다. 고무씰의 형상과 두께와 관계가 있다.

5) 프로젝트의 최종 목표

결합 과정을 손쉽게 할 수 있고 결합 후에 완벽한 수밀성능이 확보된 밀봉 방법을 확보하는 것으로 실링재의 형상, 재질, 실링 방법, 결합 방법, 윤활재 등에 대해 검토한다.

II. 예비 분석

1. 시스템 다면 사고 분석 1

발명 문제 상황을 파악하고 기능 분석의 전단계로 요소들의 개략적인 계층 구조를 파악하기 위해 시스템 다면 사고 분석 1을 수행하였다. 사례표 7.1은 시스템 다면 사고 분석 1의 결과이다.

사례표 7.1 시스템 다면 분석 1

상위시스템 및 환경 요소	내부의 물, 외부의 물, 추진력, 마찰력, 중력, 흙, 지하 온도
기술 시스템(기능)	지하에서 결합된 추진관
하위 시스템	스테인레스 스틸 슬리브, 고무씰, 발수성 윤활재, 결합되는 파이프 바디, 쿠션

2. 기능 분석

시스템 요소와 상위시스템 및 환경요소와의 상호 작용과 방향을 분석하기 위하여 기능 분석을 수행하였다. 기능 분석은 주어-동사-목적어의 관계로 표현할 수 있으며 이를 다이어그램으로 나타내었다.

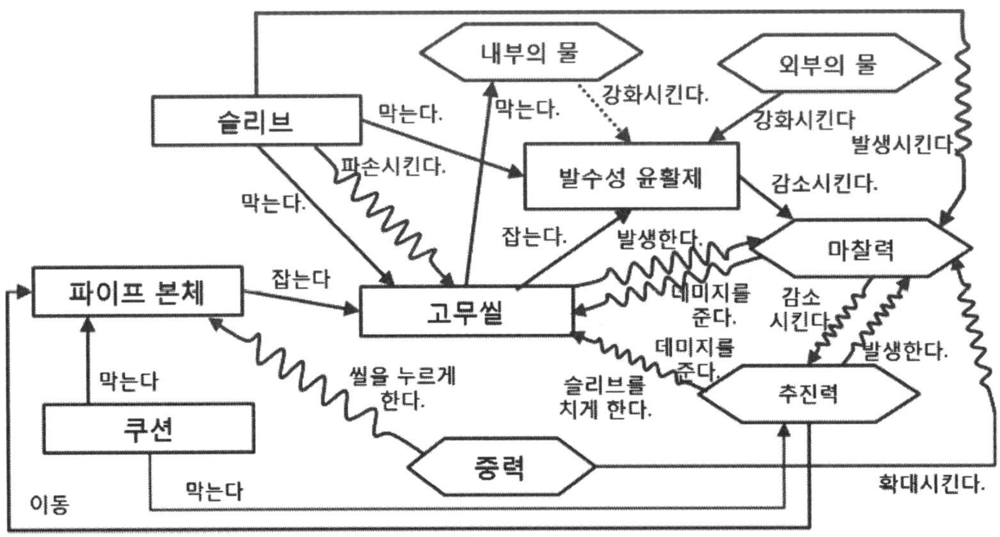

☞ **내부의 물은 결합이 완료된 후 작용한다.**

사례그림 7.5 기능분석 다이어그램

본 프로젝트에서 중요한 요소는 파이프의 조립 시 영향을 주는 요소로 고무씰, 슬리브, 쿠션, 발수성 윤활제 등이 있다. 주요 요소의 기능 분석은 다음과 같은 예시로 분석할 수 있다.

고무씰은 발수성 윤활제를 잡아준다. 윤활제가 러버씰 외부에 머물러 위치하게 한다. 러버씰은 파이프 내부의 물을 막는 역할을 한다. 러버씰은 파이프의 삽입 시 마찰력을 발생시키는 요소이다.

슬리브는 고무씰과 발수성 윤활제를 막는 역할을 한다. 슬리브는 마찰력을 발생시킨다. 슬리브는 고무씰을 파손시키는 역할을 한다.

발수성 윤활제는 마찰력을 감소시킨다. 고무씰이 슬리브를 통해 삽입되는 과정에서 윤활제의 역할을 하며 조립 후에는 발수 작용을 통해 수밀 작용을 한다.

3. 상호작용 매트릭스(Interaction Matrix)

요소 간의 상호작용을 분석하기 위해 상호작용 매트릭스를 작성하였다. 러버씰과 슬리브, 발수성 윤활제가 양의 상관관계를 가지고 있음을 확인할 수 있다.

	1. 파이프 본체	2. 러버씰	3. 슬리브	4. 발수성 윤활제	5. 쿠션	6. 외부의 물	7. 내부의 물	8. 추진력	9. 마찰력	10. 중력
1. 파이프 본체		+	-	-	+	-	-	+	-	+
2. 러버씰			+	+	-	-	+	+	+	+
3. 슬리브				+	-	-	-	-	+	-
4. 발수성 윤활제					-	+	+	-	+	-
5. 쿠션						-	-	+	-	-
6. 외부의 물							-	-	-	-
7. 내부의 물								-	-	-
8. 추진력									+	-
9. 마찰력										+
10. 중력										

사례그림 7.6 상호작용 매트릭스

III. 아리즈 분석

Part 1. 문제의 분석

1.1. 최소 변경 문제 모델링

[PRC 파이프 내부의 물이 새는 것을 막는] 기술 시스템은 [고무씰, 스테인레스 슬리브, 발수성 윤활제, 파이프, 물]로 구성되어 있다.

- 기술 모순 1(TC 1) : 고무씰이 두꺼우면 수밀 성능을 증대되나 작업성(조립성)은 떨어진다.
- 기술 모순 2(TC 2) : 고무씰이 얇아지면 작업성(조립성)은 증대되나 수밀 성능은 떨어진다.

1.2 모순 요소 정의

- 대상(Object or Product) : 슬리브, 물
- 도구(Tool) : 고무씰

슬리브와 물은 문제에 영향을 주고 있는 요소이나 문제의 조건에 따라 특성이 변화할 수 있고 변경이 어려운 요인으로 대상으로 선택하였고, 고무씰의 경우 직접적인 상호작용으로 대상의 특성을 변화 시키는 요소로 도구로 선택하였다.

1.3 기술적 모순의 도식화

1.1에서 정의한 기술적 모순을 도식화하면 사례그림 7.7과 같다. (a)의 경우 기술적 모순 1의 경우이고 두꺼운 고무씰일 때 물을 막아주는 유익한 작용이 있고, 슬리브에 의해 변형과 파손이 일어나는 유해한 작용이 있음을 보여준다. (b)의 경우 얇은 고무씰은 물을 막아주는 유익한 작용이 줄어들고 슬리브에 의한 변형과 파손이 없음을 보여준다.

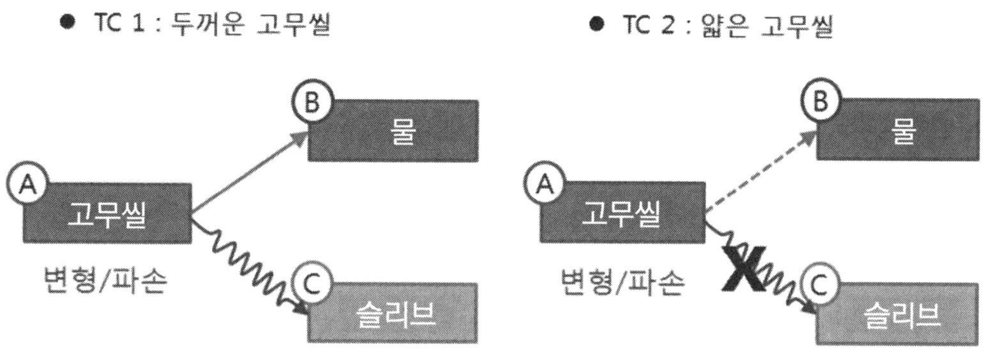

(a) (b)

사례그림 7.7 기술적 모순의 도식화

1.4 심화분석을 위한 도식 모델 선정

PRC 추진관의 접속부의 주기능은 수밀작용이다. 1.3에서 본 두 개의 도식 모델 중 TC1의 경우가 기술 시스템의 주기능인 수밀작용을 더 잘 수행할 수 있는 모델이므로 TC1을 선택함.(사례그림 7.8)

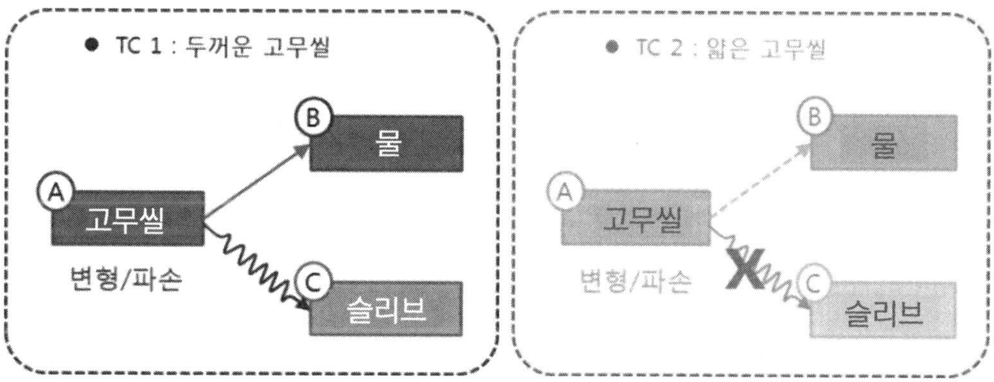

사례그림 7.8 심화분석 모델 선정

1.5 모순 심화

본 과제의 구성 요소의 상태와 작용을 극단적으로 표현하기 위하여 모순을 심화하며 1-4에서 선택한 모델에 대해 수행한다. 두꺼운 고무씰 대신에 파이프 본체와 슬리브 사이의 공간을 가득채우는 꽉찬 고무씰로 변경한다. 심화된 기술적 모순 1(TC 1)은 꽉찬 고무씰을 도구로 슬리브를 대상으로 설정한다.

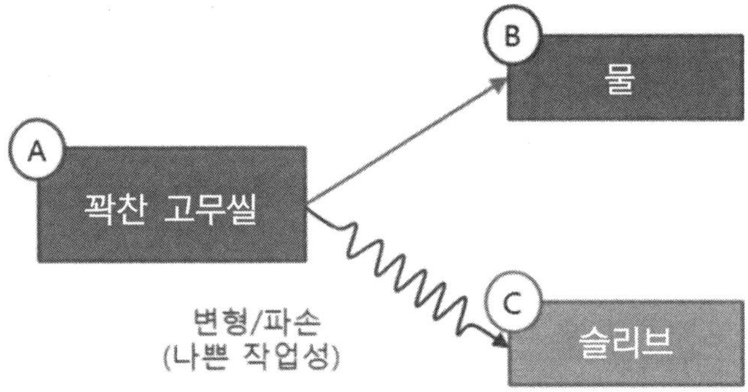

사례그림 7.9 심화된 기술적 모순 1

1.6 문제 모델 요약

본 문제의 해석 모델에 대해 요약하면 다음과 같다.

- **심화된 모순 요소 쌍** : 꽉찬 고무씰과 슬리브(꽉찬 고무씰은 파이프 본체와 슬리브 사이의 링 모양의 전체 공간을 의미한다.)
- **심화된 모순 정의** : 꽉찬 고무씰은 물이 새는 것을 방지하고 파이프가 슬리브 안으로 미끄러져 들어가는 것을 방해한다.
- X-요소는 물이 새는 것을 막으면서 파이프가 슬리브 안쪽으로 미끄러져 들어가는 것을 막지 않아야한다.(사례그림 7.10)

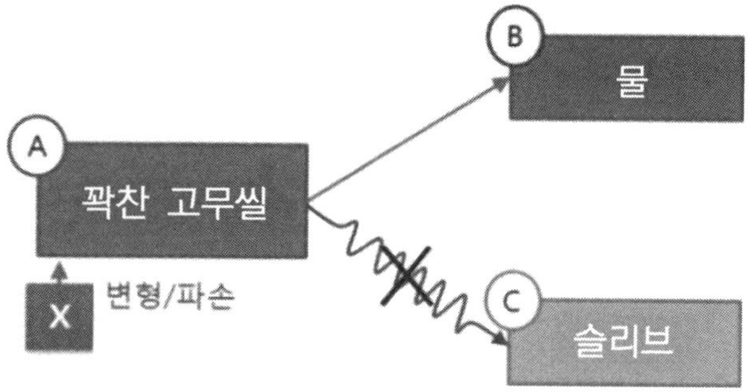

사례그림 7.10 X-요소가 적용된 모델

1.7 표준 해결법의 적용

심화된 모순을 해결하기 위해 발명의 표준해법을 적용할 수 있는 지 검토하였다. 사례그림 7.11은 심화된 모델에 대해 X-요소가 적용된 예를 보인다. 마찰력 장이 슬리브와 꽉찬 고무씰 간에 영향력을 발휘하고 이는 스리브에 의한 고무씰의 손상과 파손을 야기하며, 수밀성을 저하하는 상황을 보인다. 따라서 이를 해소하기 위한 어떤 요소(X-요소)의 도입이 요구되는 상황을 보인다. 이외에 다음에 열거하는 인자들에 대해 검토하였다.

- X-요소 (S3, F') : X-요소로써의 물질 S3, 물질장 F'
- S2(꽉찬 고무씰)의 변형 : S2‘
- S1(슬리브)의 변형 : S1'
- 작용력(F') : 마찰력을 약화시킬 수 있는 어떤 힘
- 제 3의 물질 : S3

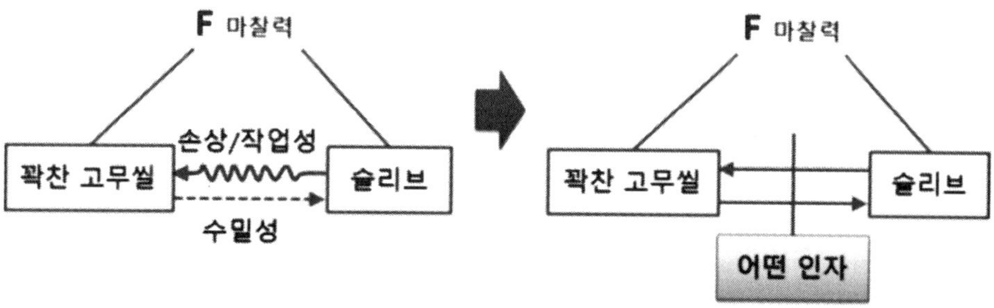

사례그림 7.11 심화된 기술모순 상황에 대한 1차 표준 해결법 적용

Part 2. 문제 모델 분석

2.1 작동 영역(OZ) 정의

작동 영역은 스테인레스 스틸 슬리브의 삽입부 끝단으로부터 쿠션까지의 슬리브 내부의 원형 공간으로 정의할 수 있다. 사례그림 7.12에서 원형 저선으로 표현된 부분이며 꽉찬 고무씰과 발수성 윤활제를 포함하는 공간이다.

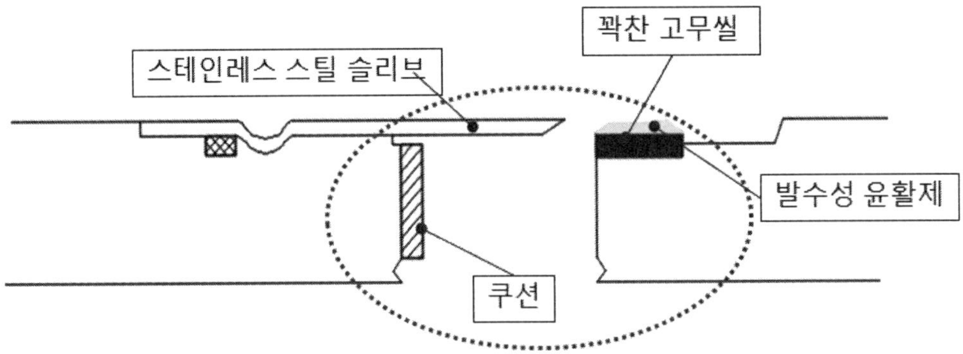

사례그림 7.12 작동 영역(OZ) 정의

2.2 작동 시간(OT) 정의

작동 시간은 파이프 삽입부가 슬리브 안으로 삽입되는 과정과 그 외의 시간으로 구분하였다.(사례그림 7.13) 즉, 파이프가 축방향 추진력에 의해 축방향으로 전진하여 슬리브의 끝단과 만나고 슬리브 안쪽으로 슬라이딩 되어 쿠션과 만나게 되고 고무씰과 슬리브 사이의 발수성 윤활제의 흐름이 멈추는 시간까지를 작동 시간 T1으로 정하였고, 슬리브와 만나기 위해 추진되는 시간을 T2, 삽입이 완료되어 정지된 시간 이후를 T2'으로 설정하였다. 고무씰에 도포된 발수성 윤활제가 경화되는 시간은 T2'에 포함된다.

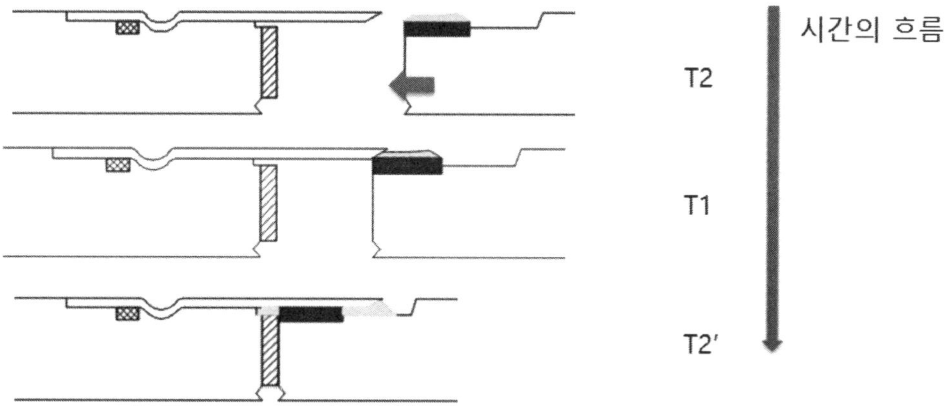

사례그림 7.13. 작동 영역(OT) 정의

2.3 물질-장 자원(SFR) 정의

문제 해결에 가능한 시스템 내부 및 환경의 물질-장 요인을 정의하였다.

1) 시스템 내부의 물질-장 자원

① 도구의 SFR : 크기가 바뀌는 고무씰, 고무씰의 마찰력, 고무씰과 슬리브간의 압축력

② 대상의 SFR : 발수성 윤활제, 물

2) 가용한 외부 자원

지하의 파이프 주변 온도, 지하의 파이프 주변의 물, 추진관 주변의 마찰력, 파이프의 추진력(유압)

Part 3. 물리모순과 이상적 최종 결과의 정의

3.1 이상적 최종 결과-1(IFR-1) 정의(심화된 기술 모순)

X-요소는,
시스템을 복잡하게 하지 않고 추가적으로 유해한 작용 없이,
[파이프 추진력에 의해 파이프가 슬리브 안으로 삽입되는 시간(T1)] 동안 [슬리브와 파이프 바디 사이의 링 형상의 공간] 안에서,
도구 [꽉찬 고무씰]이 수행하는 [파이프와 슬리브 사이로 물이 새는 것을 방지]하는 기능을 유지하며,
[고무씰이 슬라이딩 하는 것을 방해하고 손상을 주는 마찰력]을 제거한다.

3.2 이상적 최종 결과-1(IFR-1) 심화(이상적 최종 결과 해결 자원 선정)

3-1에서 정의한 이상적 최종 결과의 X-요소에 2-3에서 분석한 시스템 내부의 물질장 요소를 대입하여 이상적 최종 결과 해결 자원을 선정하였다. 3-1의 X-요소를 [크기가 변화하는 고무씰]로 바꾸어 정의하였다.

[크기가 변화하는 고무씰]은,
시스템을 복잡하게 하지 않고 추가적으로 유해한 작용 없이,
[파이프 추진력에 의해 파이프가 슬리브 안으로 삽입되는 시간(T1)] 동안 [슬리브와 파이프 바디 사이의 링 형상의 공간] 안에서,
도구 [꽉찬 고무씰]이 수행하는 [파이프와 슬리브 사이로 물이 새는 것을 방지]하는 기능을 유지하며,
[고무씰이 슬라이딩 하는 것을 방해하고 손상을 주는 마찰력]을 제거한다.

3.3 매크로 레벨 물리 모순 정의

선정된 자원인 [크기가 변화하는 고무씰]에 대한 작용 영역 내에서 거시적 관점에서의 물리적 모순을 정의하였다.

거시적 관점에서 고무씰이 얇고도 두꺼워야 한다는 것이 해결해야 할 물리적 모순이다. 유해 기능을 제거하기 위해서는 고무씰이 최대한 얇아야 하고 유익 기능을 유지하기 위해서는 최대한 두꺼워야 한다는 물리적 모순을 가지고 있다.

[크기가 변화하는 고무씰]은,
[파이프 추진력에 의해 파이프가 슬리브 안으로 삽입되는 시간(T1)] 동안
[마찰력을 최소화]하기 위해서는 [최대한 얇아야] 하고
[물이 새는 것을 방지]하기 위해서는 [최대한 두꺼워야] 한다.

3.4 마이크로 레벨 물리 모순 정의

선정된 자원인 [크기가 변화하는 고무씰]에 대한 작용 영역 내에서 미시적 관점에서의 물리적 모순을 정의하였다.

미시적 관점에서 고무씰이 슬리브의 안쪽 표면에서 멀고도 가까워야 한다는 것이 해결해야 할 물리적 모순이다. 유해 기능을 제거하기 위해서는 고무씰이 슬리브의 안쪽 표면에서 최대한 멀리 있어야 하고, 유익 기능을 유지하기 위해서는 슬리브의 안쪽 표면에 최대한 밀착하여 한다.

[크기가 변화하는 고무씰]은,
[파이프 추진력에 의해 파이프가 슬리브 안으로 삽입되는 시간(T1)] 동안
[좋은 삽입 작업성을 갖기] 위해서는 [슬리브의 안쪽 표면에서 최대한 멀리 있어야] 하고
[물이 새는 것을 방지]하기 위해서는 [가능한한 슬리브 안쪽 표면과 붙어있어야] 한다.

3.5 이상적 최종 결과-2(IFR-2) 모델

물리적 모순을 해소하기 위하여 이상적 최종결과-2(IFR-2)에 대한 모델링을 수행하였다. 이상적 최종 결과-2(IFR-2)에서는 작동 영역(OZ)과 작동 시간(T1)에 스스로 거시적 또는 미시적 수준에서 상반된 상태를 표현한다.

> [크기가 변화하는 고무씰]은,
> [슬리브와 파이프 바디 사이의 링 형상의 공간] 안에서,
> [파이프 추진력에 의해 파이프가 슬리브 안으로 삽입되는 시간(T1)] 동안 [파이프 바디에 가능한 한 붙어 있어야] 하고
> [삽입이 종료] 되면 스스로 [슬리브의 안쪽 면에 견고하게 부착되어야] 한다.

3.6 물리적 모순 해결을 위한 발명의 원리 적용

크기가 변화하는 고무씰이 슬리브의 안쪽 벽과 닿지 않아야 하고 완전히 밀착하여야 하는 모순을 가진 상황이다. 파트 1에서 고려한 심화된 모델은 사례그림 7.14와 같이 변경된다.

다음에 열거하는 인자들에 대해 검토하였다.

- X-요소 (S3, F') : X-요소로써의 물질 S3, 물질장 F'
- S2(크기가 변화하는 고무씰)의 변형 : S2'
- S1(슬리브)의 변형 : S1'
- 작용력(F') : T1의 시간에 마찰력이 없고, T1 이후에 최대의 압착력을 갖는 어떤 힘
- 제 3의 물질 : S3

해결책을 찾기 위하여 사례그림 7.14에서 보이는 어떤 인자(X-요소)의 역할을 정의하였다. 파이프의 삽입이 완료된 후 X-요소가 고무 씰을 슬리브의 내부 표면으로 밀어줄 수 있는 방법을 찾았다. 발수성 윤활제는 물이 닫으면 팽창하고 시간이 지나면 고화되는 성질을 가진다. 발수성 윤활제가 팽창할 때 발생하는 힘 즉, 팽창력을 X-요소로 채택했다.

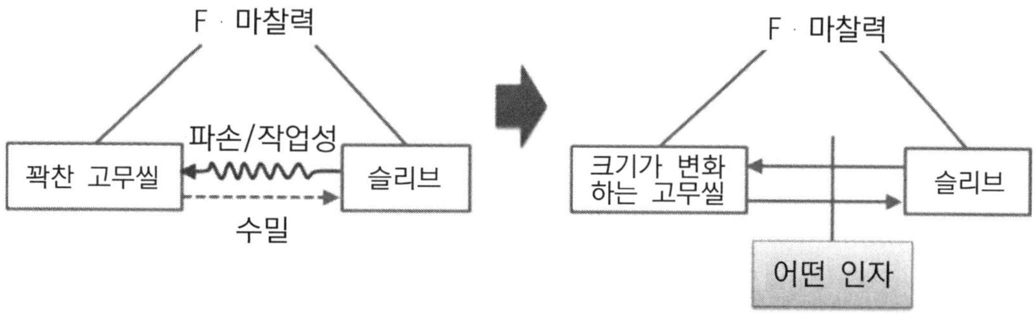

사례그림 7.14 표준해결법의 적용 모델

3.6.1 X-요소의 채택과 S2의 변형

X-요소를 채택하고, S2를 변형시켜 물리적 모순을 해결하는 방안을 모색하였다.

사례그림 7.15의 (a)는 T1의 시간 동안 추진관 파이프는 축방향 추진력으로 슬리브로 진입하는 상황이다. 크기가 변화하는 고무씰은 얇아서 슬리브와의 접촉이 최소화되어 마찰력이 줄어든다. 얇은 고무씰은 두 겹으로 되어 발수성 윤활제를 고무씰의 겹쳐있는 내부에 도포된다. 추진관이 삽입되는 동안 발포 작용이 일어나지 않으므로 고무씰은 얇은 상태를 유지한다.

(b)는 삽입이 완료된 상태인 T2'의 시간 영역으로 고무씰 외부에 도포된 발수성 윤활제의 흐름이 멈춘 상태로 삽입되는 과정에서 고무씰과 슬리브 사이에 흘러서 고루 도포된다. T2'의 시간 구간에서 발수성 윤활제는 발포작용을 하여 팽창하며 얇은 고무씰을 슬리브쪽으로 밀어 올리는 작용을 하며 슬리브 안쪽 표면 방향으로 강하게 부착시킨다. 고무씰 외부에 도포된 발수성 윤활제도 동일한 시간에 발포 작용을 하는데, 얇은 고무씰이 슬리브에 강하게 부착되지 않더라도 고무씰과 슬리브 사이를 채워서 물이 새는 것을 방지할 수 있다.

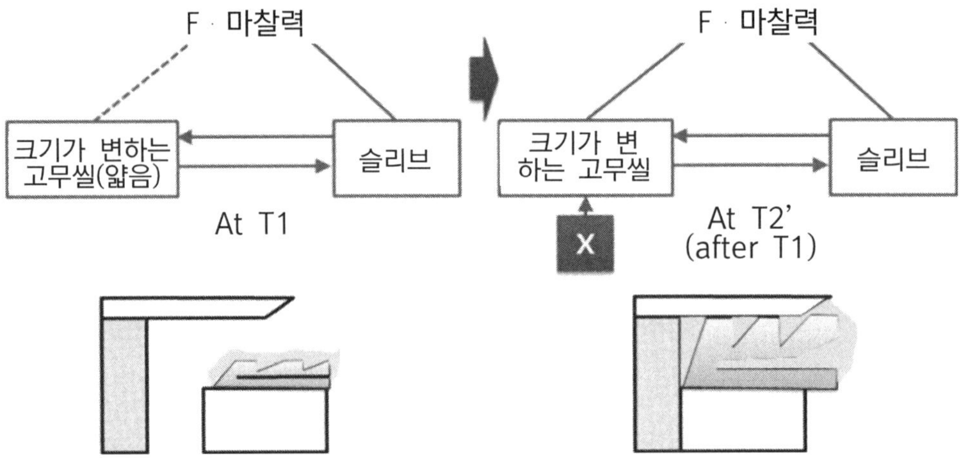

사례그림 7.15 X-요소의 채택과 S2의 변형

3.6.2 S2의 변형

S2를 변형시켜 물리적 모순을 해결하는 방안을 모색하였다. 사례그림 7.16에 보이는 것과 같이 고무씰의 삽입부의 끝단이 축방향 힘에 대해 잘 변형되어 접어질 수 있는 형상으로 변형하였다. 이 경우 역시 발수성 윤활제를 도포하여 슬리브와 고무씰의 간격과 고무씰의 빈 공간을 발포된 윤활재가 채우고 고형화 될 수 있도록 한다.

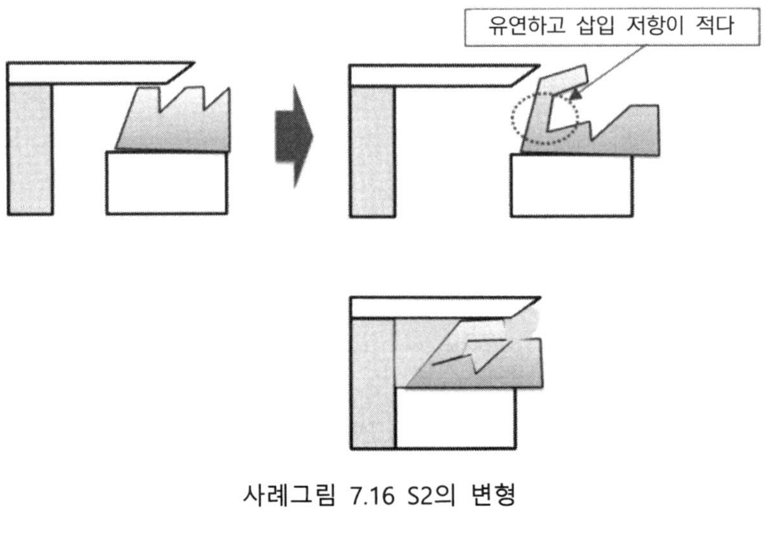

사례그림 7.16 S2의 변형

3.6.3 S2의 변형과 S3의 도입

앞 서 검토한 S2의 변형 예는 충분한 압착력이 발휘되기 어려울 수 있으므로 보조 수단으로 S3의 도입을 검토하였다.(사례그림 7.17) 삽입이 완료된 후 쐐기형 고무링을 물리적인 힘으로 박아 넣어서 압착력을 향상시키는 방법이다. 단 작업의 공수가 늘어나는 단점과 부가적인 장치가 요구될 수 있는 문제점이 있다.

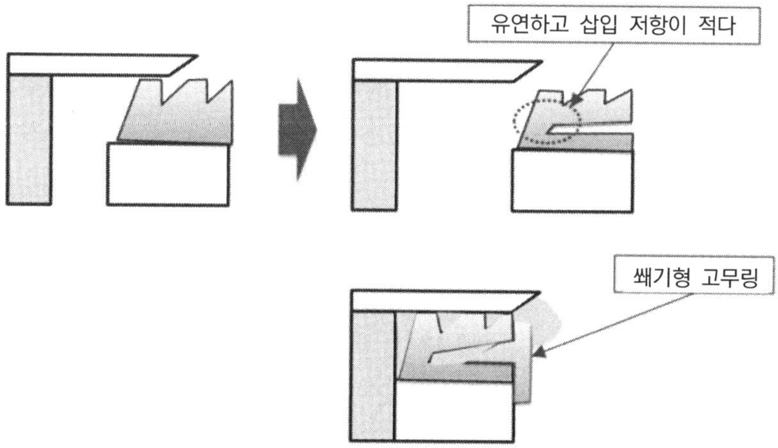

사례그림 7.17 S2의 변형과 S3의 도입

Part 4. 물질-장 자원의 동원과 활용

Part 5. 지식 베이스의 적용

Part 6. 문제의 변형 또는 대체

파트 4, 5, 6은 파트 3에서 해결책을 도출하였으므로 생략하였다.

Part 7. 물리모순 해결 방법 분석

7.1 개념 해결안 점검

개념 해결안을 점검하기 위하여 도입된 물질과 장을 고려하여 점검 하였다. 새로운 물질이나 장을 도입하지 않고 기존의 혹은 유도된 물질-장 자원을 활용하는 것이 가능한지 여부와 스스로 조절하는 물질의 사용이 가능한지 여부를 점검하였다.

- 발수성 윤활제의 팽창력을 활용하는 것은 새로운 물질을 도입하는 것은 아니다.
- 발수성 윤활제의 팽창력이 작용하는 방향을 전환한 것에 불과하다.
- 쐐기형 고무링을 적용하는 경우 부품과 공정이 추가되기는 하지만 슬리브에 대한 압축력을 극대화할 수 있다.

7.2 개념 해결안 예비평가

본 과제의 해결을 위해 제안된 개념 해결안은 다음과 같다.

- 발수성 윤활제의 팽창력을 고무씰의 접촉력을 향상시키는데 이용한다.
- 삽입시 마찰력에 의한 저항을 최소화하기 위해 고무씰을 접힌 형태로 만든다.
- 팽창되는 발수성 윤활제 및 쐐기형 고무링은 고무씰의 슬리브 내부면에 대한 압착력을 최대화 한다.

개념 해결안에 대한 제어 질문은 다음과 같다.

1) 개념 해결안이 IFR-1의 주요 요구사항을 만족시키는가?(요소는 시스템을 복잡하게 하지 않는가?)

→ 그렇다. 다만, 3안을 채택하는 경우 새로운 요소인 쐐기형 고무링의 도입이 요구된다.

2) 어떤 물리적 모순이 개념 해결안으로 해결되었는가?

→ 해결되었다. 고무씰의 형상을 변경하고 발수성 윤활의 팽창력을 활용하여 얇고도 두꺼운 고무씰을 얻을 수 있다.

3) 새로운 시스템에는 최소한 하나 이상의 제어가 용이한 요소가 포함되는가? 어떤 요소인가? 어떻게 제어되는가?

→ 포함되어 있다. 발수성 윤활제이다. 발수성 윤활제는 물과 접촉하면 팽창한 후 고화된다. 본 시스템에서는 접힌 형상의 안쪽에 발수성 윤활제를 도포하여 발포시켜 팽창력을 활용한다.

4) "단일 사이클"모델에서 도출한 개념 해결안이 실제 조건, 다중 사이클 조건에 적합한가?

→ 해이 경우 단일 조건 문제이다.

이상의 모든 질문에 만족한다.

Part 8. 요약

본 프로젝트의 해결안에 대한 요약은 다음과 같다.

해결안	개발 아이디어
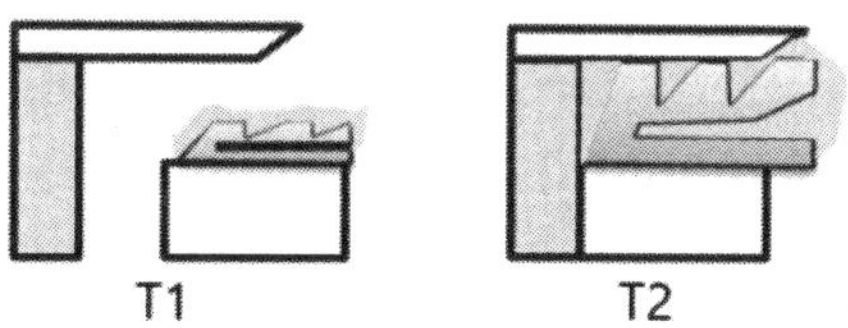	얇은 고무씰은 파이프 삽입 중에 접힌 형태로 얇게 유지되고 삽입이 완료된 후 고무씰을 슬리브의 내부 표면으로 밀착하기 위해 발수성 윤활제가 물과 반응하여 팽창한다.
	고무씰의 투입부 부분은 충분히 두껍고 내부는 비어있다. 슬리브 내부에 들어가는 동안 마찰력이 적기 때문에 작업 성이 좋다. 삽입 완료 후 발수성 윤활제는 후방으로부터 팽창하여 고무씰을슬리브 안쪽 표면으로 밀어낸다.
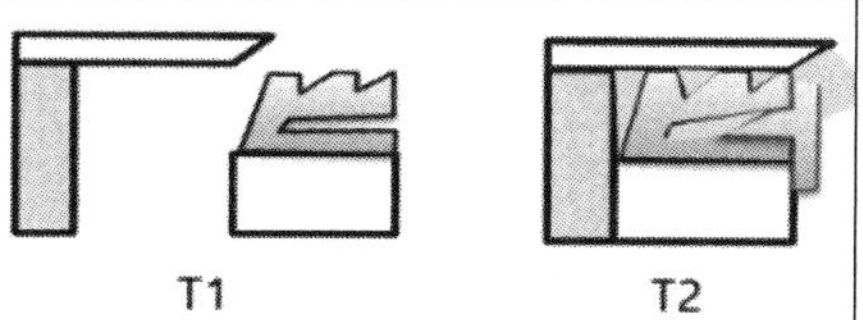	고무 씰은 슬리브를 쉽게 통과 할 수 있도록 얇고 접힌 구조이다. 파이프의 삽입이 완료되면, 발수 윤활제는 팽창하고 후방으로부터 쐐기 형 링이 삽입되어 슬리브 표면에 대한 충분한 압착력을 발생시킨다.

Chapter 3

트리즈를 이용한 문제해결 사례[영문]

사례 1 Humid Electric Panel Box Maintenance Solutions at Jeju Island in Rainy Summer Days

Preface

Rainy air temperatures are usually lower than sunny air temperatures. That is the reason why the temperature falls below the dew point in rainy summer days, causing the inner control panels to short-circuit.

① Therefore, we need to extract the time below the dew point in rainy summer days, resulting to make IFR(Ideal Final Result)-2. Lower rainy air temperatures do not need high speed air flows to absorb the heat of the inner control panels, in other words, steady(air)flow(F) by convection suffices enough very much, with the top outro motor+fan switched-off, corresponding to the void top outro motor+fan, to be implemented by a humidity-sensitive off-switch.

② Or we need to separate 『the environmental rainy humidified air』 and 『the surrounding air of the inner control panels』, ending up to make IFR-1, using the long wrinkled flexible aluminum foil duct hose as a separator.

The above IFR-1 corresponds to space separation and the previous IFR-2 means to be time separation.

③ The compromised IFR-2(separation in time) could be implemented so that T1 and T2 alternatively reverse the air-flow direction and so, dehumidifying filters are dried by the warm air heated from the inner control panels.

Part 1. Analyzing the problem

1.1. Formulate the mini-problem

The underground mechanical parking control box consists of ① control box case, ② inner control panels, ③ circulatory system(bottom intro air vent, top outro air vent, top outro motor+fan).

Case Fig. 1.1. Control Box Opened

TC-1: If the full-scale of the circulatory system is working well, when it is raining in the summer, then the full-scale of the circulatory system makes the surrounding air of the inner control panels to absorb the heat (in other words, the heat to be transferred toward the outside), but the full-scale of the circulatory system makes the surrounding air of the inner control panels to be humidified by the moisture diffused, causing the parking function to be disabled.

Case Fig. 1.2 Hot Surfaces

TC-2: If the down-scale of the circulatory system is working timidly, when it is raining in the summer, then the down-scale of the circulatory system scarcely make the surrounding air of the inner control panels to absorb the heat (in other words, the heat to be transferred toward the outside), but the down-scale of the circulatory system hardly make the surrounding air of the inner control panels to be humidified by the moisture diffused, either.

By modifying this box at minimum levels, we should get the situation that the circulatory system makes the surrounding air of the inner control panels to absorb the heat (in other words, heat to be transferred toward the outside), but the circulatory system does not make the surrounding air of the inner control panels to be humidified by the moisture diffused.

Case Fig. 1.3 Control Box Closed

1.2. Define the conflicting elements

object or product: the surrounding air of the inner control panels

tool: circulatory system(bottom intro air vent, top outro air vent, top outro motor+fan)

1.3. Describe graphic models for technical contradiction

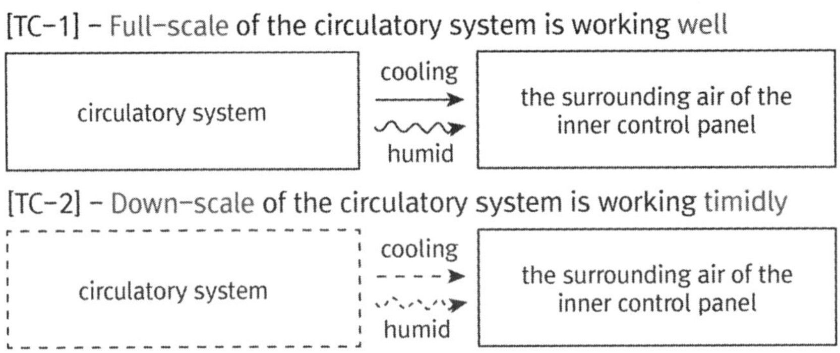

Case Fig. 1.4 Full Scale System

1.4. Select a graphic model for further analysis

We select [TC-2] in which the down-scale of the main function is working timidly. That is to say that the down-scale of the circulatory system hardly make the surrounding air of the inner control panels to be humidified by the moisture diffused, either.

1.5. Intensify the conflict

We make the status or the function of any element at the extreme level.

[Intensified TC-2] – non-existing circulatory system

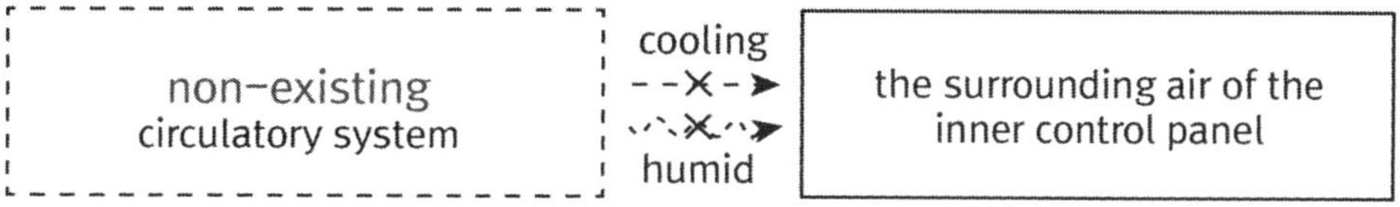

Case Fig. 1.5 Intensified TC-2

Here "Intensify" means both of the useful(cooling) and harmful(humid) actions should simultaneously go to the extreme level, that is to make both of thcm non-existing.

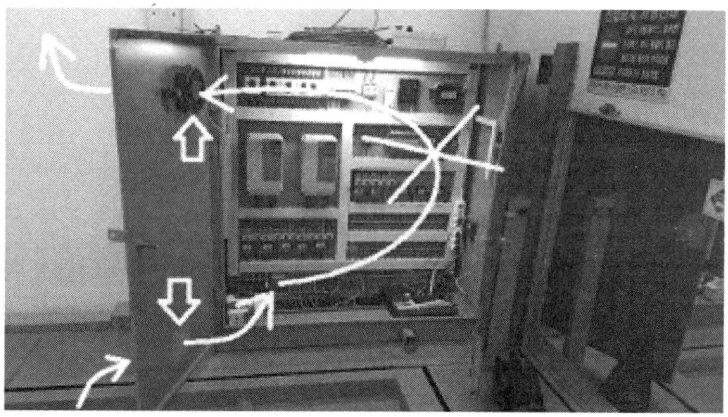

Case Fig. 1.6 Non-Existing System

1.6. Describe the problem model

Definition of the intensified conflicts: non-existing circulatory system and the surrounding air of the inner control panels.

The former scarcely diffuse moisture around the later, but the former can hardly transfer(or absorbs) the heat of the later toward the outside, either.

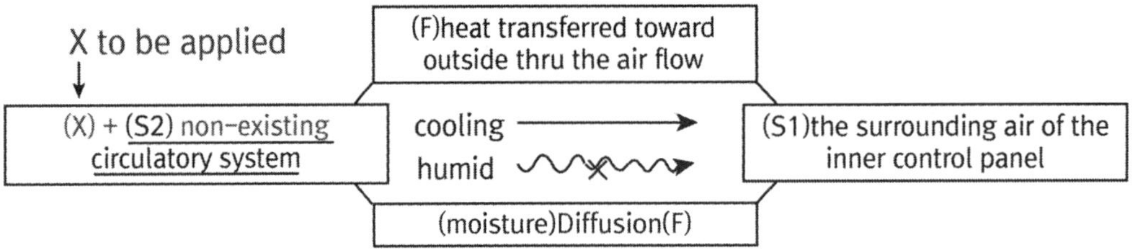

Case Fig. 1.7 Problem Model

The duty of the X-element: In order not to diffuse moisture around the later, keeping the former to be still non-existing, the X-element should transfer(or absorb) the heat of the later toward the outside as well.

1.7. Apply the inventive standards

In order to solve the problem, check the standardized solutions to be applied to it. If it won' t be solved, then you go to Part2. If it is solved, then you go to Part7. However, even though it is solved, you should go to Part2, and keep the problem to be analyzed, which is recommended.

IF you find both of useful/harmful actions between the two substances of SFR(substance-field resources) model, and you do not need to keep direct contacts therebetween, then you should apply the 3rd substance, which should require little cost.

Standard 1-2-1 is applied into the tool. We add the long wrinkled flexible aluminum foil duct hose(which is X-element) to the top outro air vent and the bottom intro air vent, instead of the non-existing circulatory system.

The cold air with rainy humidity comes into the bottom intro air vent, goes through the X-element(long wrinkled flexible aluminum foil duct hose), escapes from the top outro air vent and makes X-element cold.

The surrounding air around the inner control panels covers the cold X-element, and then can absorb(transfer) the heat of the inner control panels, ending up making the surrounding air around the inner control panels cold, too.

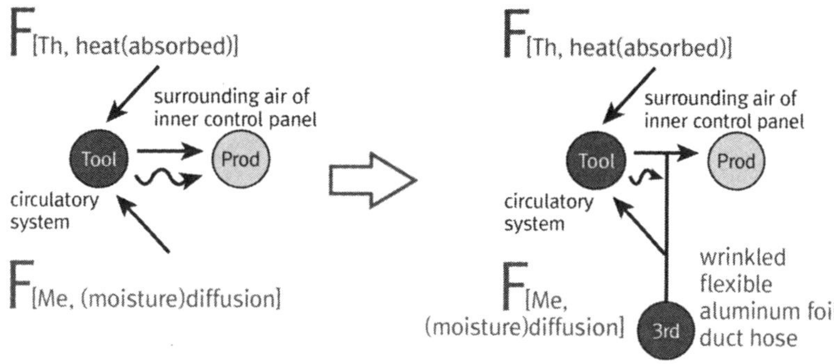

Case Fig. 1.8 Standard 1-2-1 Applied

However, the humidity in the X-element cannot be diffused into the surrounding air around the inner control panels, ending up making the humidity together with the heated surrounding air disappear toward the outside without any problem left behind.

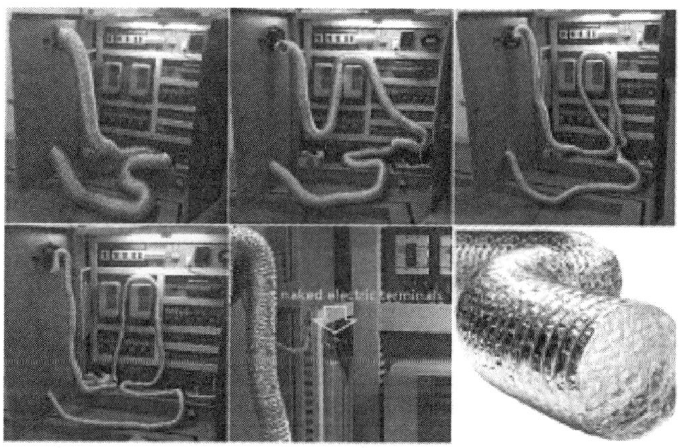

Case Fig. 1.9 X-elements Applied

The above images show the IFR-1 samples. Smaller radius hoses will be better than large ones, preventing secondary problems like extra spaces from requiring additional costs.

The hoses should not touch exposed naked main electric circuit terminals in the course of installment in order not to short-circuit.

Part 2. Analyzing the problem model

2.1. Define the operational zone(OZ)

OZ(Operational Zone) is shown with the name and images.

Case Fig. 1.10 OZ: Void Top Outro Motor+Fan

2.2. Define the operational time(OT)

OT(Operational Time) is shown with the name and arrows.

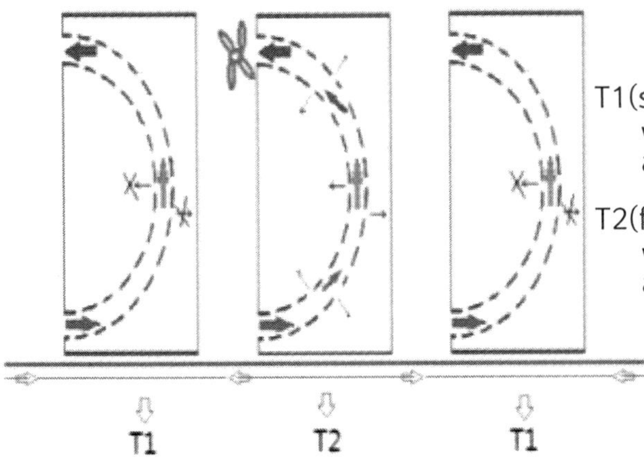

T1(slow work time by convection with heat slowly absorbed and little moisture diffuse)

T2(fast work time by motor+fan with heat too much absorbed and too much moisture diffused)

Case Fig. 4.11 OT: Slow or Fast Work Time

2.3. Define the SFR

(1) SFR in the system

1) SFR of the tool (circulatory system): bottom intro air vent, top outro air vent, top outro motor+fan.
2) SFR of the product (surrounding air of the inner control panels): Heat (transferred or absorbed), (moisture) Diffusion (F) (transferred), air flow rates, inner air relative humidities, condensed water from rainy vapor, sealing-cover materials.

(2) SFR surrounding the environment

1) SFR in this situation: vertical and lateral car-lifting motors, keeping -car-shelves, rainy air relative humidities.
2) common SFR available in every environment: Steady(air)flow(F) by convection, sunny air relative humidities, lights.

(3) SFR of the super-system

1) needless by-product from the super-system: humid air around the underground garage land, fine dusts, noisy sounds.
2) cheap SFR from the super-system: rainy weather in the summer, nearby free parking lots.

Part 3. Defining IFR and Physical Contradiction

3.1. Formulate IFR-1

X-element neither complicates the system nor brings the additional harmful results [during the circulatory system fast working time T1 or T2(slow working time)] [in the non-existing circulatory system], maintaining the non-existing circulatory system not to diffuse moisture around the surrounding air of the inner control panels, over the course of getting rid of non-transferring the heat.

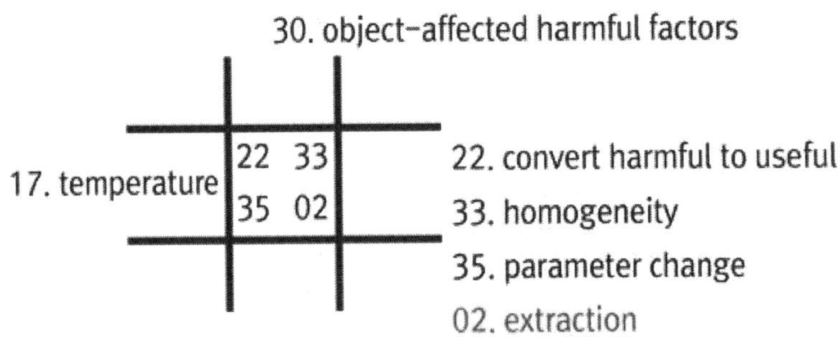

Case Fig. 1.12 Matrix Matched

The heat corresponds to 17.temperature(better) and the moisture does to 30.object-affected harmful factors(worse), the later should be extracted from the former(separated from each other), according to the Altshuller' s 40 Inventive Principle Matrix.

3.2. Intensify definition of IFR-1

We substitute the SFR from the step 2.3 for X-element.

1) SFR of the tool(circulatory system) : the circulatory system by itself
2) SFR in the environmental situation : Steady(air)flow(F) by convection, rainy air relative humidities.
3) SFR of the super-system: cars, humid air around the underground garage land, rainy weather in the summer.
4) SFR of the product(surrounding air of the inner control panels): Heat (transferred or absorbed), (moisture) Diffusion (F) (transferred), inner air relative humidities, condensed water from rainy vapor.

3.3. Identify the physical contradiction for the macro-level

[X-element] [during the circulatory system fast working time T1 or slow working time T2] [should have the feature of transferring] in order to absorb the heat of surrounding air of the inner control panels and [should not have the feature of transferring] in order not to diffuse moisture around the surrounding air of the inner control panels.

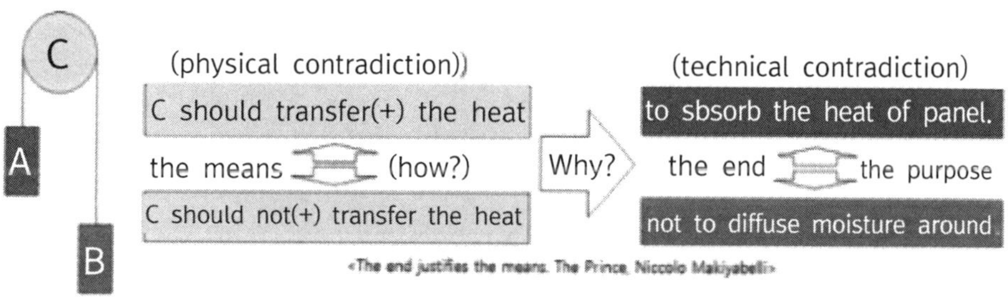

Case Fig. 1.13 Contradiction Transformed

3.4. Identify the physical contradiction for the micro-level = RCA

[In order to absorb the heat of surrounding air of the inner control panels] in the X-element, [transferring] should be existing (during the circulatory system slow working time T2), [in order not to diffuse too much moisture around the surrounding air of the inner control panels] [transferring] should not be existing (during the fast working time T1).

1) The underground mechanical parking control box mal-functioned at Jeju Island in rainy summer days.
2) The rainy weather made the environmental air temperature lower than usual.
3) The lowered environmental air temperature led to the lowered dew point. Steam condenses into water dew drops when it cools.

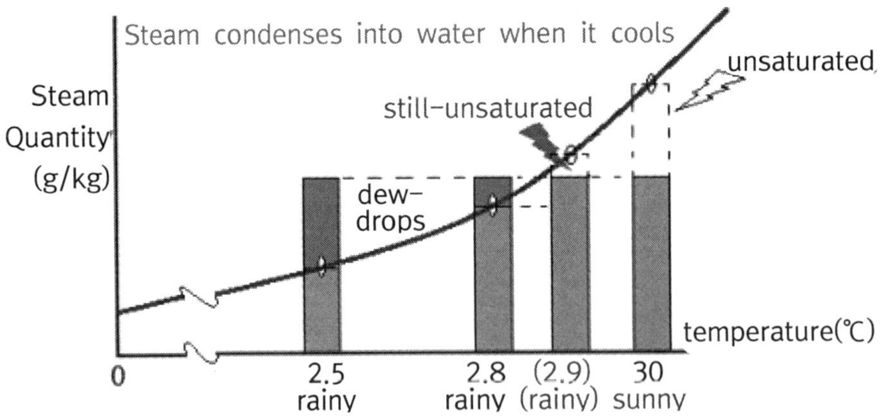

Case Fig. 1.14 Dew Point Graph

4) The lowered dew point caused 『the surrounding air of the inner control panels』 to produce water dew drops, having the inner control panels short-circuit.

5) However, what if 『the surrounding air of the inner control panels』 had maintained higher temperatures than the dew point? Water dew drops would not be able to be generated!

6) We need to extract the time below the dew point in rainy summer days, resulting to make IFR-2(separation in time). On rainy summer days, we do not need 25? or 28? but do need 29? for example, without asking for the top outro motor+fan to work hard.

7) Or we need to separate 『the environmental rainy humidified air』 and 『the surrounding air of the inner control panels』, ending up to make IFR-1(separation in space), using the long wrinkled flexible aluminum foil duct hose as a separator.

3.5. Formulate IFR-2 = Function Analysis & Trimming

In the X-element, [transferring] should be existing by itself (during the circulatory system's slow working time T2), [transferring] should not be existing by itself (during fast working time T1).

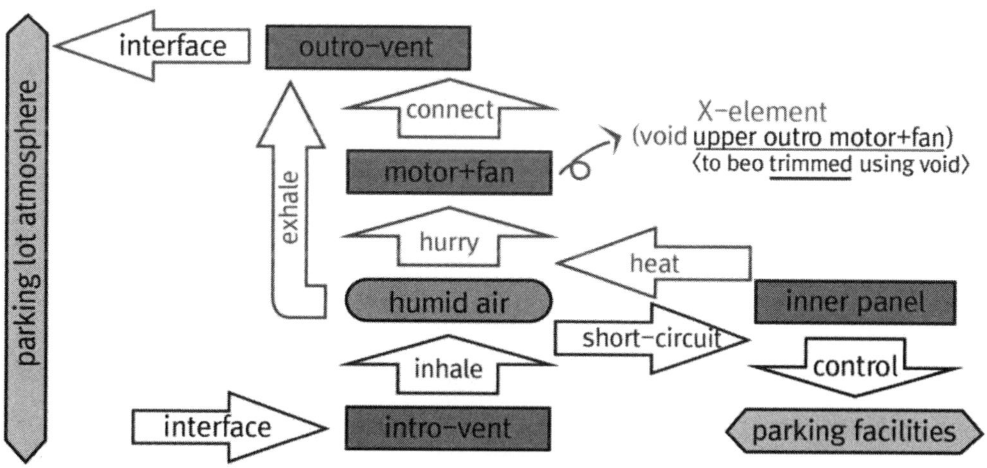

Case Fig. 1.15 Trimming Diagram

3.6. Apply inventive standards to resolve physical contradiction

Standard 1-2-1 is applied into the tool of the system. We add the 3rd substance, the void top outro motor+fan.

Part 4. Mobilizing and utilizing of SFR

4.1. Simulation with little creatures

MMD(Modeling with Miniature Dwarfs), SLP(Smart Little People)

(1) Modeling the conflict for IFR-2:

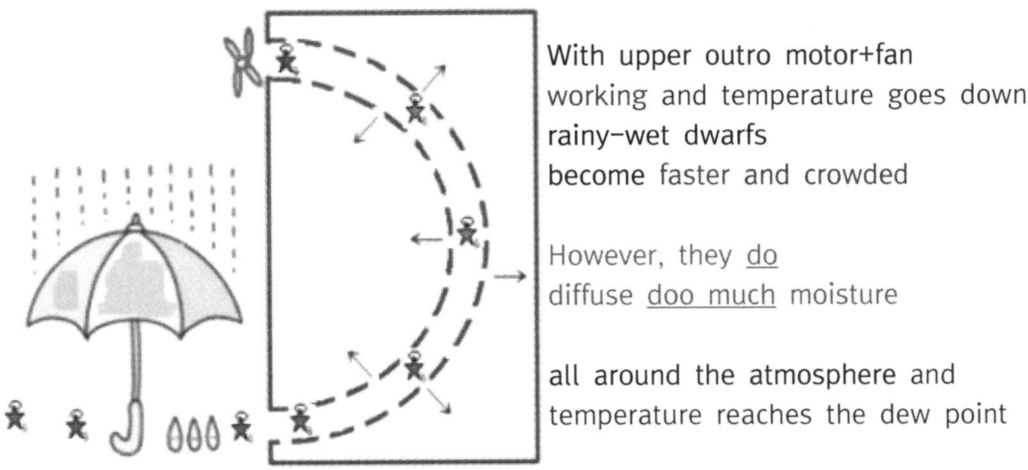

Case Fig. 1.16 Mini Dwarfs at Conflicts

Without the X-element(the void top outro motor+fan), rainy-wet dwarfs become fast crowded and temperature goes down due to the higher air flow speed. However, they do diffuse too much moisture all around the atmosphere and temperature reach the dew point.

(2) Modeling IFR-2:

If we adopt the X-element(the void top outro motor+fan), then humidified dwarfs become slower and rarer, and temperature goes up, and so they cannot diffuse too much moisture around the surrounding air of the inner control panels and temperature does not reach the dew point.

(3) Explanation of modeling IFR-2:

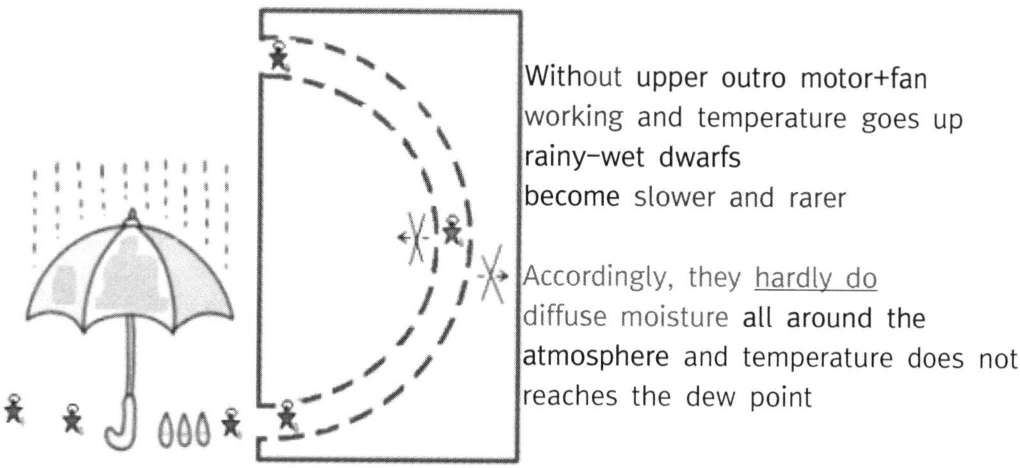

Case Fig. 1.17 Mini Dwarfs in the Ideal Situation

Without the top outro motor+fan working, rainy-wet dwarfs become slower and rarer, and temperature goes up, and so they can hardly do diffuse moisture around the surrounding air of the inner control panels and temperature does not reach the dew point.

4.2. To take a "step back" from IFR-1

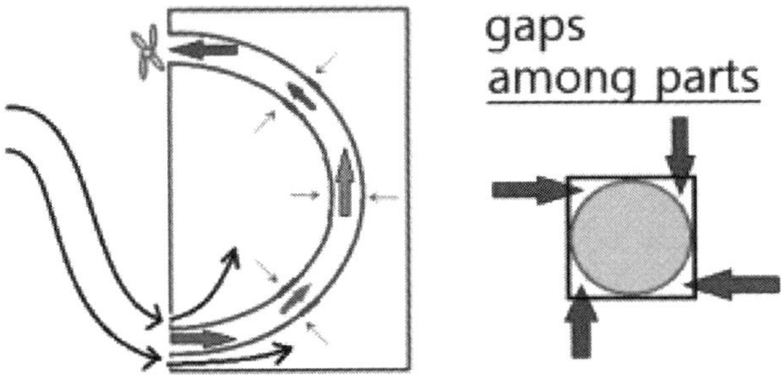

Case Fig. 1.18 Step Back from IFR-1

In order to make the cover of the X-element functioning well in IFR-1, we should seal all the punctures of the gaps among the parts.

Part 5. Applying of Knowledge Base

5.1. Applying standard solutions for inventive problem

This application adopted the Standard 1-2-1 on IFR-1 and IFR-2 in terms of space and time separation respectively.

5.2. Applying the problems-analogous = FOS

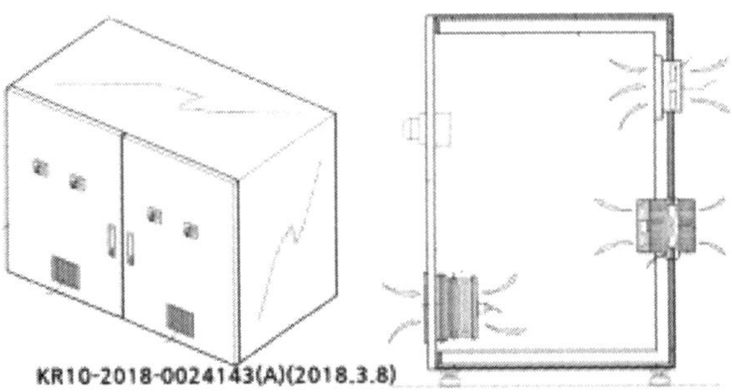

Case Fig. 1.19 Ventilating and Cooling System of Electric Field

In the web site "www.kipris.or.kr", we put the key words like "control and cooling and moisture and remove" at the column "AB(abstract)", and got the search results.

One of the results is the Korean patent publication number of 10-2018-0024143(A)(2018.03.08.), "A ventilating and cooling system of electric field."

However, the above KR 10-2018-0024143(A)(2018.03.08.) has complicated elements like the moisture filters consisting of carbon filters or Ammonia-X filters in a dehumidifier, which should bc dried alternatively or periodically, and so require higher initial and maintenance cost, ending up to be the opposite of the IFR principle. Accordingly, IFR-1 and IFR-2 have much better IFR efficiency than the above KR 10-2018-0024143(A)(2018.03.08.).

For the FOS(Function Oriented Search), including all the other technological fields, we put key words in the "free search(all the document)" column. In detailed specification 『object + verb』 is here and there written all over the document, and so free search(the whole document) with adjacent operators is required.

In the web site "www.kipris.or.kr", we put the key words like " moisture^3inflow^3(block-off or remove)" at the column "free search(all the document)", choosing one of S+V, V+S, V+O, O+V and S+V+O among the S(Subject) + V(Verb) + O(Object) format. ^3 is adjacent operator, meaning 3(at most) characters to be inserted between the key words. This adjacent operator easily represents the purposes or the effects of the inventions due to the spatial relatedness between the key words.

One of the above search results is the Korean patent number of KR 10-0443992(B1)(2004.08.12.), "Moisture Removing Apparatus." However, the above KR 10-0443992(B1)(2004.08.12.) has complicated elements like activated carbon filters, moisture sensors, fans and valves, which require higher manufacturing cost, ending up to be the opposite of the IFR principle.

Accordingly, IFR-1 and IFR-2 have much better IFR efficiency than the above KR 10-0443992(B1)(2004.08.12.).

In the web site "ep.espacenet.com", we click "Advanced search" and put the key words like "moisture block cooling" at the column "Title or Abstract", and got the search results.

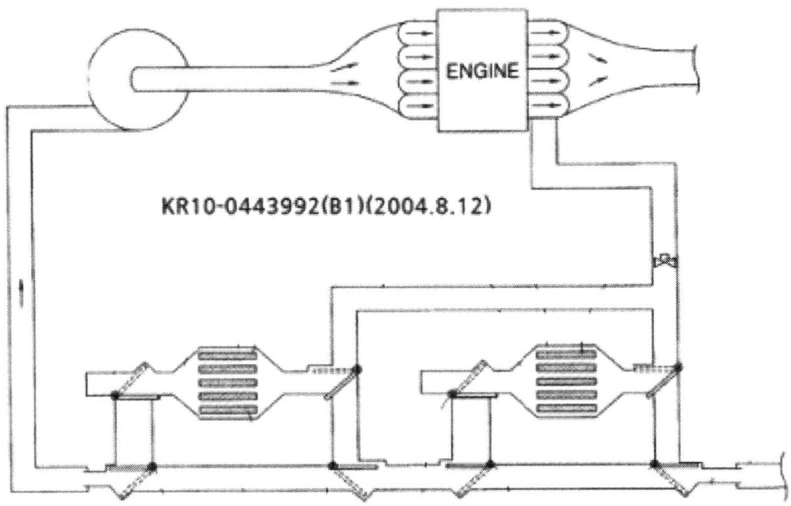

Case Fig. 1.20 Moisture Removing Apparatus

One of the results is the Chinese patent publication number of CN 206061328(U)(2017-03-29), "Novel electrical control cabinet."

However, the above CN 206061328(U)(2017-03-29) has complicated heating or cleaning elements and so require higher initial and maintenance cost, ending up to be the opposite of the IFR principle. Accordingly, IFR-1 and IFR-2 have much better IFR efficiency than the above CN 206061328(U)(2017-03-29).

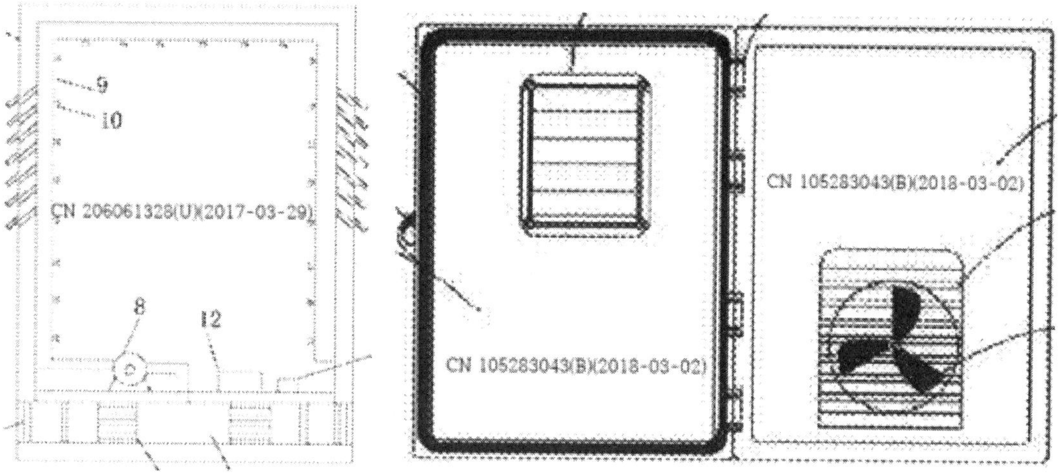

Case Fig. 1.21 Novel Electrical Control Cabinet

For the FOS(Function Oriented Search), including all the other technological fields, we put key words in the "Smart search" column.

In the web site "ep.espacenet.com", we put the key words like "moisture prox/distance〈3 block cooling" at the column "Smart search". prox/distance〈3 is adjacent operator, meaning 3(at most) characters to be inserted between the key words. This adjacent operator easily represents the purposes or the effects of the inventions due to the spatial relatedness between the key words.

One of the above search results is the Chinese patent number of CN 105283043(B)(2018-03-02), "Outdoor communication cabinet with good moisture-proof and radiating performance." However, the above CN 105283043(B)(2018-03-02) has complicated elements like cotton wool felts moisture-absorbing block and the filter net which require higher manufacturing cost, ending up to be the opposite of the IFR principle.

Accordingly, IFR-1 and IFR-2 have much better IFR efficiency than the above CN 105283043(B)(2018-03-02).

5.3. Applying the principles for the physical contradictions

To absorb heat in the inner control panels during the cooling process, the air flow is used. Fresh outer cold air works well. However, they come in together with rainy moisture in the summer rainy days, and the moisture in the air flow makes the electric circuits to be short-circuit.

It is proposed to surround the inward air flow by a long wrinkled flexible aluminum foil duct hose or to use the void top outro motor+fan. This hose or void motor+fan is located around the inner control panels. This hose or void motor+fan separates 『the moisture in the inward air flow』 and 『the surrounding air around the inner control panels』, meaning to separate conflicting properties in space or in time respectively.

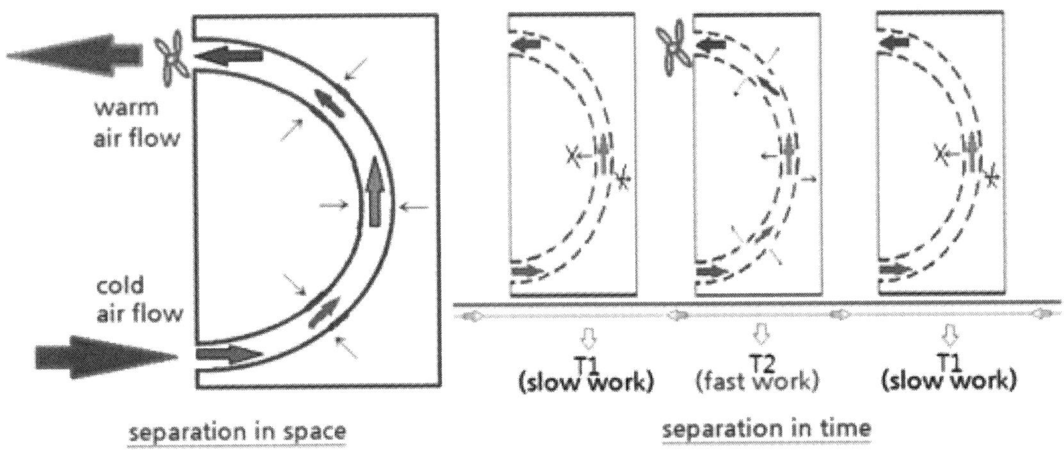

Case Fig. 1.22 Ideal Separation in Space or Time

The humidity-sensitive off-switch[CN2376669(Y)] can automatically distinguish T1 from T2, in order to implement the void motor+fan.

The compromised IFR-2(separation in time) could be implemented as follows. T1 and T2 alternatively reverse the air-flow direction and so, dehumidifying filters are dried by the warm air heated from the inner control panels. "dry+on" and "moisture absorbed" are dehumidifying filters.

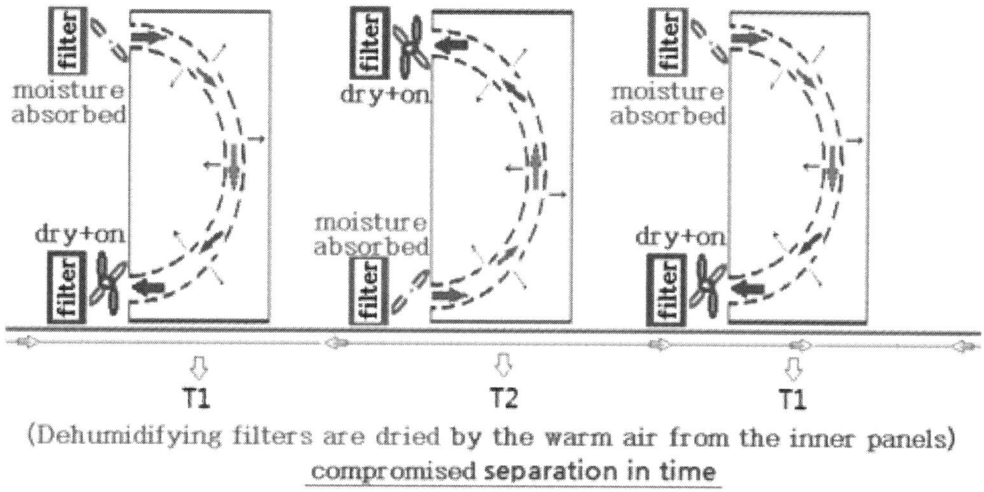

Case Fig. 1.23 Dehumidifying Filters Dried by the Warm Air Heated Inside

Part 6. Summary

To eliminate short-circuits of inner control panels in rainy days,

1) compromised separation in time could be applied,

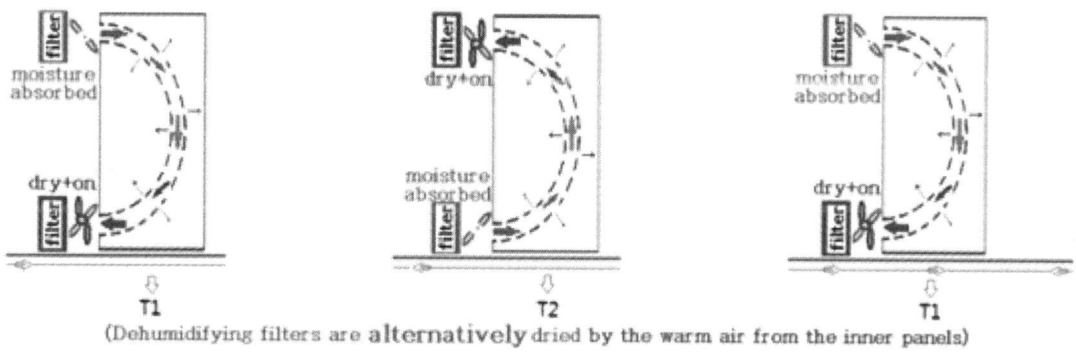

Case Fig. 1.24 Compromised Solution Compromised Separation in Time

2) but separation in space & separation in time are ideal solutions.

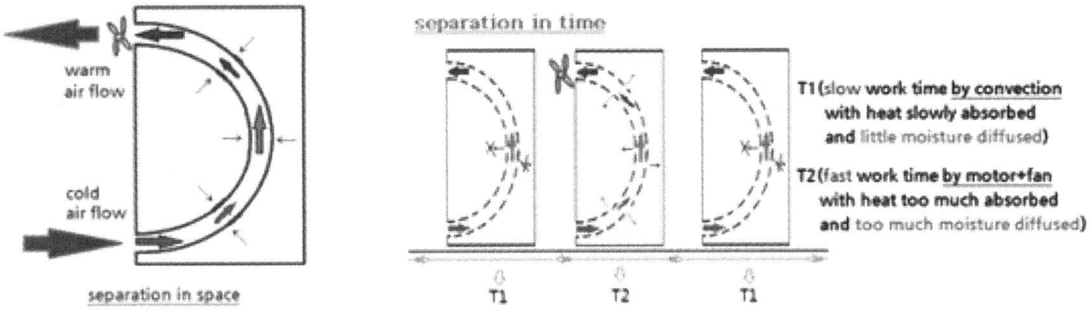

Case Fig. 4.25 Ideal Solutions - Separation in Space or Time

사례 2 Concept development to increase identification distance with RFID tag

Process of solution TRIZ problem

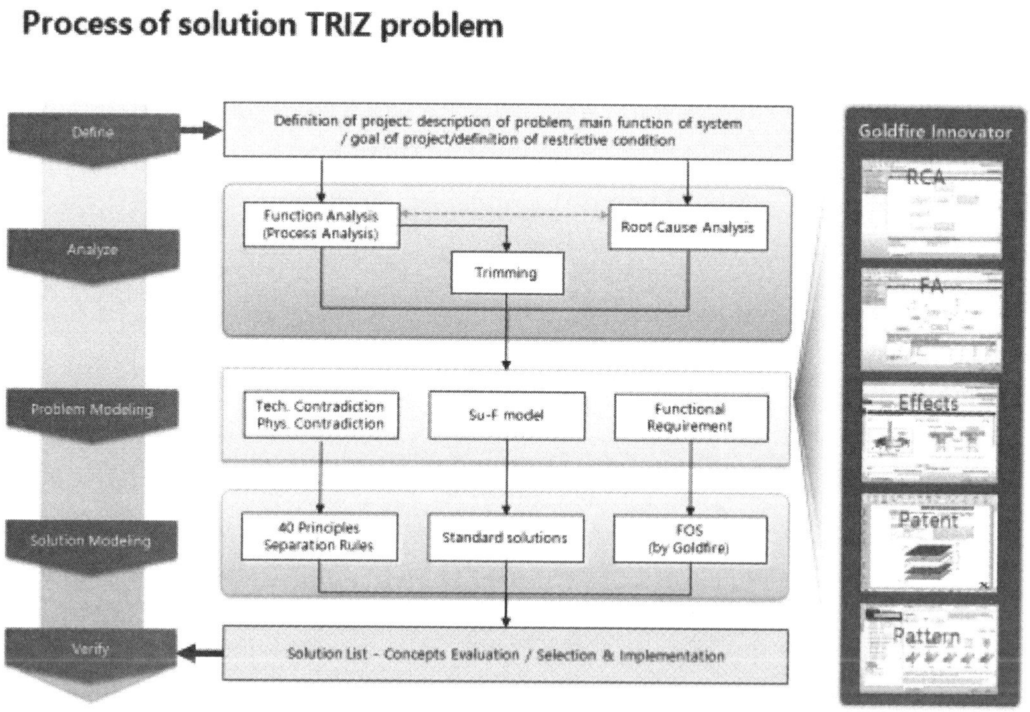

Definition of technical system and problems

0.1 Outline of technical system

- Common wire communication line(CWCL) is to install overhead wire, overhead weak current wire, overhead optical cable and so on at identical supporting structure. Here overhead weak current wire for power secure communication is exception.
- Current regulation

1. The installation of messenger wire permits upper and lower wire.
2. The number of permitted communication cable is following as:.

A.Total number of communication cable of distribution pole is within 12 wire.

B.The number of communication cable per messenger wire is within 6 wire.

C.Communication cable by business and application of use is within 2 wire.

D.Classifying application of use for communication cable : power communication, circuit lease, comprehensive cable television broadcasting and, cable community antenna television.

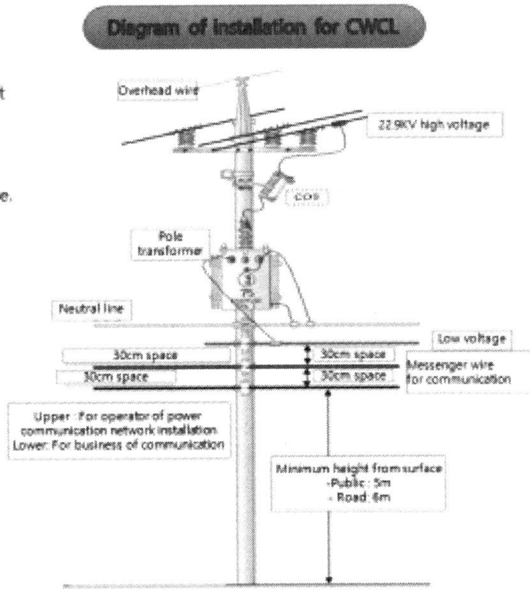

■ Principle of operating in technical system(Principle of operating of RFID)

① We stored information into IC chip of tag that organized by IC chip and antenna and it is attached at objection.

② The wireless frequency that launched through antenna of RFID reader contact tag through antenna of tag.

③ The tag response the wireless frequency and then the stored data in IC chip transfer to antenna of tag.

④ The antenna of tag modulates the data that received from IC chip as digital signal, check CRC, and transfer to RFID reader through antenna of RFID reader.

⑤ The RFID reader decodes the data and displays the data in LCD display

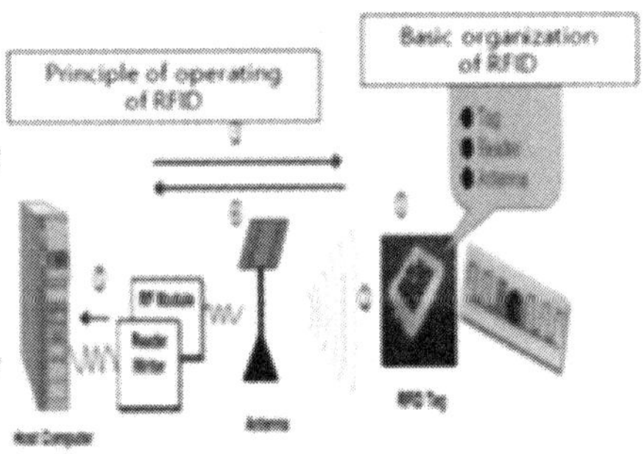

■ The method of wireless communication access of RFID tag are Inductive coupled method and electromagnetic wave method. The former use short distance within 1m to transmit and receive, and also use coil antenna. The tag always operates passively. It means that all energies are necessary to operate IC chip of tag receive from RFID reader. The latter use for mid and long distance, and also use high frequency antenna. It include battery to drive IC chip of tag.

- This project installs RFID tag at CWCO of electric pole, and a key value related CWCL is stored the IC chip of tag. The RFID reader sends the signal from antenna of RFID reader to antenna of RFID tag. Then key value in IC chip of tag will be transferred to RFID reader through antenna in RFID reader and tag.
- Typically, the identification of distance of the passive RFID tag is less than 3m.
- The problem is that when installing RFID tag in CWCL of the electric pole, distance of identification between RFID reader and tag have to be more than 7m. However, due to noise and electromagnetic wave, it is less than 3m.

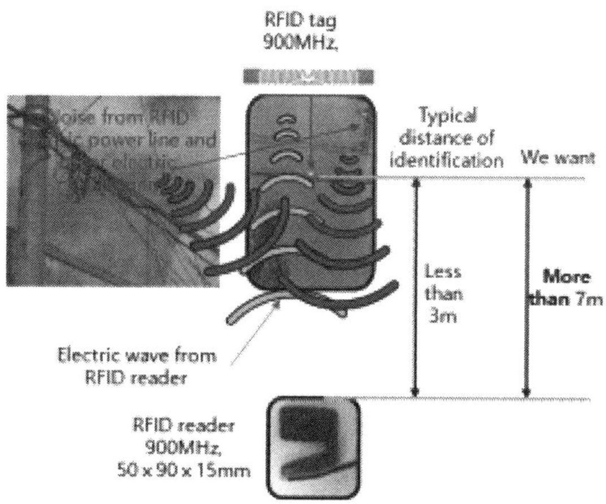

0.2 Happening problem

- The electromagnetic field caused by 22.9kV high voltage occurs in the upper stage of electric pole, and also unknown noise (electric wave) happens from buildings and other places. Therefore it affects the distance of identification of RFID read and tag.
- Typically, the distance of identification of RFID read and tag have physical limitation because RFID tag is passive type.
- Now a day, the RFID tag attached in CWCL with power line and electric pole is impossible to identify the information of RFID tag.

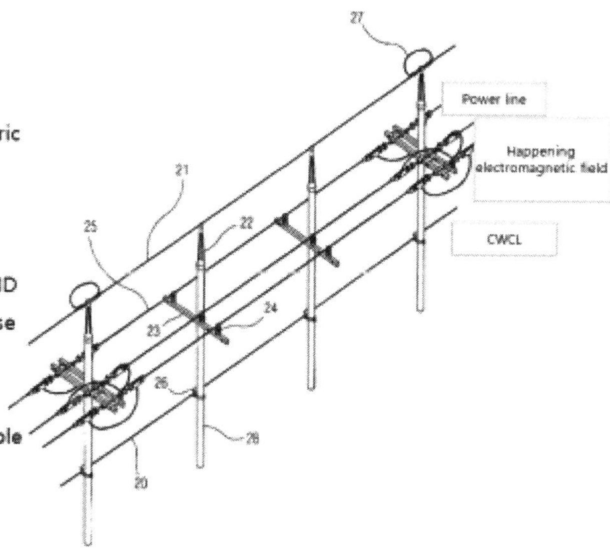

0.3 Reviewing previous solution

- The problem of electromagnetic field occurring from power line tries to use the shielding materials. However, there is no special performance in the case of using shielding materials.
- They increase the size and output power of RFID antenna or design the optimal antenna. However, in this case, the distance of identification increase within 50cm.
- There is no any patient information and enterprise information.

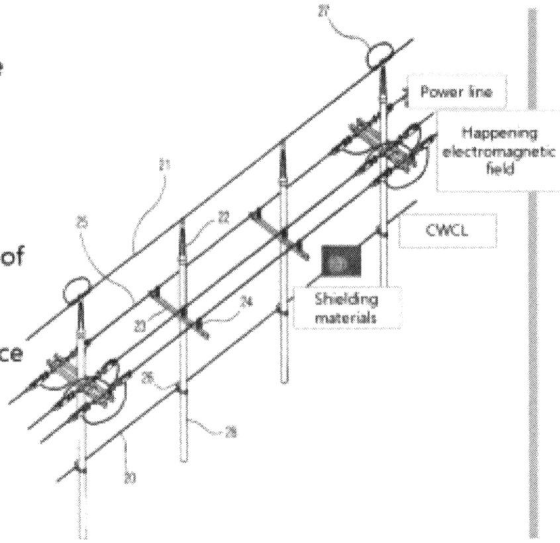

Analyzing the problem model

0.4 Function Analysis

0.4.1 Component Analysis

Component model

Super-system component	Electric and magnetic field(Target) Air Humidity 22.9kV power line Communication line Other electric equipment(smart phone, TV, radio, etc.) Noise
Engineering system	RFID reader RFID tag
System component	Antenna of RFID reader Battery of RFID reader Housing of RFID reader Antenna of RFID Tag IC chip of RFID Tag PE/PP materials

0.4.2 Interaction Analysis

RFID reader and tag	Electric and magnetic field	Air	Humidity	Power line	Communication line	Electric equipment	Noise	RFID Antenna	Tag antenna	Housing	Battery	IC chip	PE/PP material
Electric and magnetic field		+	+	+	+	+	+	+	+	+	+	+	+
Air			+	-	-	-	+	-	-	-	-	-	-
Humidity				+	+	+	+	+	+	-	-	-	-
Power line					+	+	+	+	+	-	-	+	-
Communication line						+	+	+	+	-	-	+	-
Electric equipment							+	+	+	-	-	+	-
Noise								+	+	-	-	+	-
RFID Antenna									+	-	+	+	-
Tag antenna										-	-	+	-
Housing											-	+	-
Battery												+	-
IC chip													-
PE/PP material													

0.4.3 Function modelling

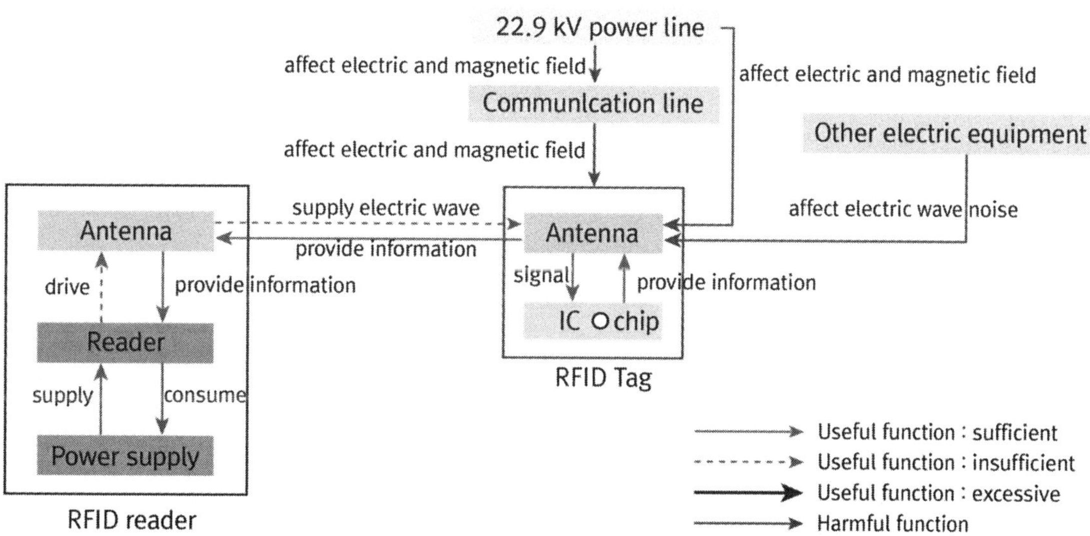

Analyzing the problem model

0.5 Root-Cause Analysis

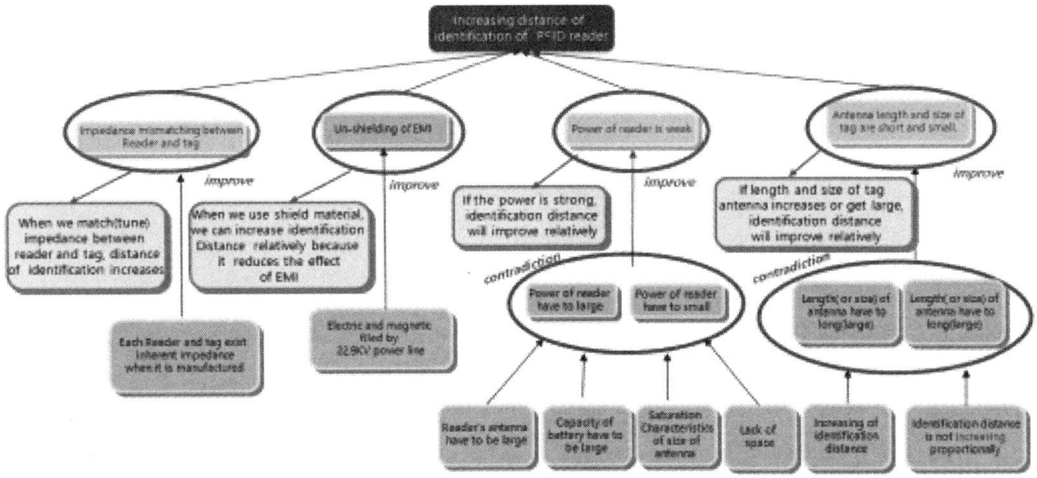

Analyzing the problem

1.1 Formulate the mini-problem

■ Designed CWML management technical system is composed by RFID reader, electrical wave, noise and RFID tag in order to perform the management of common wire communication line(CWML).

■ Main function: RFID reader identify information (key value) of RFID tag within band which attached in CWML of electrical pole.

■ TC-1: If antenna size of passive tag is large, then the distance of electric wave that is approaching from RFID reader to the tag will increase(+), but the entire size of antenna of passive tag will get large(-).

■ TC-2: : If antenna size of passive tag is small, then the entire size of passive tag will be small(+), but the distance of electric wave that is approaching in the tag will decrease(-).

■ Problems: The identification distance of passive RFID is less than 3[m] due to its inherent function. Therefore, we can not apply more than 50 dBm power of RFID since radio regulation law of Republic of Korea. We also can not make large size or length of passive RFID tag because of its saturation characteristics.

■ We improve the identification distance between RFID reader and passive RFID tag through minimum change of system.

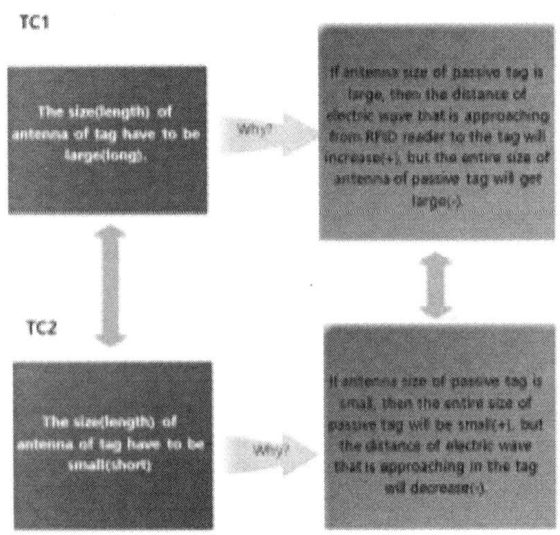

1.2 Define the conflicting elements

- Product: Power of reader(electric wave) of RFID , noise (external electric wave)
- Tool: RFID tag antenna (long length, large size or short length, small size)

1.3 Describe graphic models for technical contradiction

■ [TC1]- Passive RFID tag with long length or large size

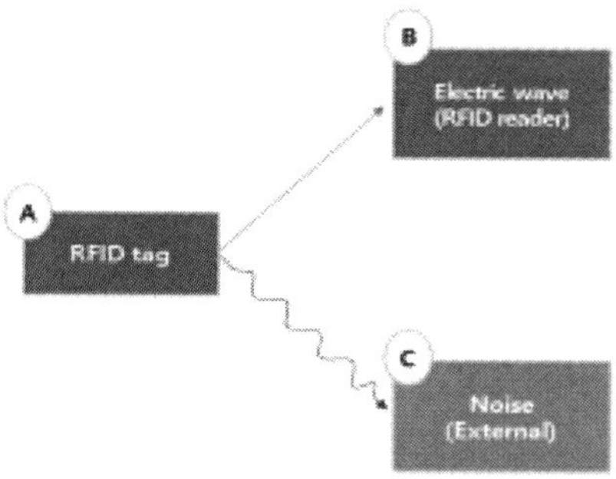

■ [TC2]- Passive RFID tag with short length or small size

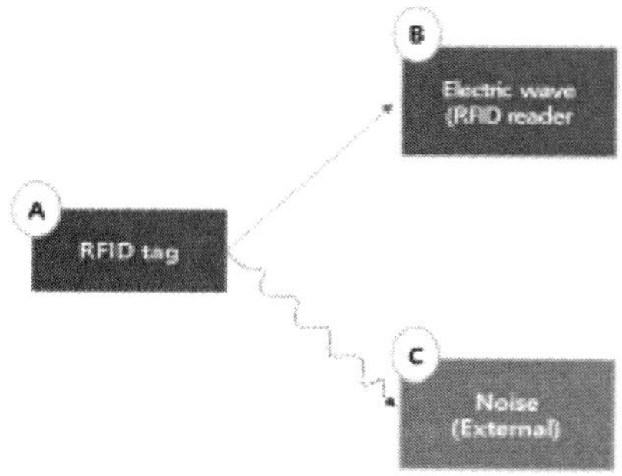

1.4 Select a graphic models for further analysis

■ [TC1]- Passive RFID tag with long length or large size

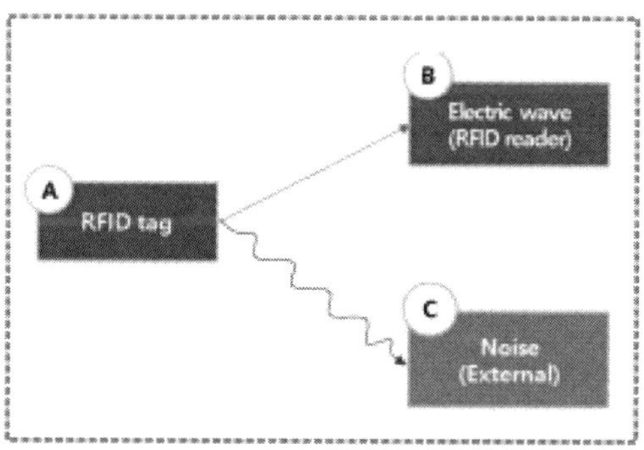

■ [TC2]- Passive RFID tag with short length or small size

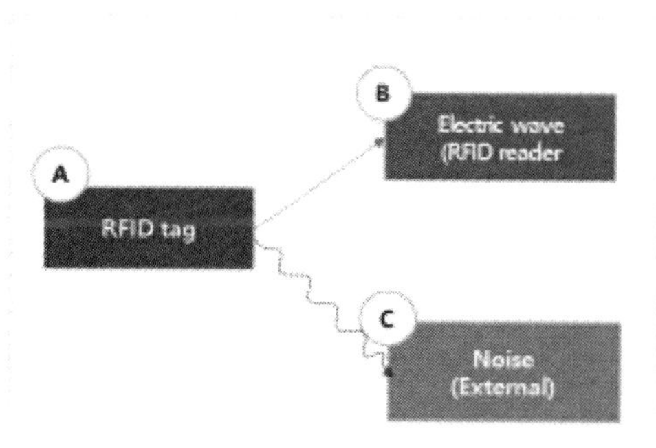

1.5 Intensify the conflict

■ [TC1]- Without passive RFID tag

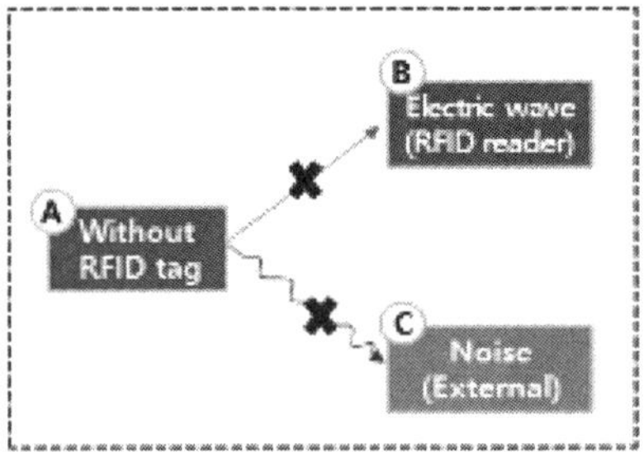

1.6 Describe the problem model

■ [TC1]- Without passive RFID tag

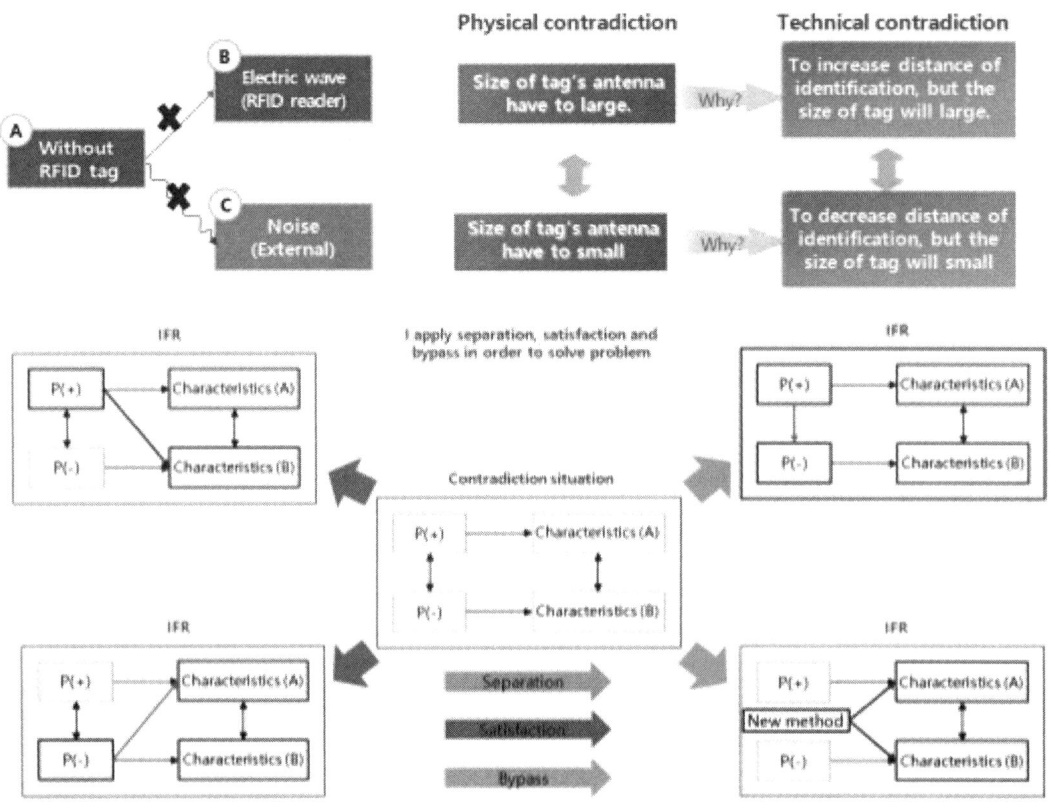

■ 1. Separation by space
- Is required conflicting two characteristics (P(+) , P(-)) in different space(area)? No
- Therefore, I review the separation by time.

■ 2. Separation by time
- Is required conflicting two characteristics (P(+) , P(-)) in different time? No
- Therefore, we review the separation by relationship of condition.
- Review the separation by time: I can not find reasonable solution even though I apply 40 principle of invention.

■ 3. Separation by relationship of condition
- Is required conflicting two characteristics (P(+) , P(-)) according to certain condition and relationship ? No
- Therefore, I review the separation by scale.

■ 4. Separation by relationship of condition
- Since conflicting two characteristics (P(+) , P(-)) is difficult to separate by space, and time. we review it by partial and entire separation. However, I can not find reasonable solution even though I apply 40 principle of invention.

■ 6. Satisfaction
- Since conflicting two characteristics (P(+) , P(-)) is difficult to separate partially and entirely by space,, I choose a condition of physical contradiction, then I review the idea that can satisfy requirement of the pair of weakening technical contraction.
- I review the idea of solution for 1 and 2 following as figure.

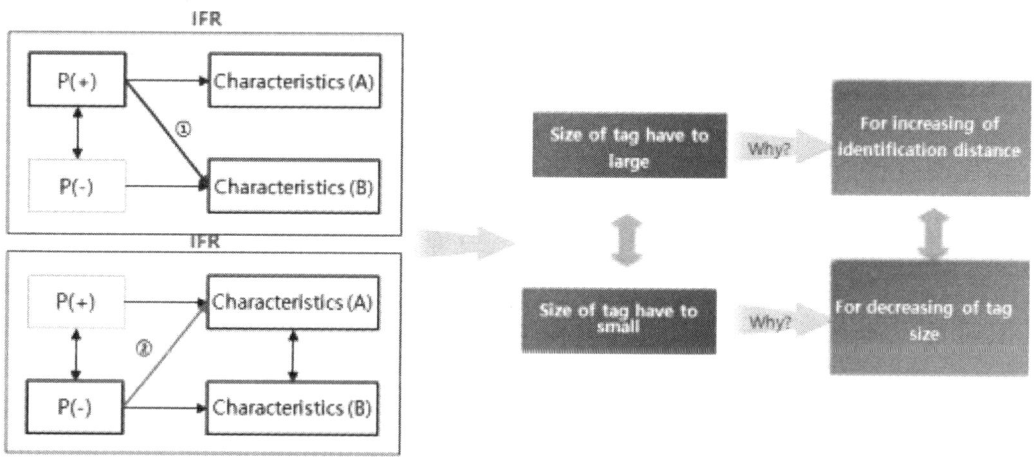

■ 6. Satisfaction
- ① case
• I review 1(segmentation), 7(nesting), 17(dimension change) from the principle of invent
- ② case
• I review 1(segmentation) from the principle of invent

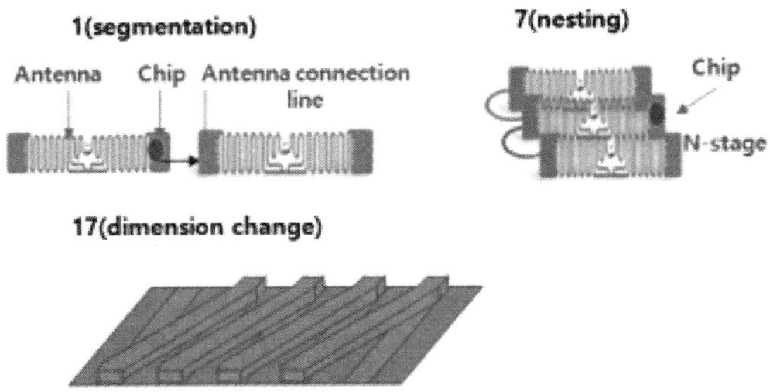

■ 7. Bypass

- ① case
- I review 1(segmentation), 7(nesting), 17(dimension change) from the principle of invent
- ② case
- I review 1(segmentation) from the principle of invent

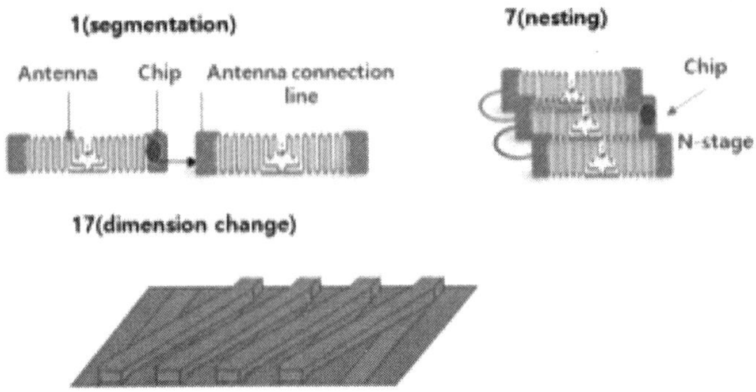

■ [TC1]- **Without** passive RFID tag

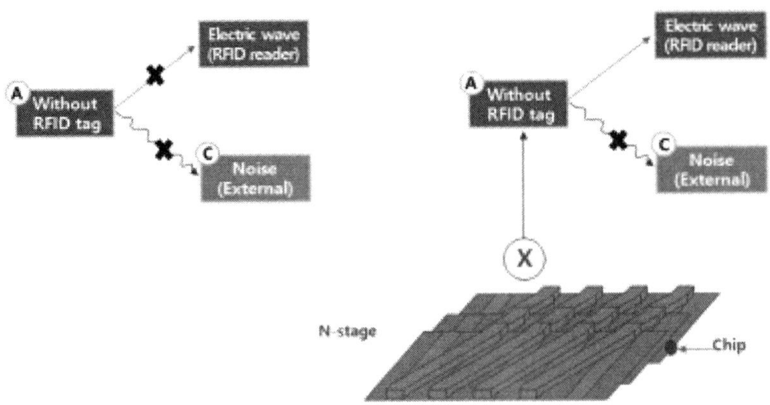

1.7 Apply the inventive standard

■ [TC1]- **Without** RFID reader

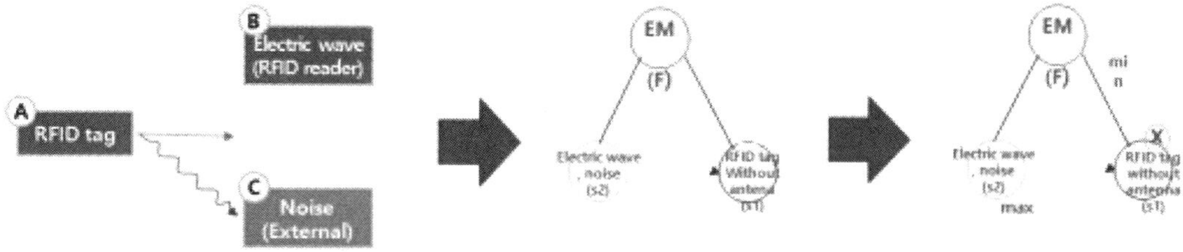

Situation of initial problem   Intensify the conflict   Apply standard solution (1-1-8-2)

Analyzing the problem model

2.1 Define the operational zone

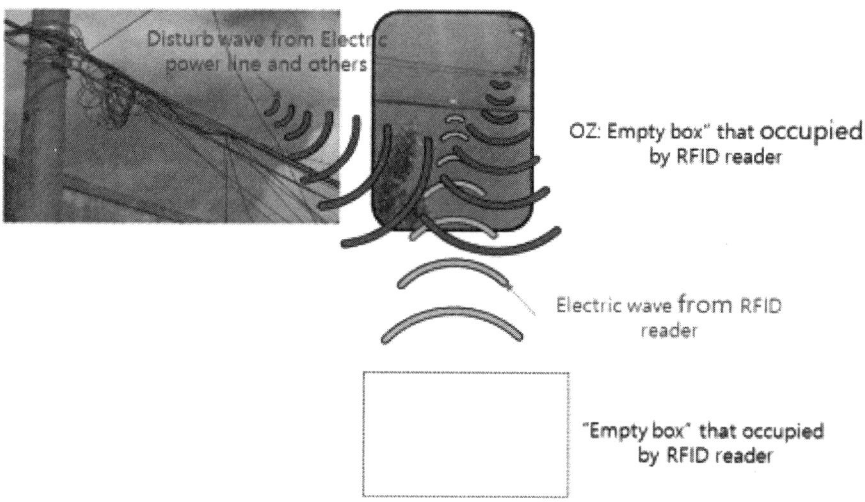

2.2 Define the operational time

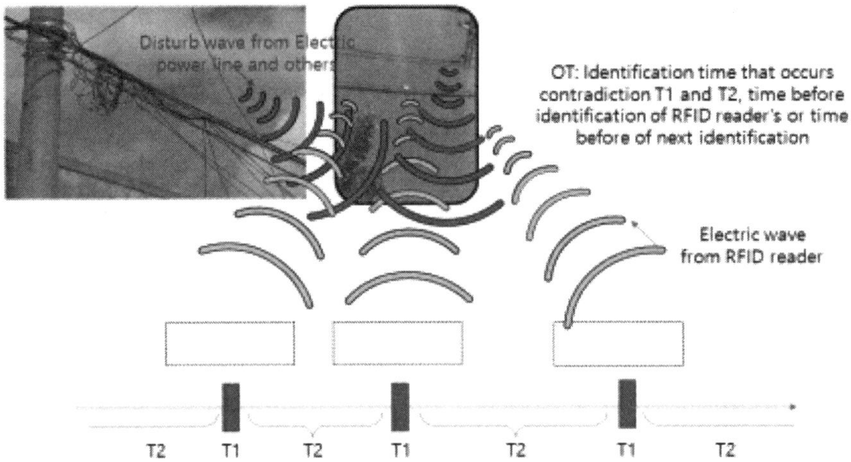

2.3 Define the substance – field resource(SFR)

1. SFR of internal system
 a) SFR of tool (Without RFID tag): Electric wave(Electric field)
 b) SFR of product (Power of RFID reader): Electric wave(Electric field), Noise(Electric field, Magnetic field)
2. SFR of surrounding environment that can acquire
 a) SFR of certainly provided environment by problem condition: air, wind, sunshine, cloud, electric and magnetic field
 b) Common SFR in almost all environment such as air, gravity field, water and so on : electric and magnetic field, gravity field
3. SFR of super system
 a) Unnecessary by-product that happening super-system: heat, wind
 b) Resource of very cheap super system that can ignore cost : structure of band

Classication	Read resource	Hidden resource	Derived resource
Tool 1	RFID tag antenna	Polypropylene, Polyimide, Copper foil, IC chip for information storage, Antenna material, tag material	Noise, Electromagnetic wave
object 1	RFID reader	Antenna materials, battery housing	
object 2	Electromagnetic wave shielding materials	Ferrite Materials, metal film	
object 3	Band	Band materials(PP, PE)	

Defining Ideal Final Result(IFR) and Physical Contradiction

3.1 Formulate IFR-1

X-element eliminates the thing that can not read RFID tag on the way of RFID reader is identifying T1 time or T2 time before RFID reader is identifying tag information without additional harm and to not make the complicated system in the empty space of RFID tag without antenna,
while RFID tag without antenna that keeps that it is not disturb receiving electric wave of antenna.

3.2 Intensify definition of IFR-1

RFID tag without antenna eliminates the thing that can not read RFID tag on the way of RIFID reader is identifying T1 time or T2 time before RFID reader is identifying (something) without additional harm and to not make complicated system in the empty space of RFID tag without antenna,
while RFID tag without antenna keeps that it is not disturb receiving electric wave of antenna.

3.2.1 Electric wave and noise(frequency bandwidth)
3.2.2 Air/band/sunshine/cloud/electric and magnetic field
3.2.3 RFID antenna materials
3.2.4 Battery
3.2.5 Housing of RFID reader
3.2.6 Ferrite materials
3.2.7 Metal film
3.2.8 Band materials

3.3 Identify the physical contradiction for macro-level

3.2.1 Electric wave and noise(frequency bandwidth)

RFID tag without antenna have to have narrow frequency bandwidth(magnitude) to block the noise on the way of RFID reader is identifying T1 time or T2 time before RFID reader is identifying information of RFID tag while RFID tag without antenna also have to have width frequency bandwidth to read RFID tag.

3.4 Identify the physical contradiction for macro-level

3.2.1 Electric wave and noise(frequency bandwidth)

In order to read RFID tag without antenna, wide frequency bandwidth have to exist(on the way), and in order to block noise, wide frequency should not have the existence (in the remain time)

3.5 Formulate IFR-2

3.2.1 Electric wave and noise(frequency bandwidth)

The frequency bandwidths in the RFID tag have to have wide bandwidth itself during RFID reader is reading and also have to have narrow bandwidth itself during RFID reader is not reading.

3.6 Apply the inventive standard to resolve physical contradiction

3.2.1 Electric wave and noise(frequency bandwidth)

I apply standard solution (1-1-8-2)

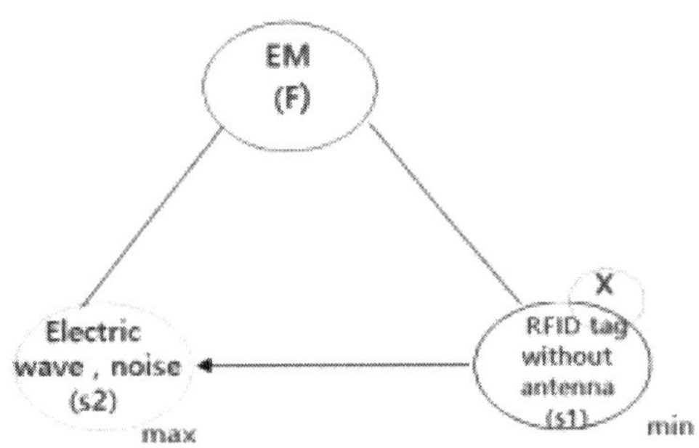

Mobilizing and utilizing of Substance-Field Resources

4.1 Simulation with the little creatures

3.2.1 Electric wave and noise(frequency bandwidth)

A. Contradiction situation
Because small people (electric wave and noise) around RFID tag take hand, (signal attenuation of electric wave and noise), the electric wave is difficult transfer to tag.

B. IFR-2
The frequency bandwidth around RFID tag separates electric wave and noise during RFID reader is identifying Information of RFID tag, the electric wave have wide frequency bandwidth itself, so we can transfer electric wave to tag.

C. The method of increasing the frequency bandwidth is to increase length of antenna of RFID tag.

Defining Ideal Final Result(IFR) and Physical Contradiction

3.3 Identify the physical contradiction for macro-level

3.2.6 Ferrite materials

On the way of RFID reader is identifying T1 time or T2 time before RFID reader is identifying, RFID tag without antenna have to shield the tag to block noise, while RFID tag without antenna also have to not have shield to read RFID tag.

3.4 Identify the physical contradiction for macro-level

3.2.6 Ferrite materials

In order to read RFID tag without antenna, shielding area should not exist (on the way), while in order to block noise, shielding area should not have the existence (in the remain time).

3.5 Formulate IFR-2

3.2.6 Ferrite materials

The shielding in the RFID tag have to have shielding area itself during RFID reader is reading and also have to not have shielding area itself during RFID reader is not reading.

3.6 Apply the inventive standard to resolve physical contradiction

3.2.6 Ferrite materials

I apply standard solution (1-2-1) .

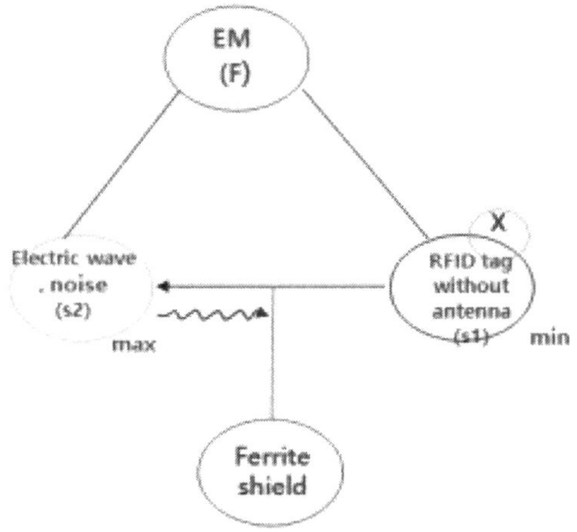

Mobilizing and utilizing of Substance-Field Resources

4.1 Simulation with the little creatures

3.2.6 Ferrite materials

A. Contradiction situation
Because small people (electric wave and noise) around RFID tag take hand (signal attenuation of electric wave and noise), the electric wave is difficult transfer into the tag.

B. IFR-2
When the shielding materials around RFID tag shield the noise during RFID reader is identifying information of RFID tag, we can transfer strong electric wave to tag.

C. The method of decreasing the shielding is to decreasing the strength of noise that approaches to the antenna of RFID tag.

Idea derive

- ✓ Contradiction: In order to increase distance of identification for RFID reader, power of reader is large, to reduce size or space of reader have to small.
- ✓ Applied principle of invention/separation: Extracting Solution: We assign one more external antenna to the outside of reader that have limitation of physical length.

	Concept	Characteristics
Previous	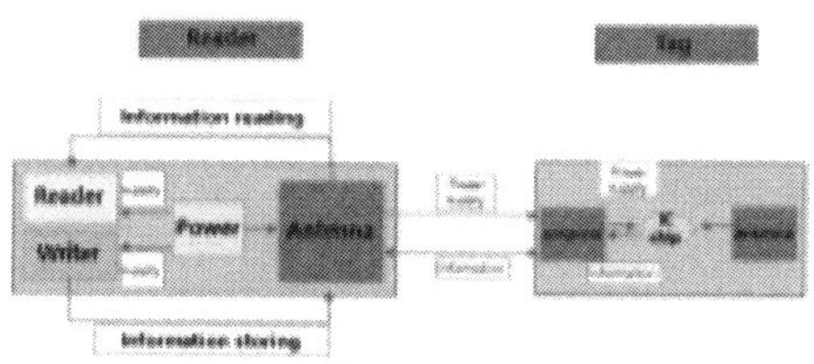	• Previous reader shows limitation of space and saturation characteristics due to antenna embedded into internal of RFID reader.
Proposed	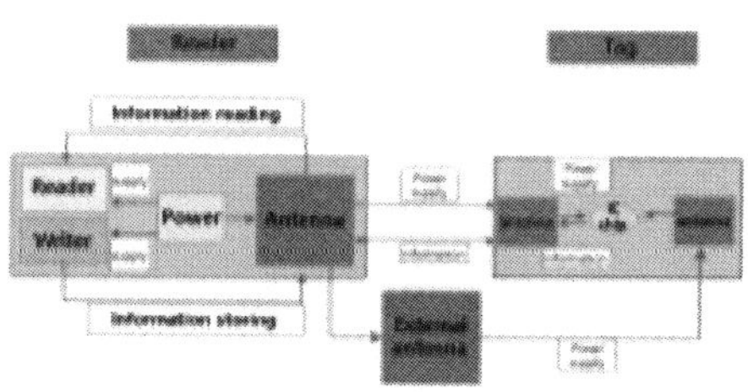	• We install one more external antenna except internal antenna of previous reader. In this case because it roles as a repeater, we can solve space problem and we can increase distance of identification at the same time.

1. Contradiction overcome(2)

✓ Contradiction: In order to increase distance of identification for RFID tag, length of tag's antenna have to long, to manufacture small size tag, length of tag's antenna have to short
✓ Applied principle of invention/separation: segmentation, nesting dimension change
✓ Solution: We apply segmentation, nesting and dimension changing to tag that have limitation of physical length

Concept | **Characteristics**

Previous

- Previous RFID tag shows limitation to increase length of RFID tag

Proposed

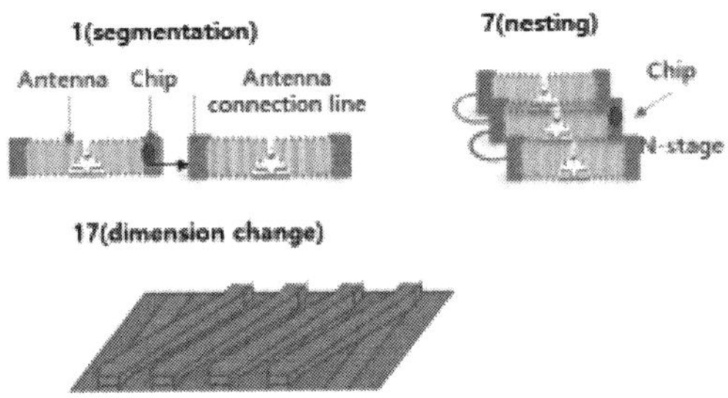

- We separate horizontal segment in the RFID tag, then we connect antenna of RFID tag by connection wire between segment RFID tag. We also apply nesting and dimension changing. As a result, we can increase the length of antenna of tag

2. FOS

✓ I search : (RFID OR antenna) AND (increase OR large OR nesting OR dimension change)
✓ Solution : I found the solution nesting and dimension change

Concept | **Characteristics**

Previous

Proposed

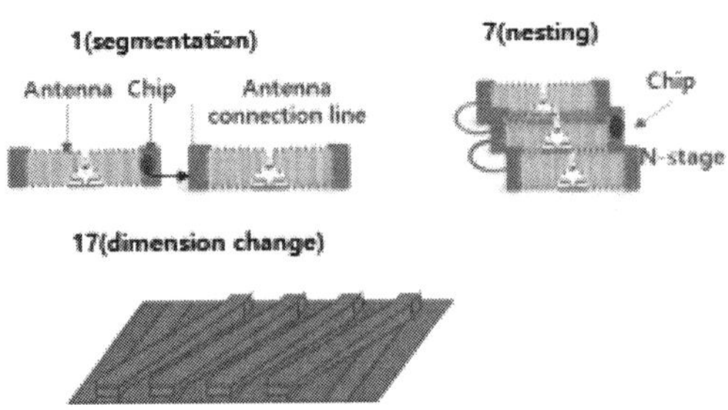

- The length of tag's antenna is increased by connection line

3. Standard solution(1)

✓Applied standard solution: 1-1-8-2
✓Solution : The frequency bandwidths in the RFID tag have to have wide bandwidth itself during RFID reader is reading and also have to have narrow bandwidth itself during RFID reader is not reading.

	Concept	Characteristics
Previous		
Proposed	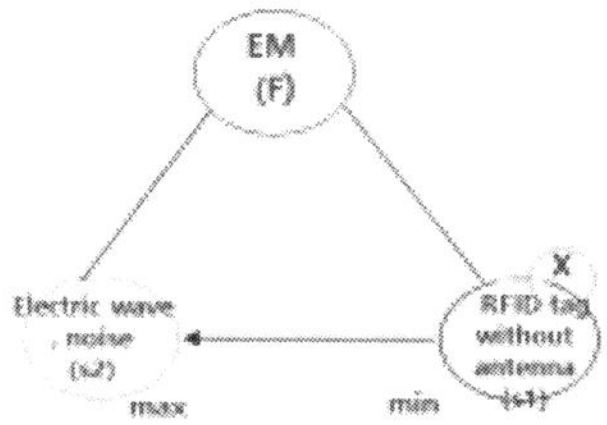	The frequency bandwidths in the RFID tag have to have wide bandwidth itself during RFID reader is reading and also have to have narrow bandwidth itself during RFID reader is not reading.

3. Standard solution(2)

✓Applied standard solution: 1-2-1
✓Solution : The shielding in the RFID tag have to have shielding area itself during RFID reader is reading and also have to not have shielding area itself during RFID reader is not reading.

	Concept	Characteristics
Previous		
Proposed	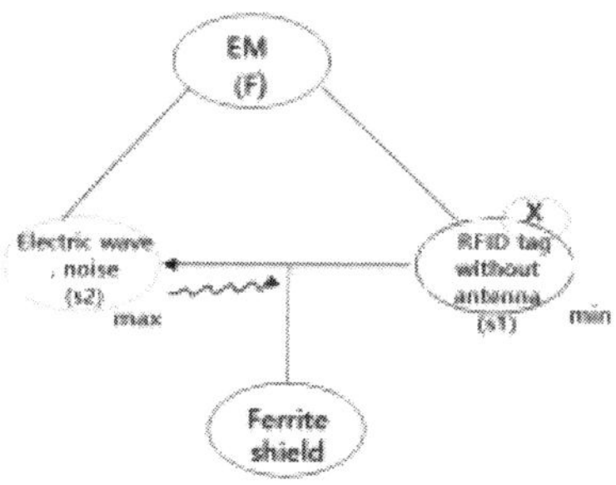	The shielding in the RFID tag have to have shielding area itself during RFID reader is reading and also have to not have shielding area itself during RFID reader is not reading

Final solution

■ Selected final solution
We separate horizontal segment of the RFID tag, then we connect antenna of RFID by connection wire between segment RFID tag. We also apply nesting and dimension changing. As a result, we can increase the length of antenna of tag.

1(segmentation)

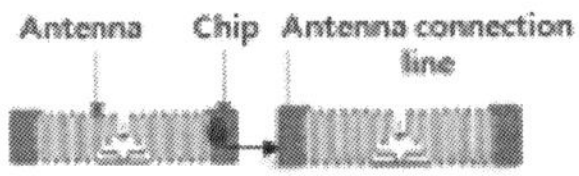

7(nesting)

■ Applying plan
We apply and design sticker and metal type tag, the we also apply in CWCL of electric pole

17(dimension change)

■ Expected effect
As improvement of distance of identification, we can confirm more than 7m of distance for the identification even though electromagnetic field exist around RFID tag. As a result, application will be wider.

사례 3 Taint-free Toilet Seat from Men's Urine

Preface

Men and women use the same toilet system at home for moving bowls or urine out. But toilet seat is not necessary for men's peeing.

Case 3 Fig.0-1
Men's peeing without getting up the seat

Men pee standing up without getting up the seat. So they make taint on the seat with firstly deviating or secondly jumping urine.

Case 3 Fig.0-2
Women's sitting down on the same system

Women use the same system sitting down on the seat. So they have to use the system under tainted after men peed.

Therefore, there are so many disputes between man and woman in the family about whether man has to get up the seat before peeing or woman has to get down before sitting on.

10 components are detected through component analysis for analyzing the problems. 10 components are as follows :

Case 3. Table 0-1. Component Analysis

System Level	Components
Super System	Men
	Men's Urine
	Women
	Toilet Bowl
	Toilet Water
	Toilet Button
	Toilet Cover
Engineering System	Toilet Seat
System Component	Upper side
	Down Side

The interaction matrix of the component analysis is as follows :

Case 3. Table 0-2. Interaction Matrix

	Men	Men's Urine	Women	Toilet Bowl	Toilet Water	Toilet Button	Toilet Cover	Toilet Seat	Upper Side	Down Side
Men		+				+		+		
Men's Urine	+		+	+	+		+	+	+	+
Women		+			+	+		+	+	
Toilet Bowl		+			+			+		+
Toilet Water		+	+	+				+	+	+
Toilet Button	+		+							
Toilet Cover		+						+	+	
Toilet Seat	+	+	+	+	+		+			
Upper Side		+	+		+		+			
Down Side		+		+	+					

If there is "+" on the table, it means to be some interaction between the component in the row and the column, but if there is blank on the table, it means to be out of interaction between two items.

The interaction between components are functionally diagramed as follows :

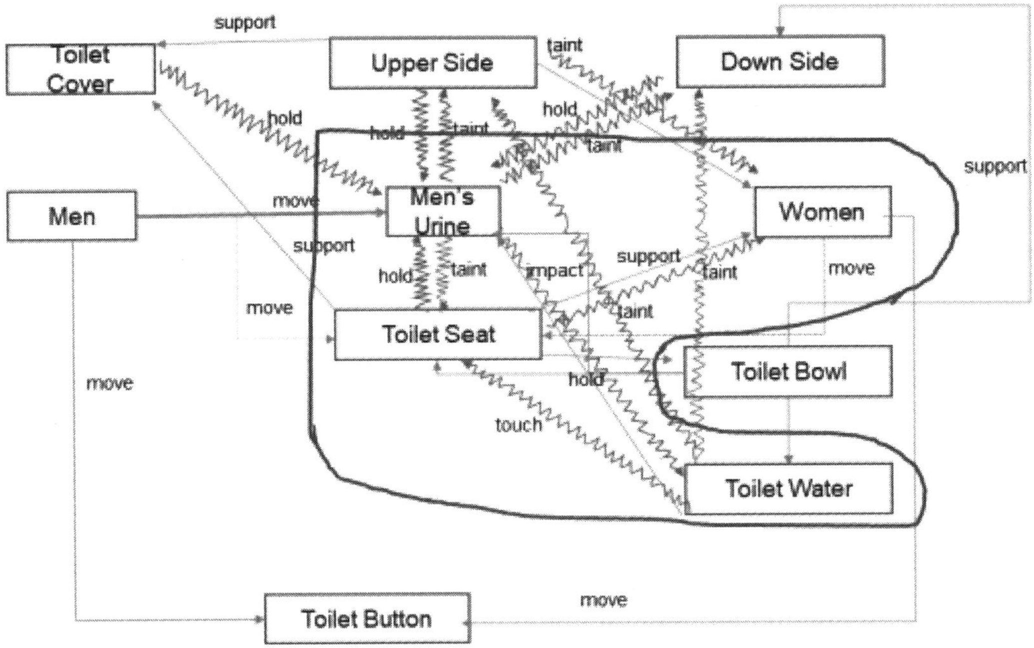

Case 3. Figure 0-3. Function model

*Diagram legends :

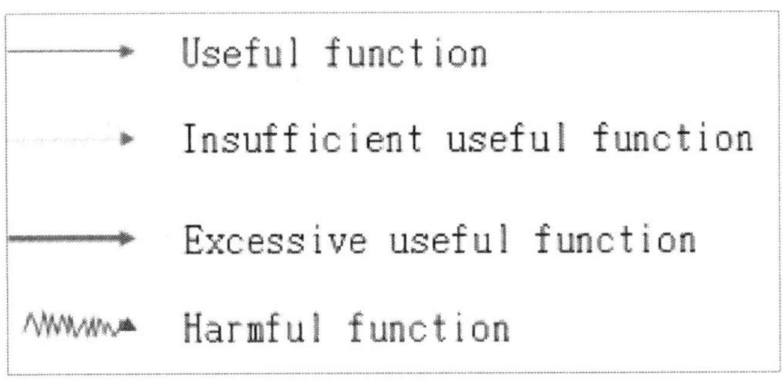

We can draw 2 problems in this system from the above 'Fuction model'.

① Problem 1 : Men's urine contaminates directly toilet seat from men and secondly sticks to women.

② Problem 2 : Men's urine powerfully impacts toilet water, stains toilet seat together with water, and lastly sticks to women indirectly.

If we could ignore 'upper side' and 'down side' as components of its inner system, the above diagram can be focused as the inside of red line, and 'toilet cover' doesn't impacts men or women directly.

Two root causes about 'Why women tainted with men's urine?' are derived from 'Root Cause Analysis(RCA)'.

① Because of 'wide toilet seat', it could be tainted with men's leaking urine.

② And Because of height of men's peeing stance, men's urine could be dropped strongly, and rebounded urine from water could be tainted with toilet seat.

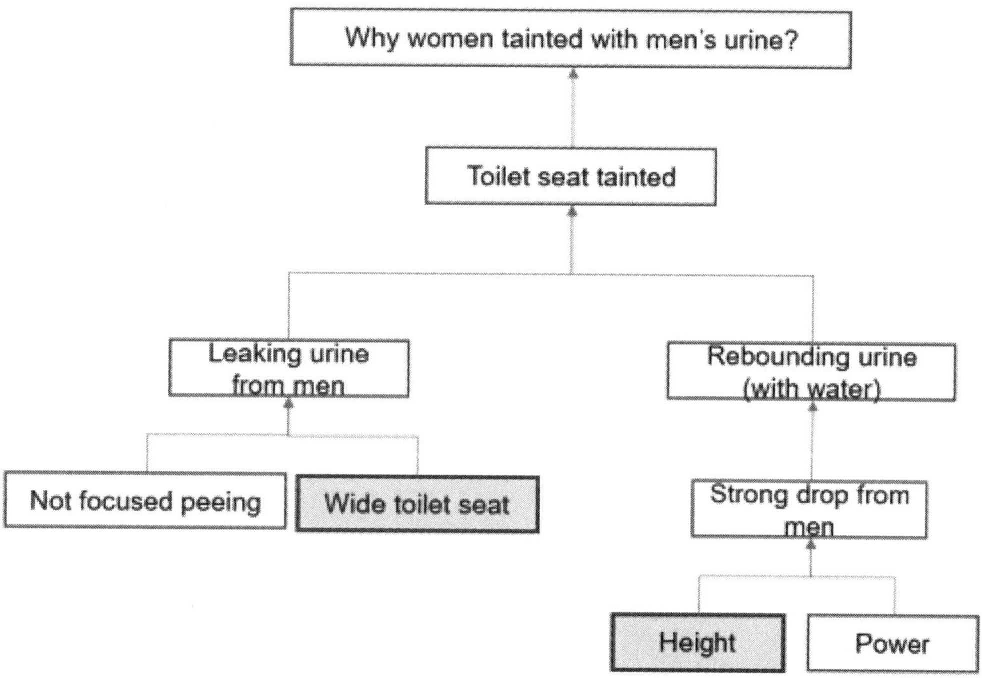

Case 3. Figure 0-4. Root Cause Analysis

Contradictions

From "wide toilet seat' in RCA' technical contradictions are defined as follows :

TC-1 : If toilet seat is wide, then it could support woman easily, but it could also taint her and men could not feel free from urine-leaking of the system.

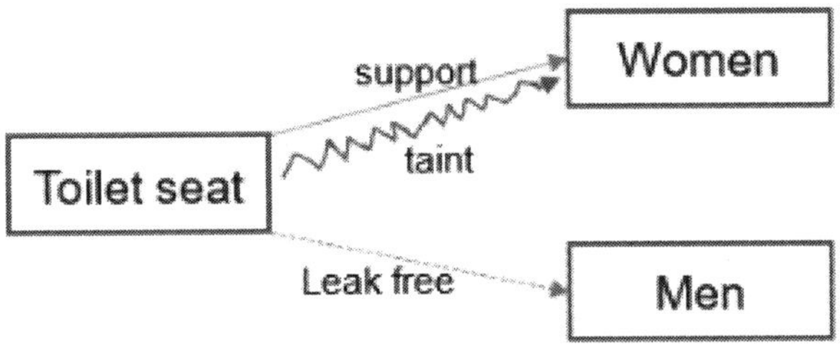

Case 3 Fiqure 0-5 Technical Contradiction for 'wide toilet seat'

TC-2 : If toilet seat is narrow, then woman is not tainted from the system and man could feel free from urine-leaking of the system, but it could not support woman easily.

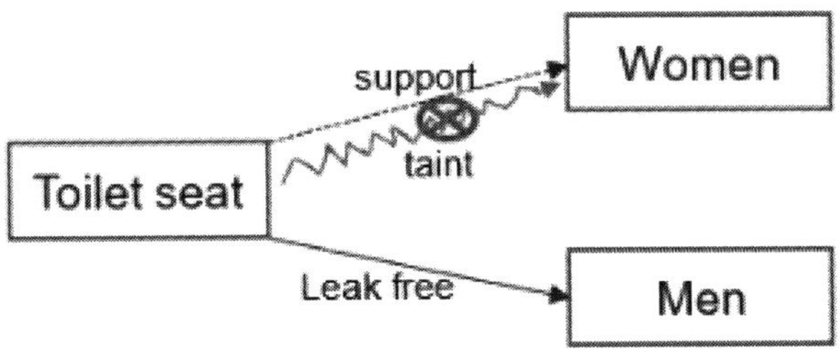

Case 3 Fiqure 0-6 Technical Contradiction for 'narrow toilet seat'

And then from 'height in RCA', technical contradictions are defined as follows :

TC-1 : If a man is peeing highly with standing stance, then urine could depart easily from him, but also urine could taint easily with toilet seat.

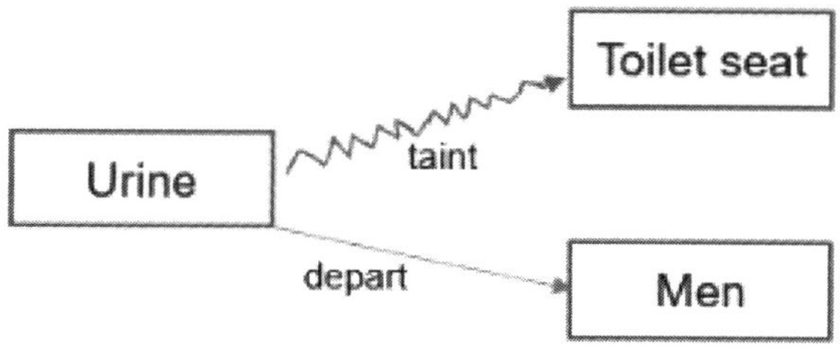

Case 3 Figure 0-7 Technical contradiction for 'high(standing pee)'

TC-2 : If men are peeing to sit on the seat, then urine does not taint toilet seat, but urine does not depart from men easily, so they usually hesitate to do.

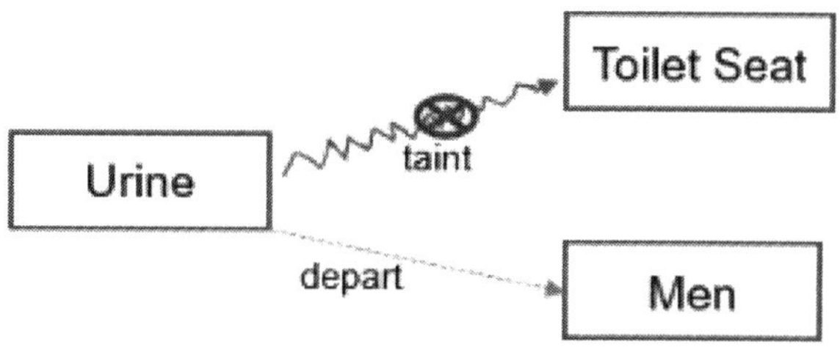

Case 3 Figure 0-8 Technical contradiction for 'low(sit on the seat)'

And also in the above mentioned function model(figure 0-3. Function model), 'men' is ruled out of this model. So we exclude this second technical contradiction for 'low(sit on the seat)' in this project as an uncontrollable factor.

Ideal Final Result

So as to achieve supporting and taint-free function for women, and leak-free function for men, toilet seat should be wide and narrow simultaneously. It is physically contradicted.

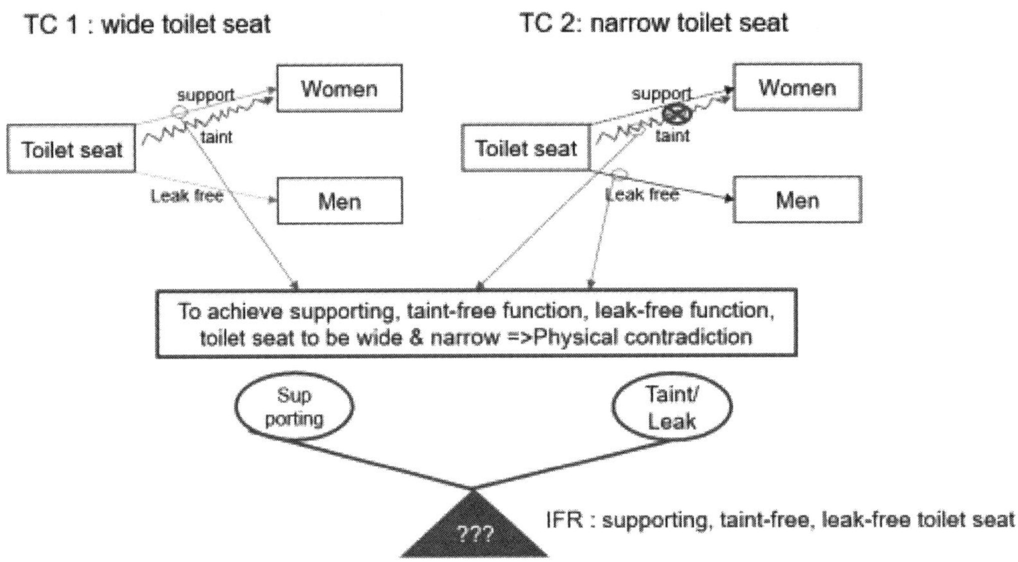

Case 3 Figure 0-9 Ideal Final Result for 'toilet seat'

At this point we can draw an analogy the solution through the 'separation principle in time' of physical contradiction.

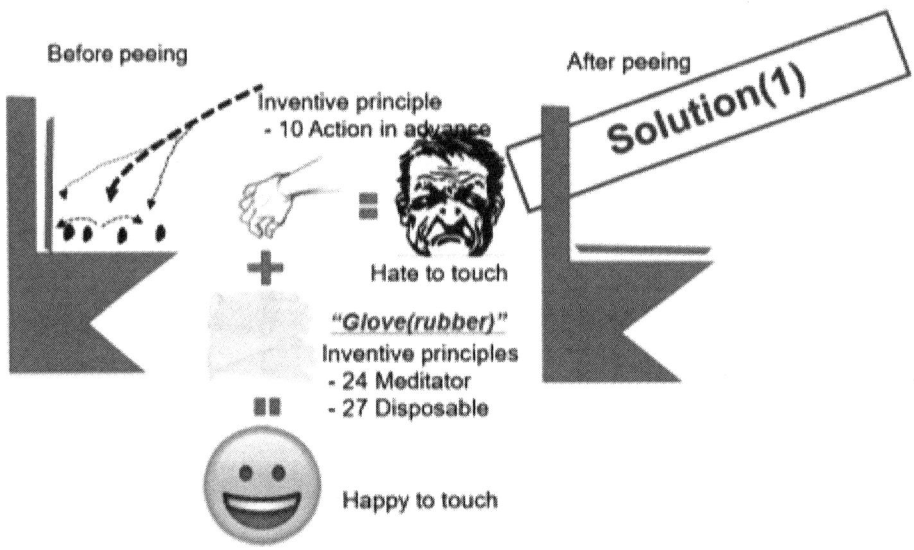

Case 3 Figure 0-10 Solution(1) - 'a glove(rubber)'

When men feel to touch the toilet seat with a bare hand to get the toilet seat up, they can use a disposable 'glove with rubber' to do before peeing for seat-less peeing, and get it down after peeing for women.

There are three 'inventive principles' applied to this solution :

- Inventive principle 10 : Action in advance
- Inventive principle 24 : Meditator or Intermediary
- Inventive principle 27 : Disposable

Even though men are using a disposable glove, they can hate to touch the tainted seat with hand. If we can use a 'pedal button' to get the toilet seat up, they can feel happily to do.

We applied inventive principle 10 'action in advance' and looked up some similar function in web-site with words of 'get up, lift, toilet seat, etc'.

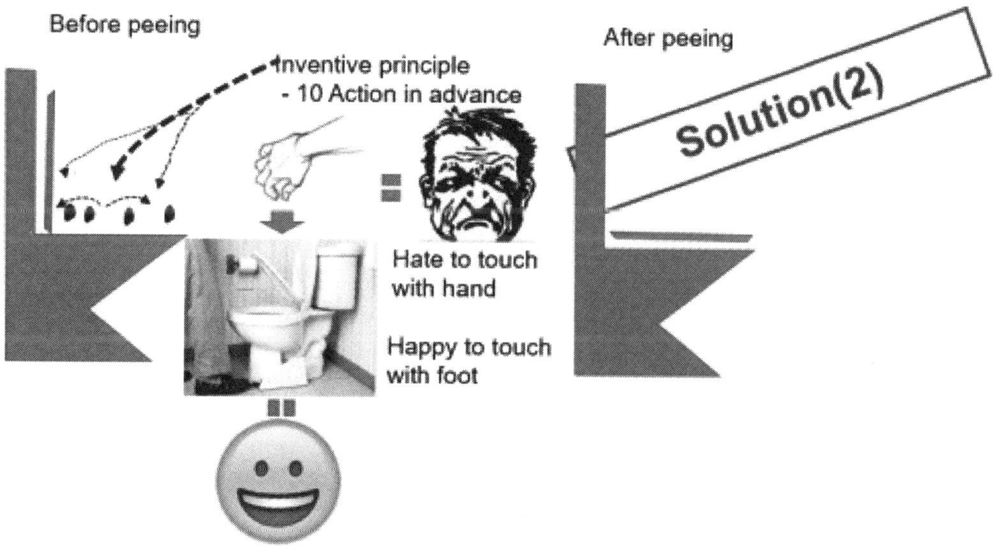

Case 3 Figure 0-11 Solution(2) - 'pedal button'

ARIZ Part 1. Analyzing the problem

1.1 Formulate the mini-problem

For [biological purpose] [toilet] engineering system consists of [toilet seat, men, women, men's urine, toilet water]

TC-1 : If toilet seat is narrow, then it's not nearly tainted with men's urine and toilet water, but also it's not easy to support women's sitting posture.

TC-2 : If toilet seat is wide, then it's easy to support women's sitting posture, but it's tainted well with men's urine.

With the least change of the system, we want for women not to be tainted from men's urine and toilet water

Case 3 Figure 1-1 Ideal Final Result

How about optimizing for toilet seat size at this point so as to avoid the technical contradiction? How can we avoid to arrive at the conclusion that the system change can satisfy nobody?

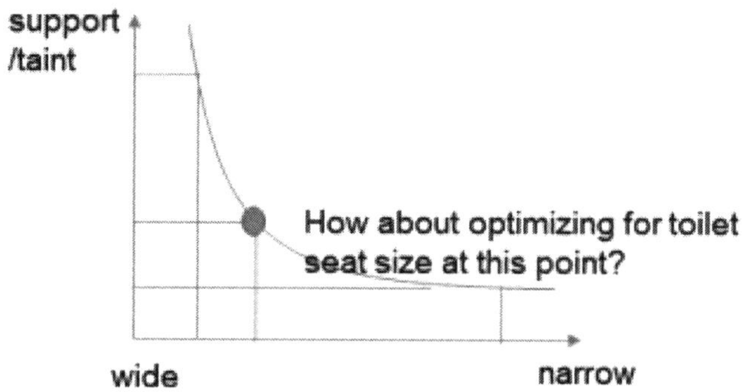

Case 3 Figure 1-2 Optimizing Concept of TC

1.2 Define the conflicting elements

At the above 1.1 step the conflicting elements are as follows :

- Product : Men and Women
- Tool : Toilet seat

1.3 Describe graphic models for technical contradiction

Graphic models for technical contradiction are as follows :

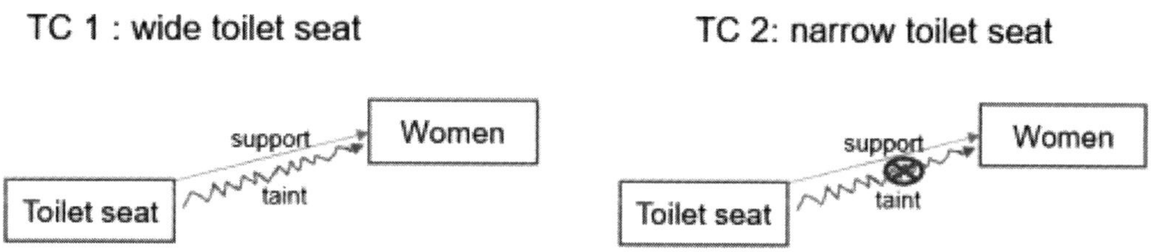

Case 3 Figure 1-3 Graphic models for technical contradiction

If perfectly narrow toilet seat can be designed, leak free for men can be achieved automatically. So 'leak free for men' contradiction is removed from the above diagram.

1.4 Select a graphic model for further analysis

TC 2 is selected as main function of untainting toilet seat

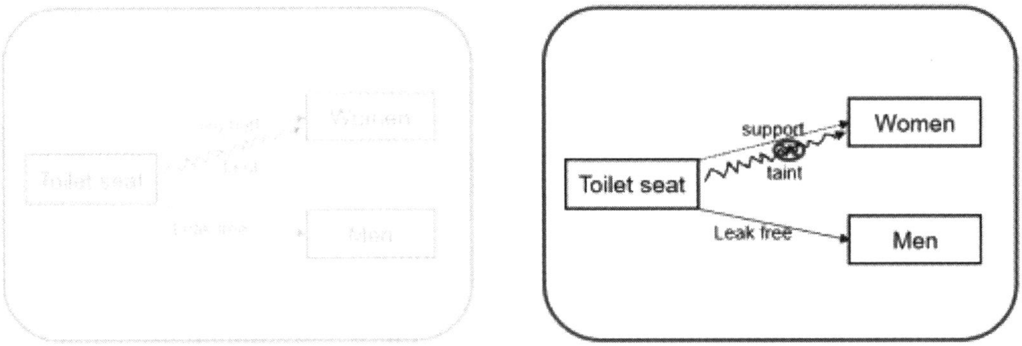

Case 3 Figure 1-4 Select a graphic model for further analysis

1.5 Intensify the conflict

We can design this system without seat(seat-less system) to intensify the conflict. So then we can eliminate the harmful function from this system.

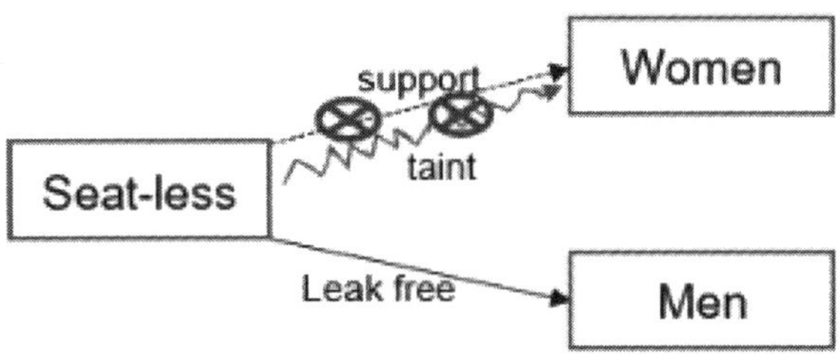

Case 3 Figure 1-5 Intensify the conflict

1.6 Describe the problem model

- Intensified conflicts : seatless toilet seat and women supporting function
- Define the intensified contradiction : seatless toilet seat does not taint women and does not support women
- Role of x-factor : x-factor does not taint women and also can support women.

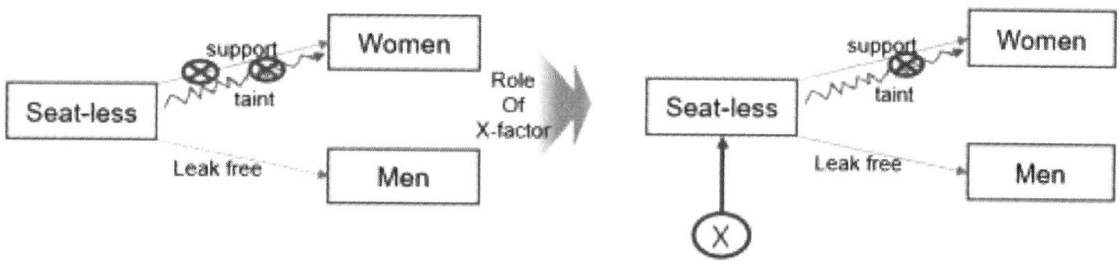

Case 3 Figure 1-6 Problem model

1.7 Apply the inventive standards

At this stage we can apply the inventive standards 1.1.3 new material from outside as a substitution-x for S1.

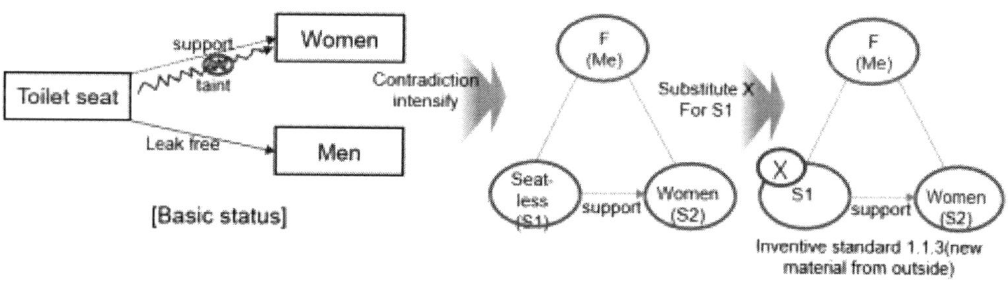

Case 3 Figure 1-7 substitution for S1

Therefore we could find an insight from hammock that is supportable and movable as they want. The 'Function oriented search' methodology was applied as follows :

Case 3 Table 1-1 Function oriented search for x

	S	V	O
Bask	Seat	support	women
		float	ship
		hold	glass
		받치다	chair
		밀다	rope
		push	
		grasp	
		stay	
		정지하다	
		공중부양	
		매달다	
		걸다	
		지지하다	
		hang	

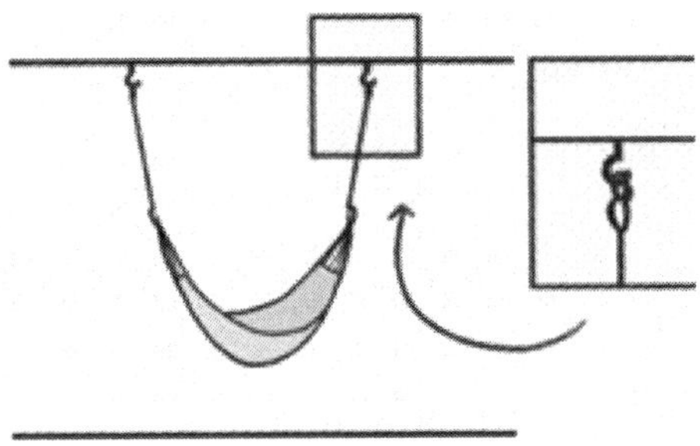

Case 3. Figure 1-8 Hammock from google search

We could design a "movable and hung rope chair" as the third solution to be able to support women when easily tainting toilet seat is not necessary and able to eliminate seat with movable and hung rope chair. A movable and hung chair is taint-free for men and easy to support women's needs.

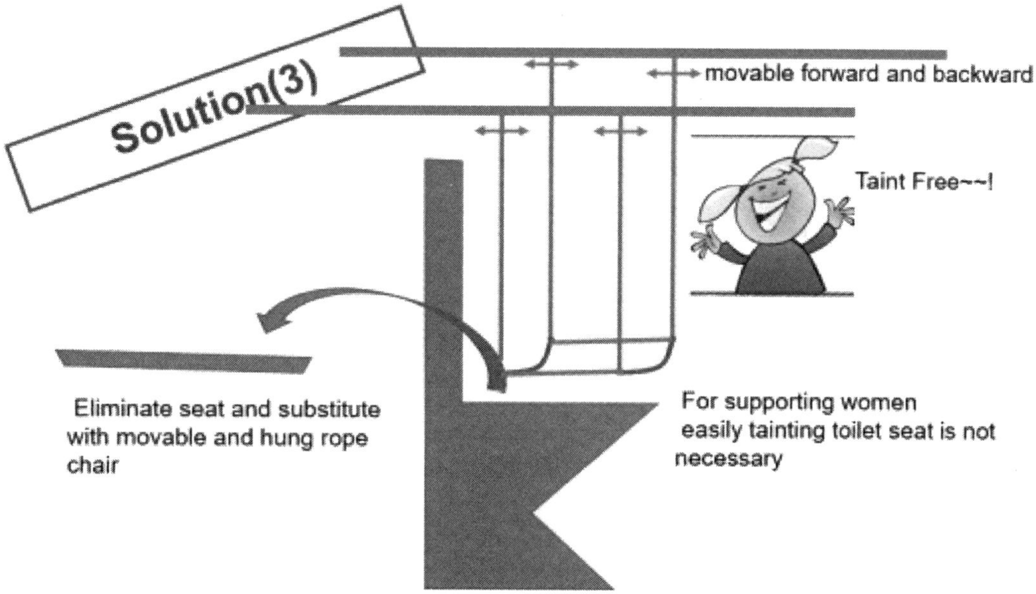

Case 3 Figure 1-9 Solution(3) - 'movable and hung rope chair'

If we apply seat-less toilet seat from the intensified contradiction, then it doesn't taint women, but also it can't support women. Then if we move forward to multi-transition field, we can devide to separate substance field model as follows :

- when we apply taint/water-less field, it doesn't taint seat
- when we apply seat field, it can support women

At this point inventive standards 2.1.1 transition to chain su-field is applied.

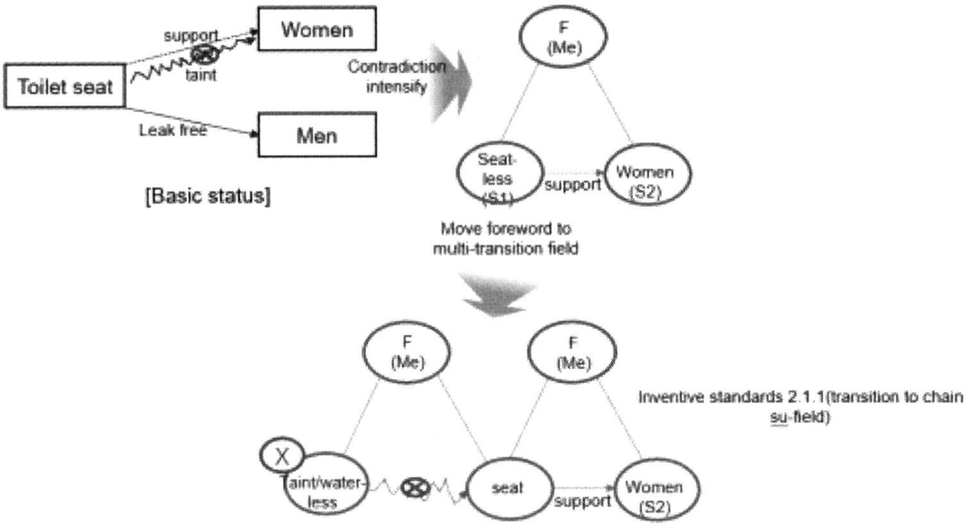

Case 3 Figure 1-10 Multi-transition field

Therefore, we can find a 'urine aid for women from this point of view through googling with words of '모으다, 집진하다, 퍼짐방지, 받다, 오염방지, 흘림방지' as verb, and words of ' urine, water' as object. And we can redesign a 'urine aid for men' to be possible for taint free seat from the urine for women.

Case 3 Table 1-2 Function oriented search for 'x'

	S	V	O
Basic		모으다	urine
Extension		집진하다	water
		퍼짐방지	
		받다	
		오염방지	
		흘림방지	

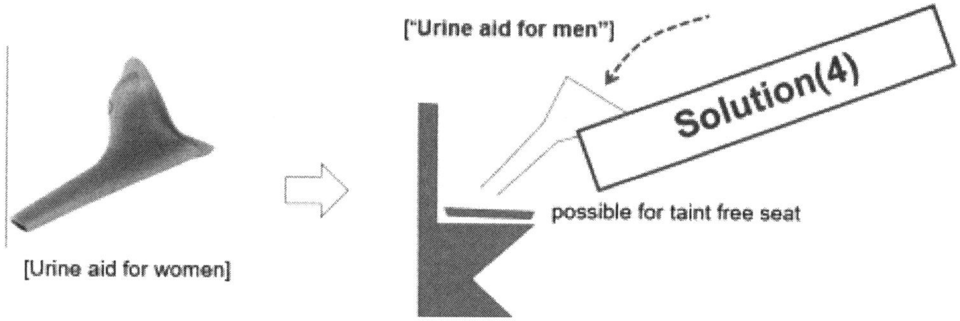

Case 3 Figure 1-11 Solution(4) 'Urine aid for men'

If we search some verbal or noun words of '튀지 않다, 반작용, 물결, bubble, 튀다, 줄이기' on the web-site to decrease rebounding urine and water from the system, then we can find some bricks on the shore to defend the bumping wave from sea. So we can apply some materials to break the men's urine not to bounce back from the system. It could be foam buster to break the urine wave.

Case 3 Table 1-3 Function oriented search for 'x'

	S	V	O
Basic		튀지않다	urine
Extension		반작용	water
		물결	파도
		bubble	
		튀다	
		줄이기	

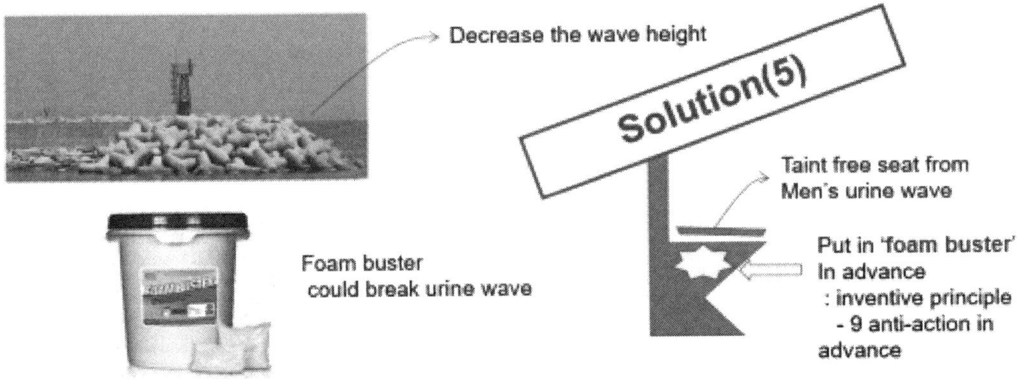

Case 3 Figure 1-12 Solution(5) 'foam buster'

We applied the inventive principle 9 anti-action in advance in this solution(5) 'foam buster'

ARIZ Part 2. Analyzing the problem model

2.1 Define the operational zone

We can define the space of 'seat-less' is the operational zone. Because the space of 'seat-less' is the same zone of touching and tainting surface of the toilet seat before being intensified from contradiction.

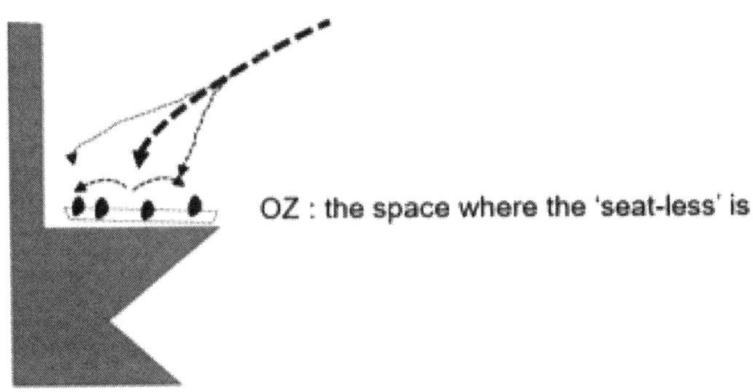

Case 3 Figure 1-13 Operational Zone

2.2 Define the operational time

We can define touching&tainting time is T1, urine drop and rebounding time is T2. We have to consider T1, T2 separately to resolve problem.

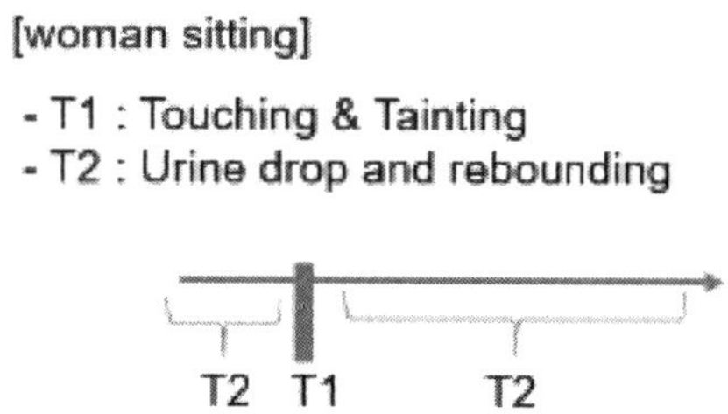

Case 3 Figure 1-14 Operational Time

2.3 Define the substance-field resources

Substance-field resources are defined as follows :

- Super system : 28 items
- Engineering system : 4 items
- Environment : 14 items

At this stage we can get some insight from the highlighted materials in the below table. If we apply the inventive principle 10 action in advance and 27 disposables, we could erase or dry the urine and water with ‘tissues, hair dryer, water, shower-head’ which is highlighted in the table 2-1.

Case 3 Table 2-1 Substance-field resources

System Level	Ready	Potential
Super System	Men	Age, Number, Character, Standing Height
	Women	Age, Number, Character
	Kids	Age, Boys, Girls
	Toilet Bowl	Button, Bidet, Cover(Upper), Number of Toilet
	House	Apartment, Dispatched House, Electricity, Electric Concent
	Toilet Water	Quantity, Temperature, Height Level, Viscosity
Engineering System	Toilet Seat	Material, Seat Cover, Color
Environmnet	Tissues	Material. type, variety
	Culture of Family	Cleaning Period(Daily, Weekly, Monthly)
	Bathroom	Towel, Cleaning Brush, Mop, Hair Dryer, Washstand, Water, Shower Head

The applied paradigm and inventive principle is as follows :

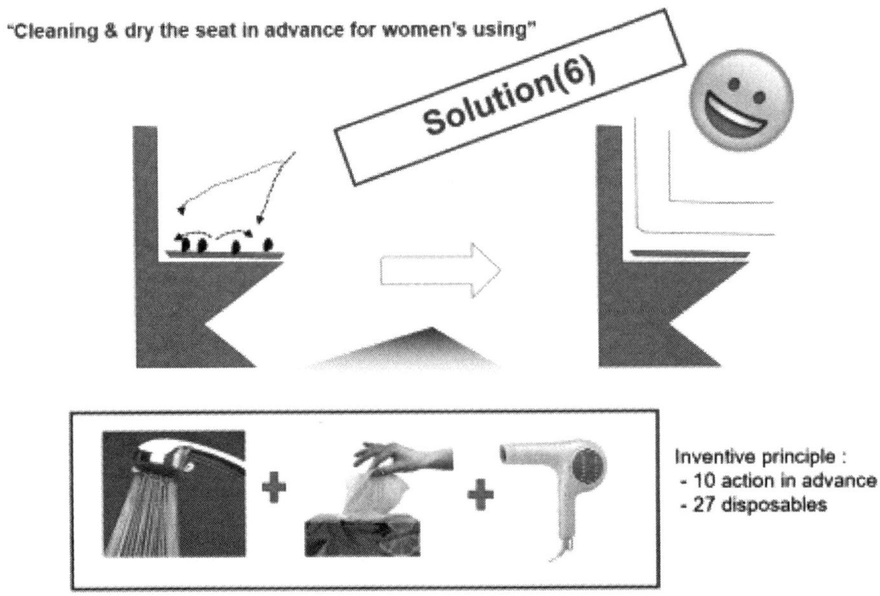

Case 3 Figure 2-1 Solution(6) 'Cleaning and dry in advance'

ARIZ Part 3. Defining Ideal Final Result(IFR) and Physical Contradiction

3.1 Formulate IFR-1

We can formulate as follows :

X-factor eliminate [seat-tainting] without any other system complicated and further harmful operation,

keep [supporting women] with [seat-less] within [OZ-the space where the seat-less is] in [men's urine drop and rebounding time(T2) or tainting time T1]

3.2 Intensify definition of IFR-1

We could see some material like 'electricity, magnet' in the below table of 〈Case 3 Table 3-1 Substance-field resources updated〉.

Case 3 Table 3-1 Substance-field resources updated

System Level	Ready	Potential
Super System	Men	Age, Number, Character, Standing Height
	Women	Age, Number, Character
	Kids	Age, Boys, Girls
	Toilet Bowl	Button, Bidet, Cover(Upper), Number of Toilet
	House	Apartment, Dispatched House, Electricity, Magnet, Electric Concent
	Toilet Water	Quantity, Temperature, Height Level, Viscosity
Engineering System	Toilet Seat	Material, Seat Cover, Color
Environmnet	Tissues	Material. type, variety
	Culture of Family	Cleaning Period(Daily, Weekly, monthly)
	Bathroom	Towel, Cleaning Brush, Mop, Hair Dryer, Washstand, Water, Shower Head

So we could intensify definition of IFR-1 as follows :

Magnet eliminate [seat-tainting] without any other system complicated and further harmful operation, keep [supporting women] with [seat-less] within [OZ-the space where the seat-less is] in [men's urine drop and rebounding time(T2) or tainting time T1].

From this point of view, 'Built-in magnetic sensors' can support women's body without any toilet seat as the 7th solution of the project.

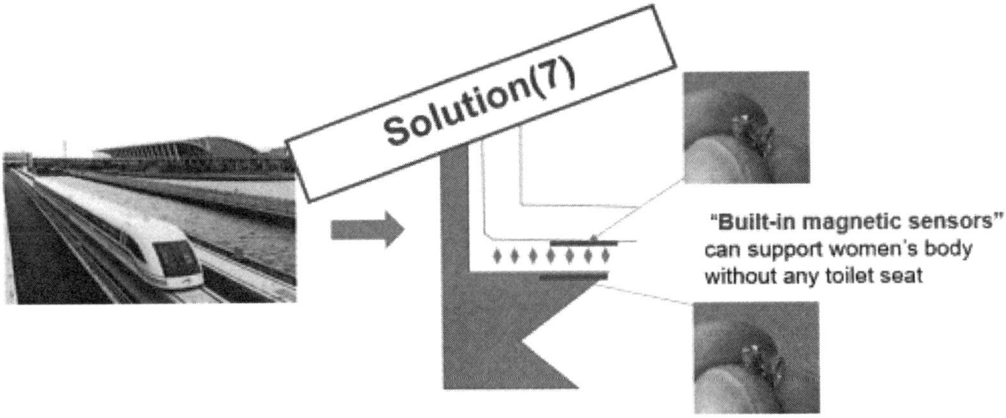

Case 3 Figure 3-1 Solution(7) 'Built-in magnetic sensors'

3.3 Intensify the physical contradiction for the macro-level

We could intensify the physical contradiction for the macro-level

as follows :

[Supporting space] must [have supporting power] within [the space where seat-less is] in [men's urine drop and rebounding time(T2) or tainting time T1] [in order to support woman], and also [doesn't need to have supporting power] [so as not to be tainted].

3.4 Intensify the physical contradiction for the micro-level

We could intensify the physical contradiction for the micro-level as follows :

We must have [supporting power] to have [where the seat-less space] in [the space], and also we don't need [supporting power] not to be [tainted] out of operating time.

3.5 Formulate IFR-2

We could formulate IFR-2 as follows :

Seat-less space has to have supporting power for itself during operating time(woman's using), and it has not to have supporting power during men's dropping and urine rebounding time.

3.6 Apply the inventive standards to resolve physical contradiction

Skipped

ARIZ_Part 4. Mobilizing and utilizing of Substance-Field Resources

4.1 Simulation with little creatures

Skipped

4.2 To take a 'step back' from IFR

Skipped

4.3 Using combination of substance resources and 4.4 Using 'void'

From 4.3 using combination of substance resources and 4.4 Using 'void', we could imagine that woman can not be tainted from men's urine if the system has seat but she does not touch directly to seat, So upper side of the seat could be a 'air floating chair' as the 8th solution of the project.

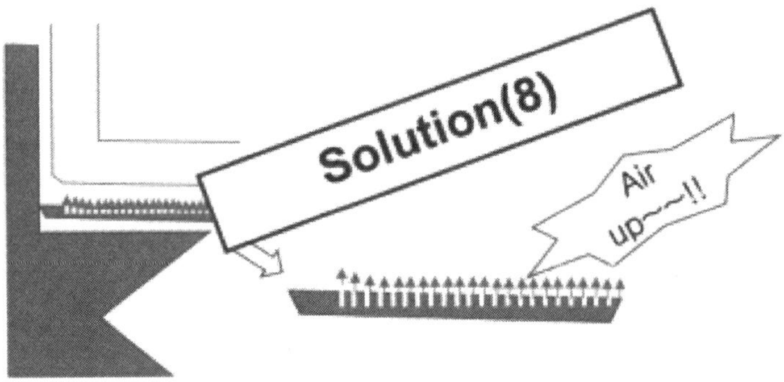

Case 3 Figure 4-1 Solution(8) 'air floating chair'

Verify

Finally, the solution lists are estimated and verified for implementation as follows :

Case 3 Table 5-1 Solution estimation

*Rating - A : 5, B : 3, C : 1

	No	Solutions	TRIZ (principle, standard, etc)	Estimate				Priority
				Funding	Usefulness	Patent	Total	
~in 1 month	1	Glove(rubber)	24. Meditator 27. disposables	A	A	B	75	1
Long term project (3 to 5 years)	2	Lifting seat with pedal	FOS, "lift with pedal"	B	A	C	15	6
~in 1 month	3	Movable and hung rope chair	15. dynamicity	B	A	A	75	1
Under considering	4	Urine aid for men	FOS, "anti-dispersion"	B	C	B	9	8
~in 6 months	5	Foam buster	FOS, "bubble"	B	A	B	45	3
	6	Cleaning and dry seat in advance	10. Action in advance 27. Disposables	A	B	B	45	3
Long term project (3 to 5 years)	7	Built-in magnetic sensor	ARIZ 3 2	C	B	A	15	6
	8	Air floating chair	ARIZ 4 2/4 4	C	A	A	25	5

사례 4 Magnesium plate surface grinding system

Project Outline

Magnesium plate is a light metal material widely used in electronic parts, mobile phones and so on. Currently, magnesium sheet is produced by P company and sold to household appliances. In order to sell magnesium plates, the surface must be made of polished plates. P company has been awarding a magnesium surface gloss to nearby suppliers. Therefore, A company uses high-priced filter to remove the large amount of fine particles from the dispersion when polishing the existing magnesium plate.

Therefore, since expensive filters are frequently exchanged, it is considered to have a large impact on the production cost.

Constraint : No substances harmful to the environment

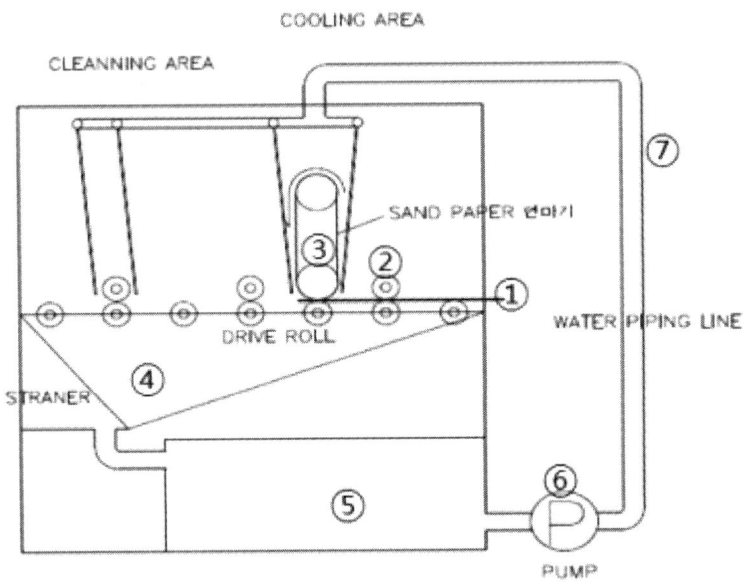

Magnesium surface grinding device design drawing

Process order

① Place the magnesium plate on the roll.

② Move the plate to the grinding machine through the roll.

③ Polishing the magnesium plate surface while rotating the polishing pad. Clean plate surface with clean water and rinse Mg powder. - Dry the surface through the dryer.

④ The mixture containing the foreign matter circulates.

⑤ It is clean water caught through the filter.

⑥ The water moves to the motor pump.

⑦ Clean water from the pump is moved to ③ by the grinding device

Magnesium surface grinding system

1.1 Formulation the mini-problem

The magnesium surface polishing system designed to perform the magnesium surface removal function consists of a transfer roll, abrasive paper, magnesium sheet, mesh, and water.

TC-1 : If the mesh is wide(+), the mesh is not replaced frequently but the Mg powder can not be blocked.

TC-2 : If the mesh is narrow (-), foreign matter (Mg differential) can be clogged, and the mesh must be replaced frequently.

※ Here, the filter is replaced with a general term such as a mesh

Magnesium Surface Polishing system

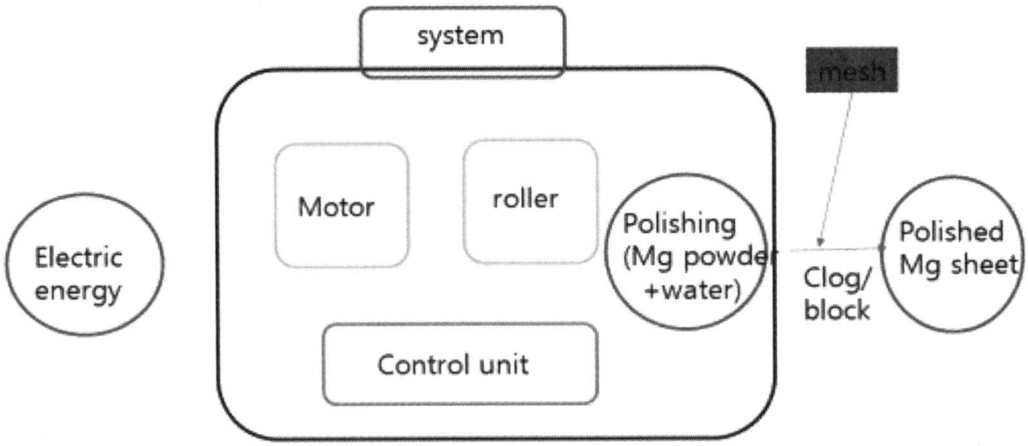

	Verb	Object
Function	clog/block	Mg powder
Extension of function	Block, stop, filtering, Screen, Sieve Separate, Mesh, Filter, clog	Particulate Matter, Dust Scrap, slag, powder, particle
Synthesis	{clog or Block or remove or filtering or sieve or stop or Separate or mesh} and {Particulate matter or Dust or scrap or slag or powder or particle}	

Function Analysis

1. Component Analysis

Super system component : Electric energy, Mg plate, Air

Engineering System : Mg surface grinding device

System component : Sand paper, Drive roll, pump, cooling pan, water, mesh, Motor, Mg powder

2. Interaction Analysis

Mg surface grinding device	electrical energy	Mg plate	Air	Motor	Drive roll	Sander paper	Cooling pan	Mesh	Pump	Mg powder	Water
electrical energy	◇	−	−	−	−	−	−	−	−	−	−
Mg plate		◇	−	−	−	+	−	−	−	−	−
Air			◇	−	−	−	+	−	−	−	−
Motor				◇	+	−	−	−	−	−	−
Drive roll					◇	−	−	−	−	−	−
Sander paper						◇	−	+	−	−	−
Cooling pan							◇	−	−	−	−
Mesh								◇	−	+	−
Pump									◇	−	+
Mg powder										◇	−
Water											◇

3. Function Modeling

1) Main Function

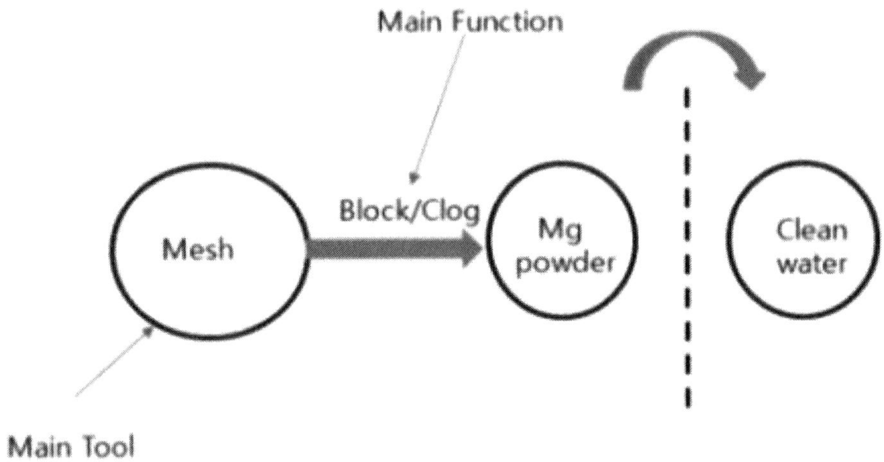

2) Basic Function

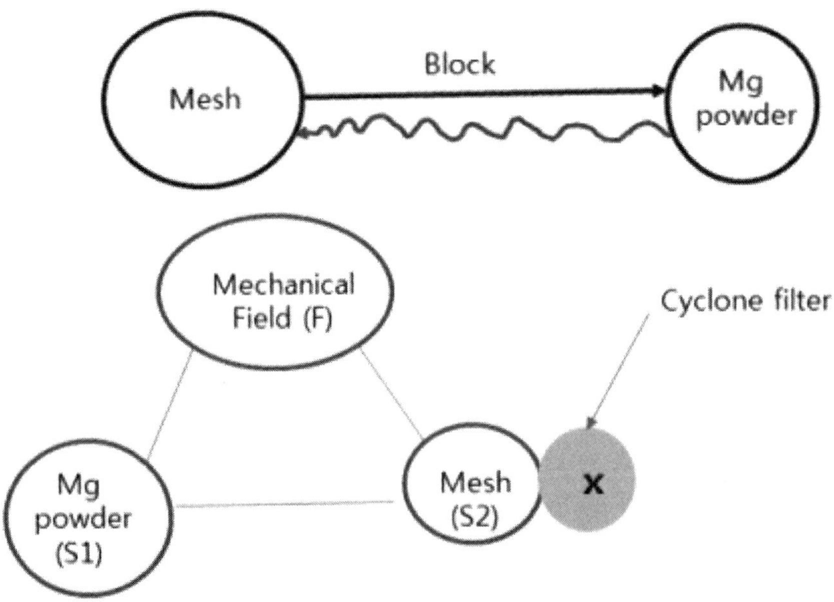

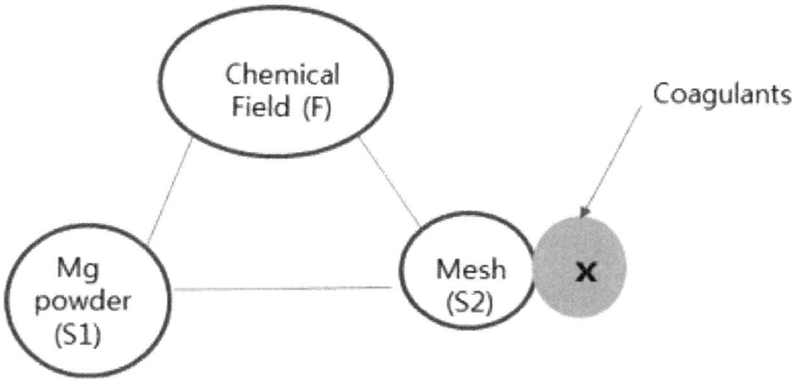

3) Model completion

NO	Toll	Action	Object	Category (useful or harmful)	Parameter	performance level
1	Mash	block	Mg powder	useful	T	A
2	Mg powder	clog	Mash	harmful	T	I
3	Sand paper	grinding	Mg plate	useful	T	A
4	Pump	move	Water	useful	T	A
5	Cooling	move	Air	useful	T	A
6	Motor	rotate	Diver roll	useful	T	A

1.2 Define the conflicting elements

Product : Mg powder

Tool : mesh

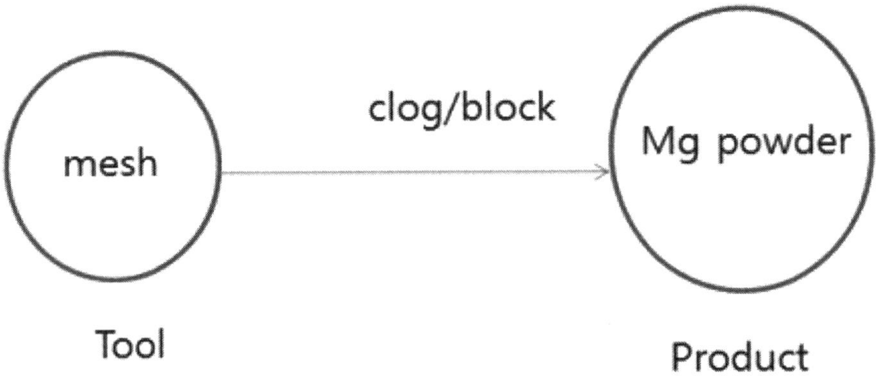

1.3 Describe graphic models for technical contradiction

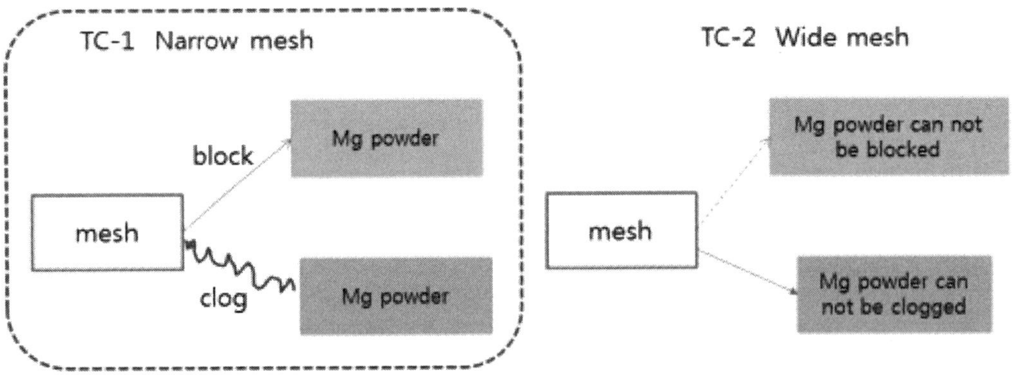

1.4 Select a graphic model for further analysis

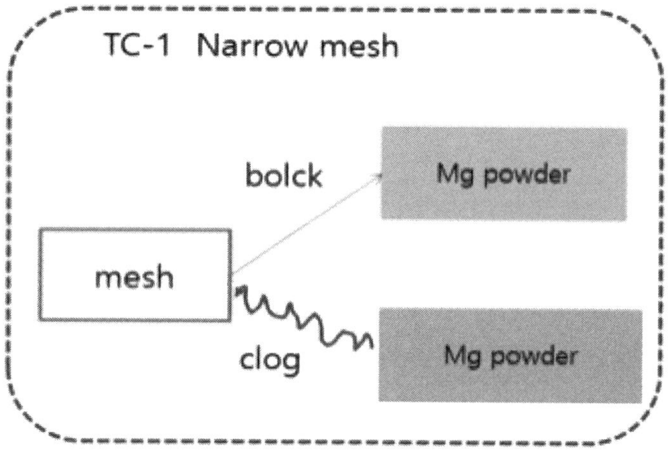

1.5 Intensify the conflict

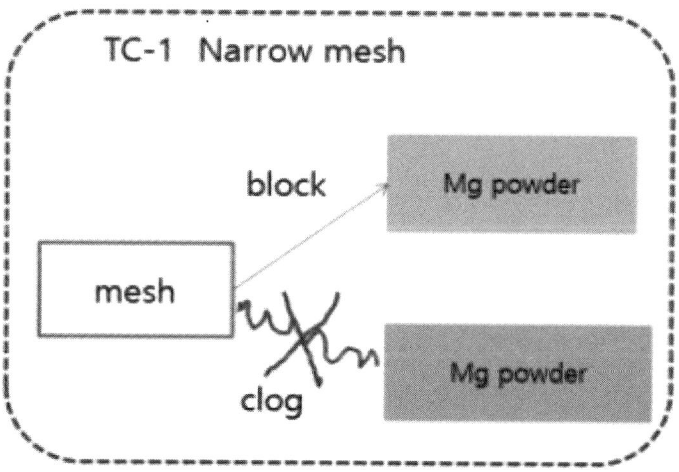

1.6 Describe the problem model

Deepened contradiction element pair : Narrow mesh and Mg powder

Define deepened contradiction : Too narrow mesh can block Mg powder, but clog mesh.

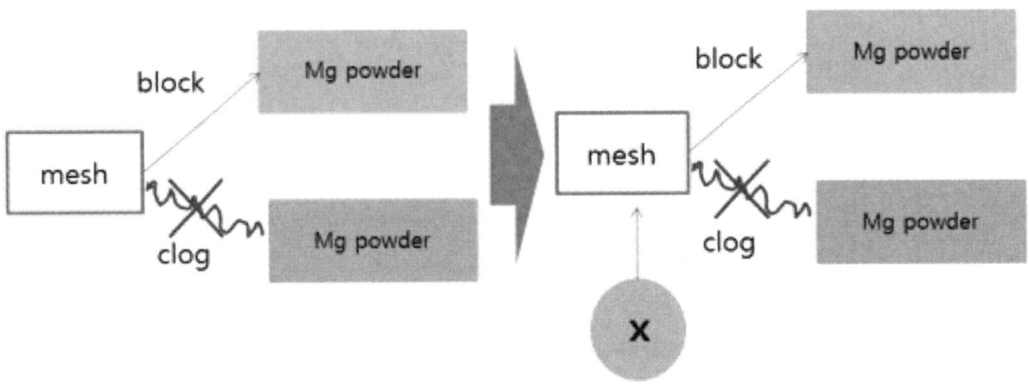

1.7 Apply the inventive standards

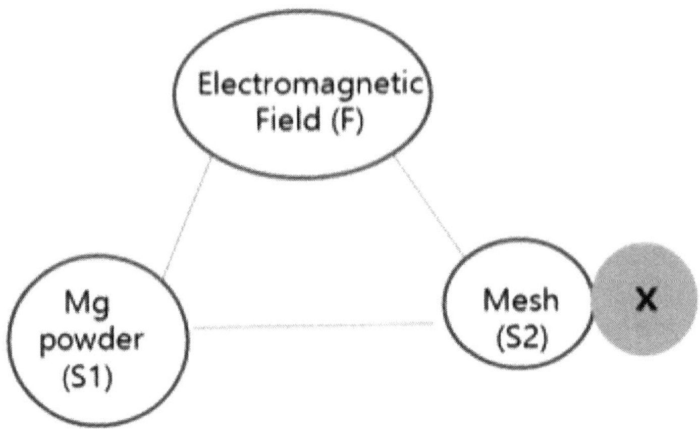

2.1 Define the operation zone(OZ)

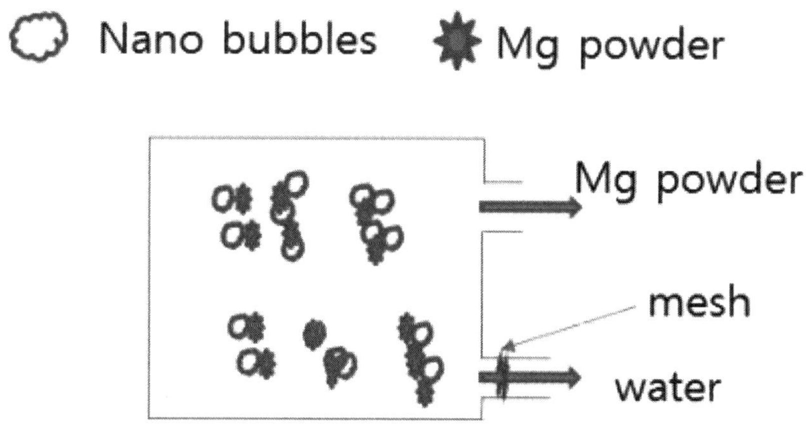

OZ : The place where the object works "empty mesh"

2.1 Define the operation zone(OZ)

OT : The period of time during which the Mg powder floats(T1) and the timeat which the Mg powder adheres to the external material(T2) are divided by the empty network where contradictions occur.

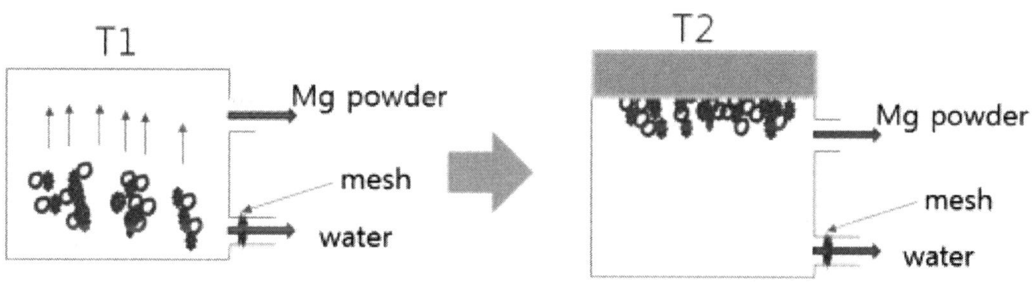

2.3 Define the substance – Field problem model

1. System internal material
   - Field resources
   - Friction, Electric field, Noise, Friction heat, Specific heat, Vibration, Surface tension
2. Substance in the environment that can be obtained-Field resources
   - Electromagnetic field, ultrasonic
3. Super system-Field resources
   - Air, light, gravity, magnetic field

3.1 Defining Ideal Final Result(IFR) and Physical Contradiction

3.1 Formulate IFR-1

The X element docs not complicate the system, and without any additional harmful effects, the Mg powder remains in the tank occupied by the empty mesh during the time that the Mg powder is floated in a short period of time, Remove

3.2 Intensify definition of IFR-1

The magnetic force and the fine bubble element do not complicate the system and remove the foreign matter while keeping the mesh which is performed by the empty mesh in the tank occupied by the empty mesh during the whole hour without any additional harmful effect.

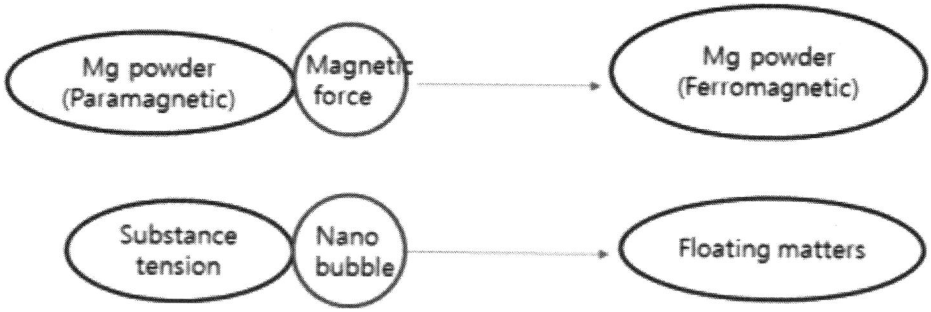

3.3 Intensify of physical contradiction for the macro-level

Magnetic force and nano bubbles are generated when the Mg powder collected in the nano bubble in the tank occupied by the empty mesh is lifted or during the time when it is hanging on the magnetic rod, it is necessary to block the Mg powder to perform the function of the empty net, In order not to block Mg powder.

3.4 Intensify of physical contradiction for the micro-level

Magnetic force and fine bubbles should be collected in fine bubbles with magnetism in order to perform the netting in the tank occupied by the empty net. In order to prevent clogging of the empty mesh, the collected Mg powder must be suspended from the magnetic rod.

3.5 Defining ideal Final Result-2

Magnetic force, and nano bubbles are generated to give magnetism to the Mg powder, and it must be caught in the fine bubble by itself and floated, and hang on the magnetic rod itself.

3.6 Apply the inventive to resolve physical contradiction

Magnetic force, nano bubbles should not be blocked by the mesh and the Mg powder that the function of the mesh performs in the tank with the empty mesh attached.

4. Mobilizing and utilizing of Substance-Field Resource

4.1 Simulation with little Creatures

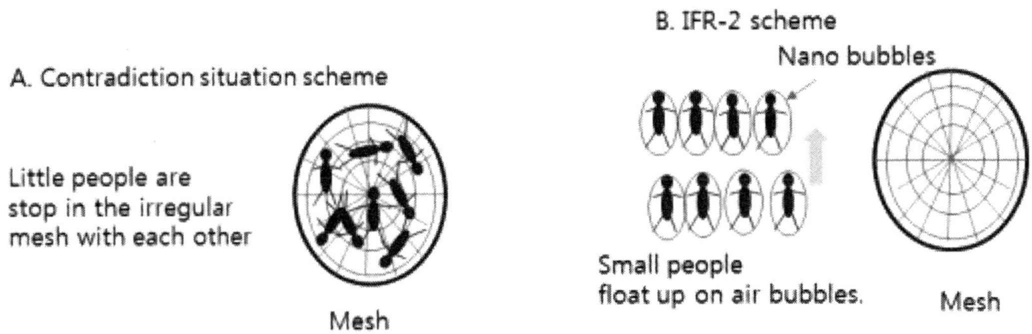

C. Generates magnetic and
nano bubbles

Final Result -1

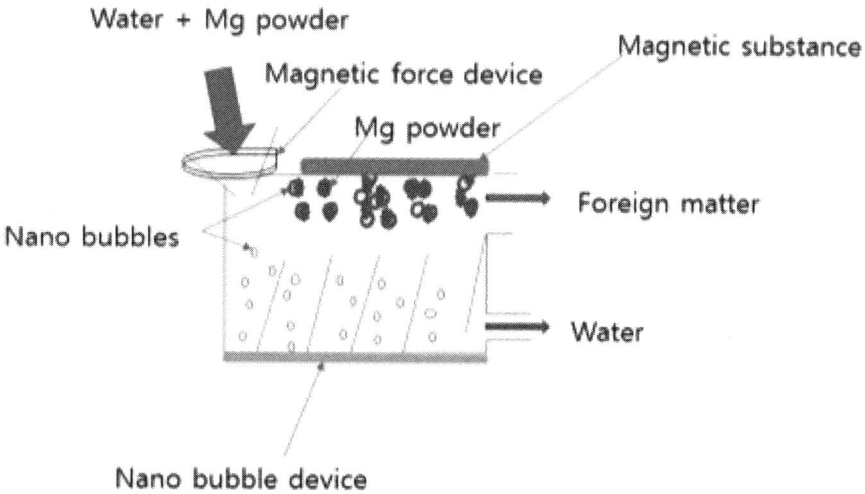

Final Result-2

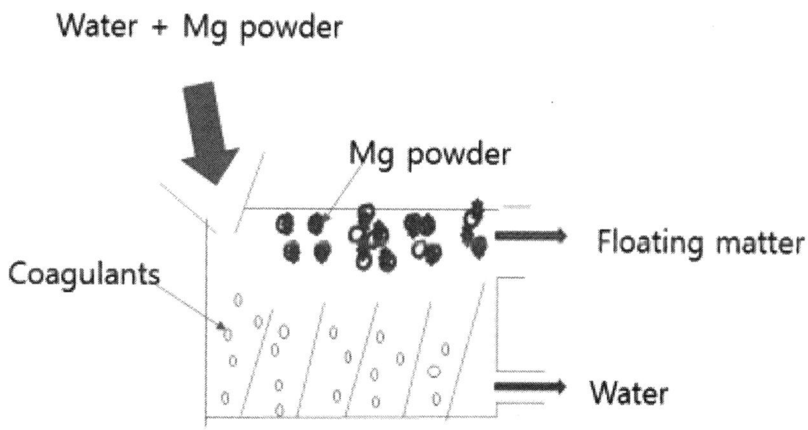

Coagulants – Inorganic, Organic, Natural

Final Result-3

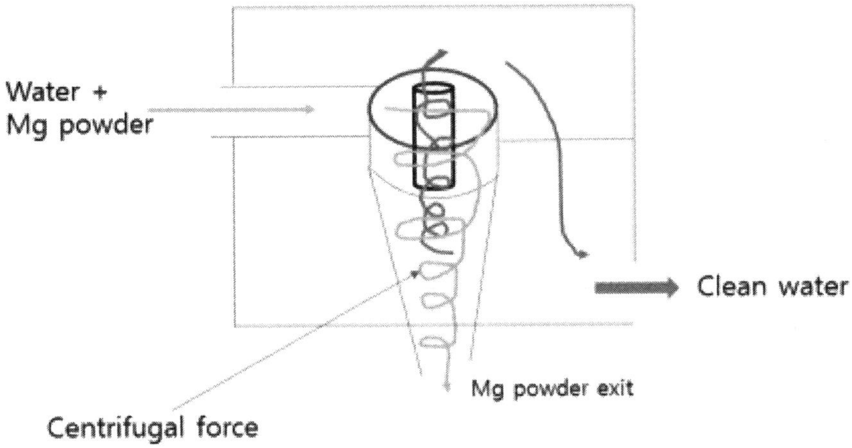

Cyclone Filter

사례 5 Method for preventing scale from attaching to electrodes in a sterilizing water generator

Project definition

1. Name of Project	Fire prevention structure of Kimchi refrigerator	
2. Category ✓	☑necessary tech. ☐ cost down ☐ process develop	
3. Name of technology system	Sterilizing water generator	
4. Main function	To electrolysis water	
5. Definition of techincal problem	• Problem : Electrolysis performance degradation • Cause : Scale is attached to electrode	[Diagram of problem state] 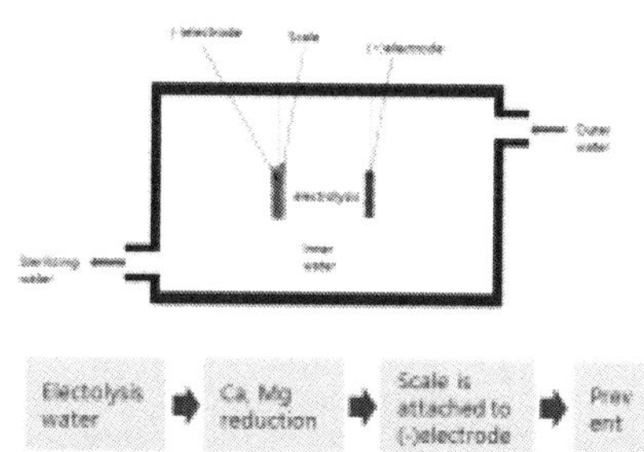
6. Objection of project	To maintain electrolysis performance in spite of long time using	
7. Limitation	Electric specification	

Process: Define → Analyze → Problem Modeling → Solution Modeling → Verify

Roadmap

[System diagram]

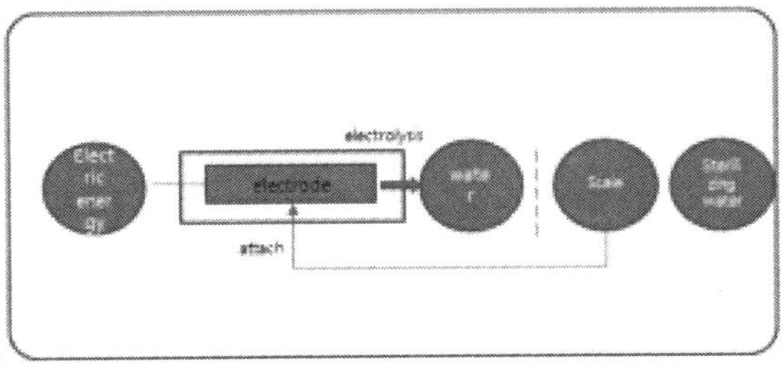

❖ Name of Technical system

Sterilizing water generator

❖ Main function of Technical system

Electrolysis water

❖ Defintion of problem

Electrolysis performance degradation due to scale attached on electrode

❖ Object of project

To maintain electrolysis performance in spite of long time using

❖ Limitation

Electric specification

Process: Define → Analyze → Problem Modeling → Solution Modeling → Verify

Roadmap

1. Analysis of component

Component Model

Name Of Tehnical system	Component	Type
	Inner water	Target
	chamber (+)electrode (-)electrode inlet outlet	System Component
	Outer water Electric energy source Scale Sterilizing water	Super system Component

[System diagram]

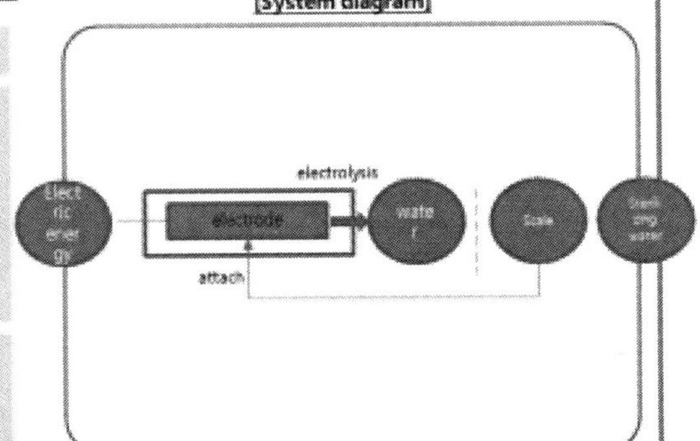

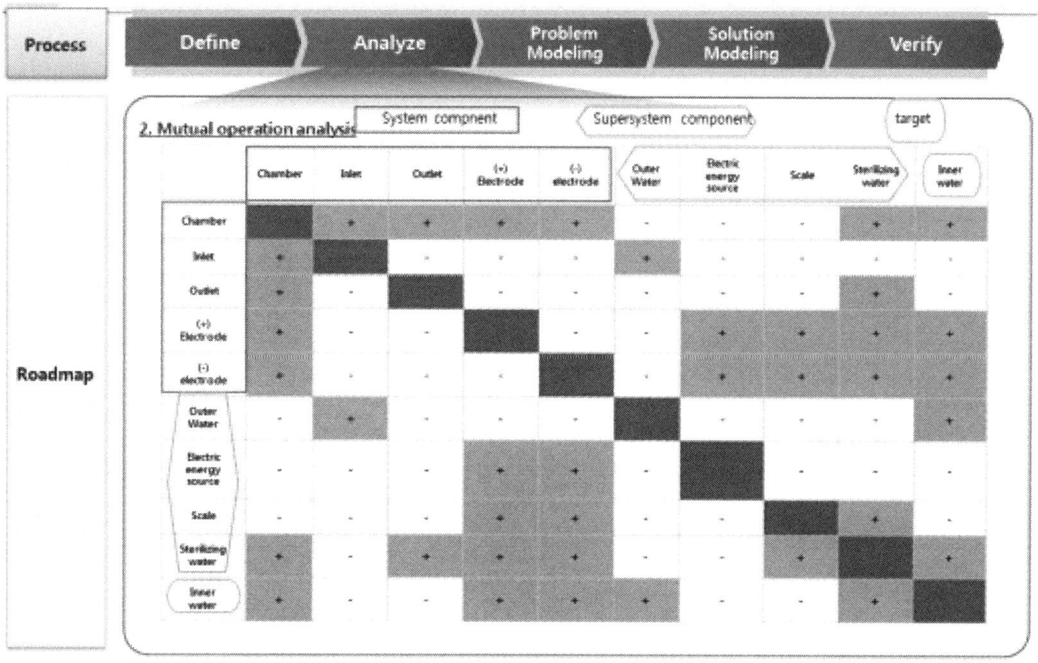

	Chamber	Inlet	Outlet	(+) Electrode	(-) electrode	Outer Water	Electric energy source	Scale	Sterilizing water	Inner water
Chamber		+	+	+	+	-	-	-	+	+
Inlet	+		-	-	-	+	-	-	-	-
Outlet	+	-		-	-	-	-	-	+	-
(+) Electrode	+	-	-		-	-	+	+	+	+
(-) electrode	+	-	-	-		-	+	+	+	+
Outer Water	-	+	-	-	-		-	-	-	+
Electric energy source	-	-	-	+	+	-		-	-	-
Scale	-	-	-	+	+	-	-		+	-
Sterilizing water	+	-	+	+	+	-	-	+		+
Inner water	+	-	-	+	+	+	-	-	+	

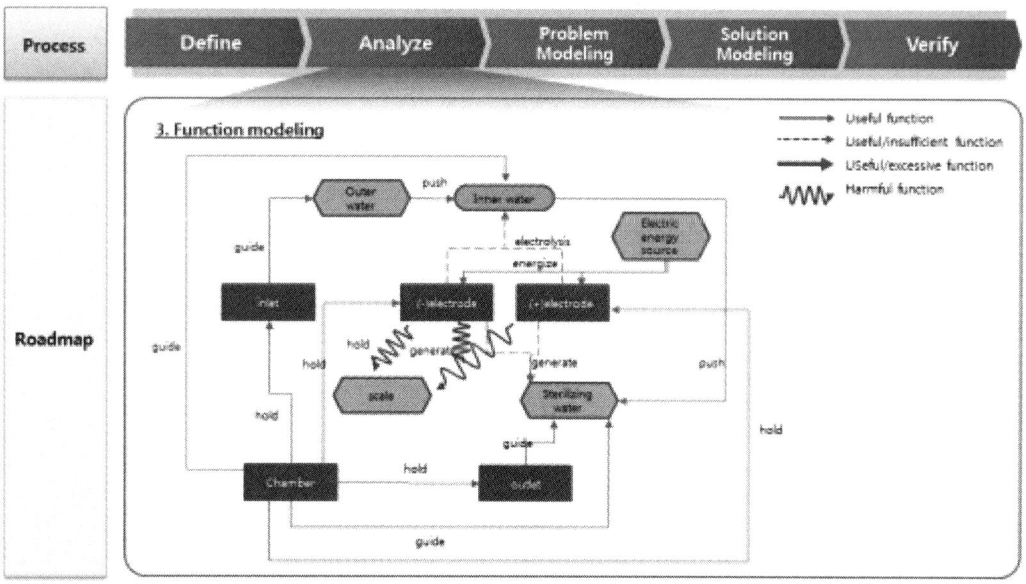

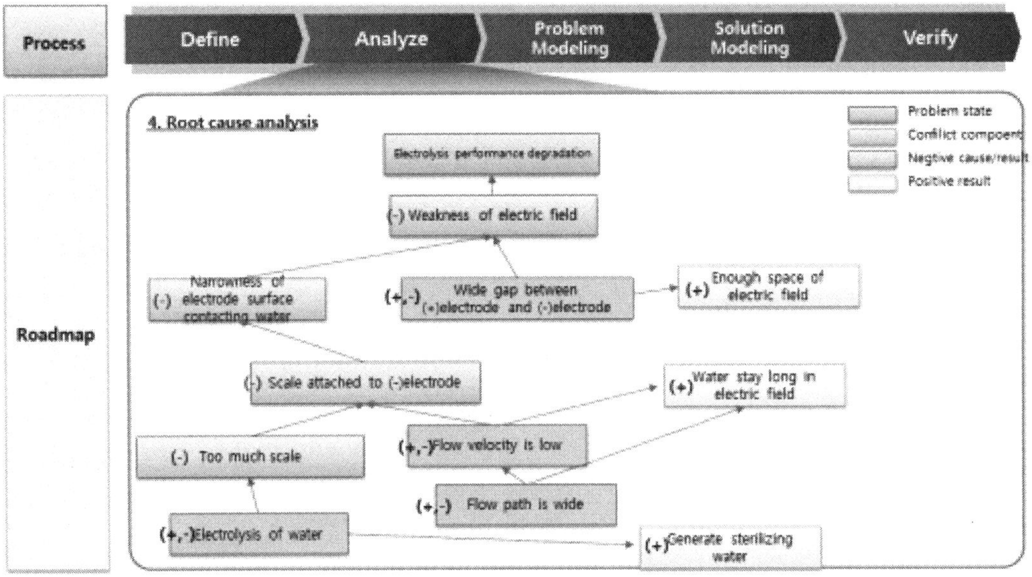

Roadmap

5. ARIZ part 1 - 1.1 Formulate the mini-problem

Sterilizing water generator to electrolysis water is consist of electrodes, water, and scale.

	(IF) means/method	(THEN) improved feature(A)	(BUT) deteriorated feature(B)
TC1	Many electrodes (+,-)	Efficiency of electrolysis is good	Too much scale attach to (-) electrodes
TC2	A few of electrodes (+,-)	Scale attached to (-) electrodes decrease	Efficiency of electrolysis is bad

5. ARIZ part 1 – 1.2 Define conflicting elements

Product: water and scale

Tool: electrodes (+, -)

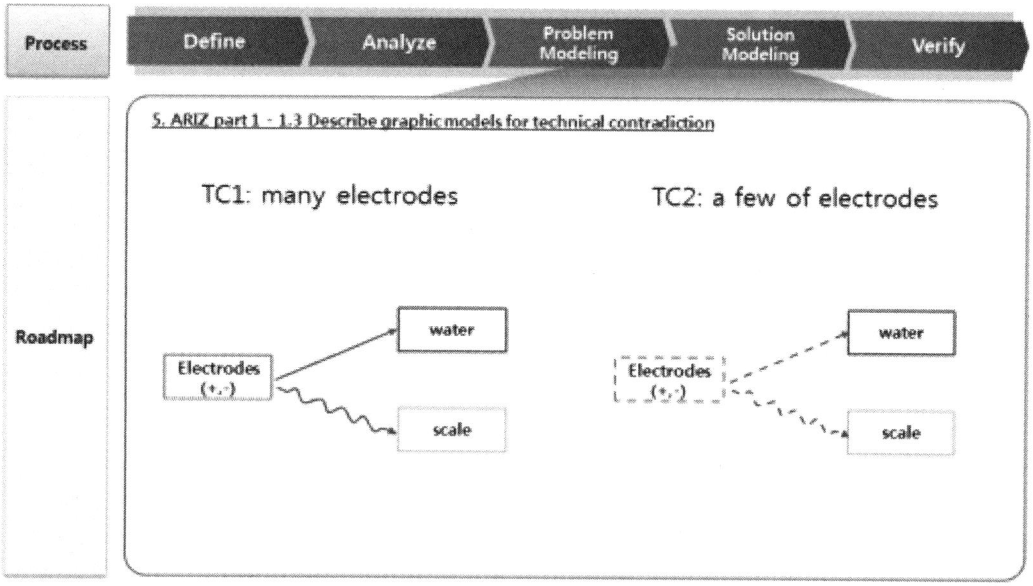
Process
Define
Analyze
Problem Modeling
Solution Modeling
Verify
Roadmap
5. ARIZ part 1 - 1.3 Describe graphic models for technical contradiction
TC1: many electrodes
Electrodes (+,-)
water
scale
TC2: a few of electrodes
Electrodes (+,-)
water
scale

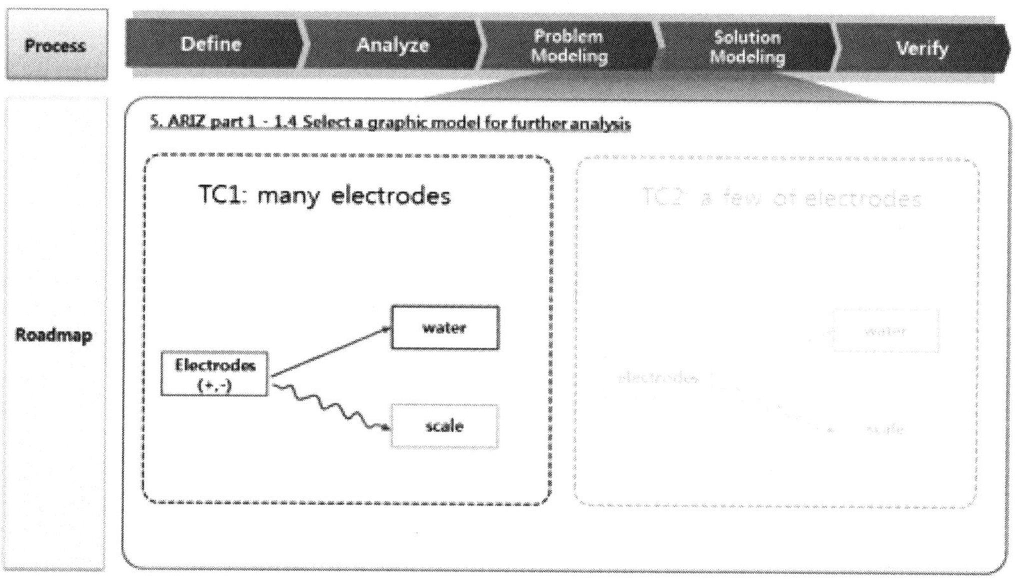
Process
Define
Analyze
Problem Modeling
Solution Modeling
Verify
Roadmap
5. ARIZ part 1 - 1.4 Select a graphic model for further analysis
TC1: many electrodes
Electrodes (+,-)
water
scale

Process: Define › Analyze › Problem Modeling › Solution Modeling › Verify

Roadmap

5. ARIZ part 1 - 1.5 Intensify the conflict

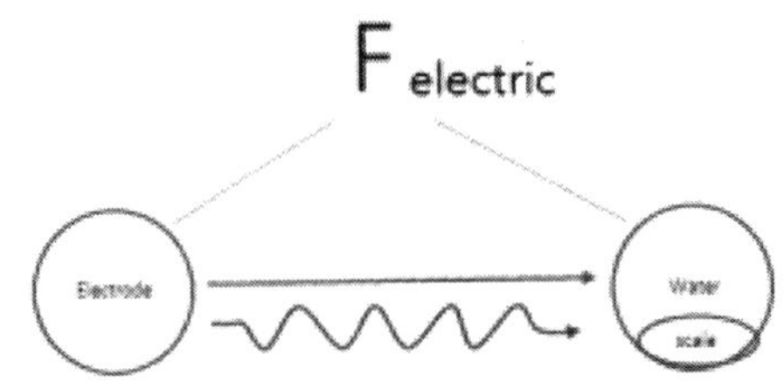

Process: Define › Analyze › Problem Modeling › Solution Modeling › Verify

Roadmap

5. ARIZ part 1 - 1.6 Describe the problem model, 1.7 Apply the inventive standards

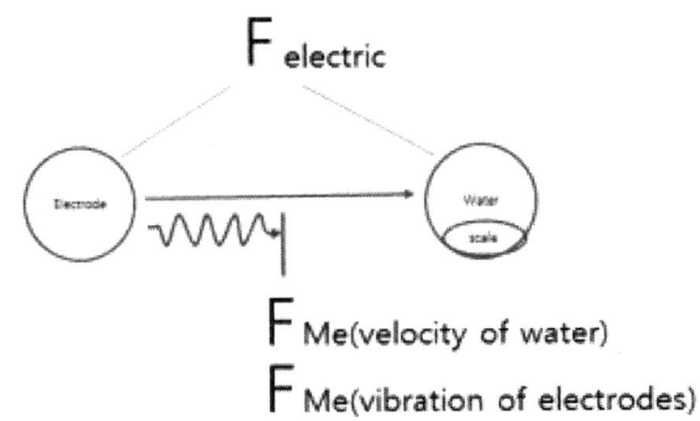

Process	Define	Analyze	Problem Modeling	Solution Modeling	Verify

Roadmap

5. ARIZ part 1 - 1.7 Apply the inventive standards - Solution #1

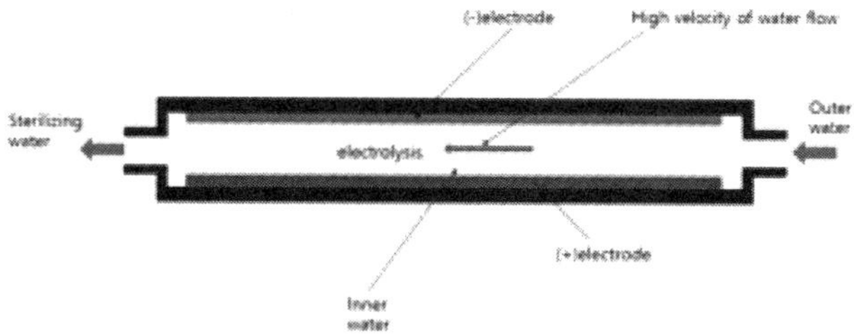

Process	Define	Analyze	Problem Modeling	Solution Modeling	Verify

Roadmap

5. ARIZ part 1 - 1.7 Apply the inventive standards - Solution #2

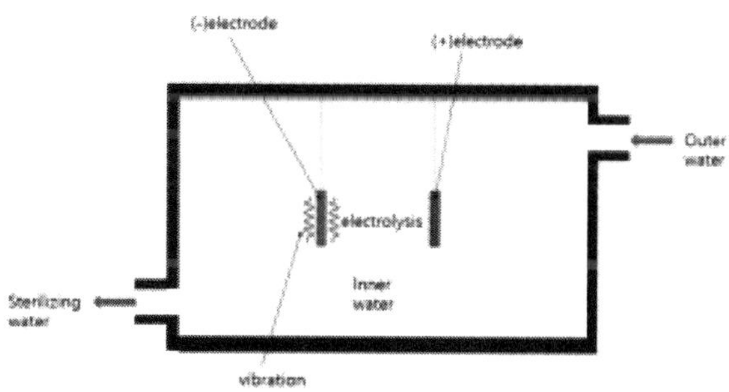

Process: Define → Analyze → Problem Modeling → Solution Modeling → Verify

Roadmap

6. ARIZ Part 2 – 2.1 Define the operational zone (OZ)

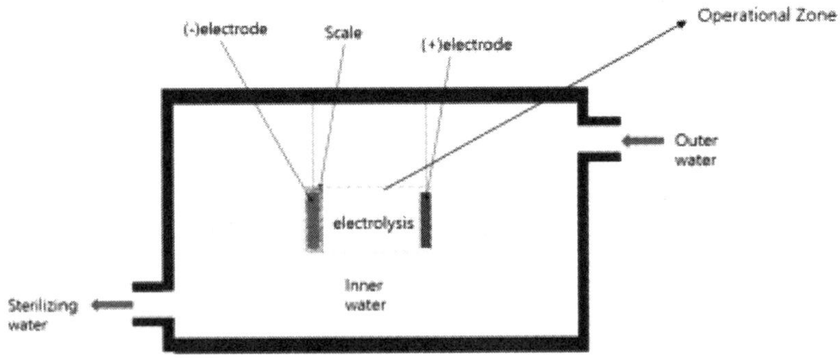

Process: Define → Analyze → Problem Modeling → Solution Modeling → Verify

Roadmap

6. ARIZ Part 2 – 2.2 Define the operational time (OT)

The operating time is time when the electrodes perform the electrolysis of the water

6. ARIZ Part 2 – 2.3 Define the substance-field resources (SFR)

water

scale

(+)Electrode
(-)Electrode

Process	Define	Analyze	Problem Modeling	Solution Modeling	Verify

Roadmap

7. ARIZ Part 3 – 3.1 Formulate IFR-1

The X-element prevents the electrodes from holding scale,

while maintaining the electrolysis of the water the electrodes performs,
between the electrodes where the electrolysis of water takes place,

while not complicating the system without further harmful action .

Process	Define	Analyze	Problem Modeling	Solution Modeling	Verify

Roadmap

7. ARIZ Part 3 – 3.2 Intensify definition of IFR-1

Modified electrodes prevents the electrodes from holding scale,

while maintaining the electrolysis of the water the electrodes performs,
between the electrodes where the electrolysis of water takes place,

while not complicating the system without further harmful action .

Process	Define	Analyze	Problem Modeling	Solution Modeling	Verify

Roadmap

7. ARIZ Part 3 – 3.3 Identify the physical contradiction for the macro-level

Polarity of electrodes should be (+) and (-) on halves to perform electrolysis of water,

Polarity of electrodes should be (+) or neutrality to not hold scale.

Process	Define	Analyze	Problem Modeling	Solution Modeling	Verify

Roadmap

7. ARIZ Part 3 – 3.4 Identify the physical contradiction for the micro-level

Polarity of electrodes should be (+) and (-) on halves to perform electrolysis of water,

Polarity of (-) electrodes should be changed to (+) to remove scale.

Process	Define	Analyze	Problem Modeling	Solution Modeling	Verify

Roadmap

7. ARIZ Part 3 - 3.5 Formulate IFR-2

Polarity of electrodes should be (+) and (-) on halves by themselves to perform electrolysis of water,

Polarity of (-) electrodes should be changed to (+) to remove scale by themselves.

Process	Define	Analyze	Problem Modeling	Solution Modeling	Verify

Roadmap

7. ARIZ Part 3 - 3.6 Apply the inventive standards to resolve physical contradiction - Solution #3

Polarity of electrodes are changed periodically

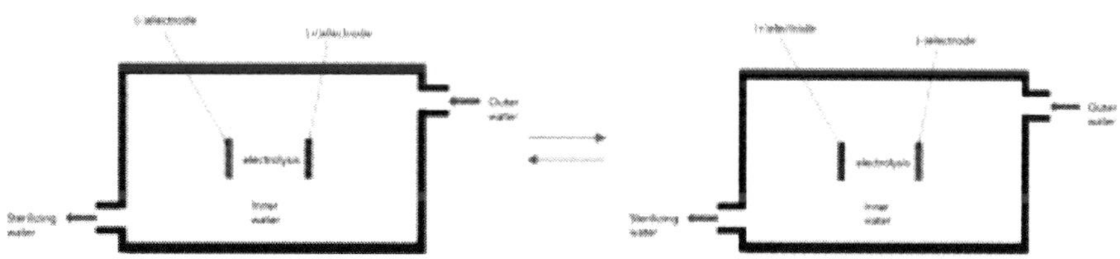

Process	Define	Analyze	Problem Modeling	Solution Modeling	Verify

Roadmap

8. Solution List

Solution #1: High Velocity of water flow

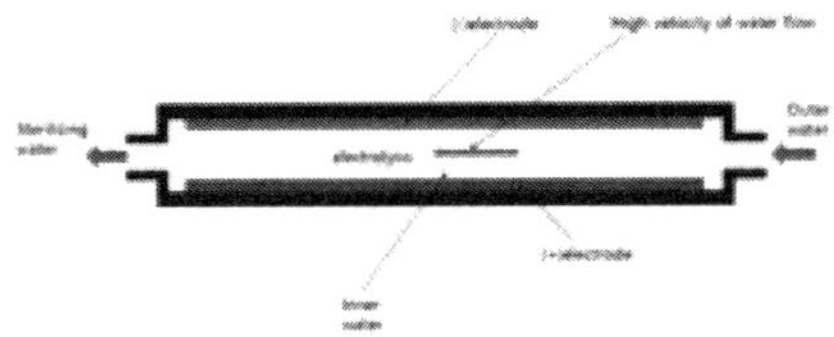

Solution #2: Vibration of (-)electrode

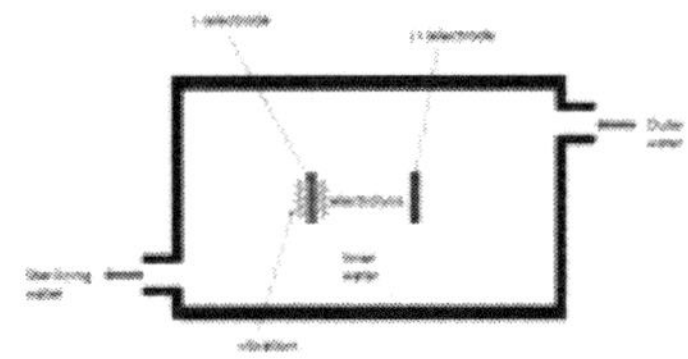

Solution #3: Polarity of electrodes are changed periodically

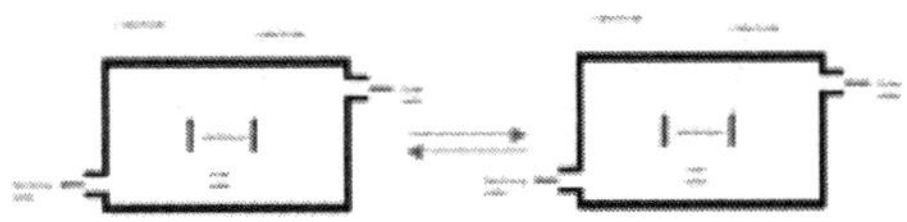

사례 6 Process innovation of Technology Licensing Organization using ARIZ

PART 1 analyzing the problem

1.1 formulate the mini-problem

patent management team, designed for the treatment of patents, is consist of patent managing staff, annual fee managing staff, legal reviewer and team head.

technical contradiction 1 : if the patent management team hire more annual fee managing staff and legal reviewer, the more patents will be treated, but the more wage and job opening will be consumed.

technical contradiction 2 : if the patent management team hire less annual fee managing staff and legal reviewer, the wage and job opening will be saved, but the less patents will be treated.

With minimal changes to the system, without extravagance of wage and job opening , the more patents will be treated.

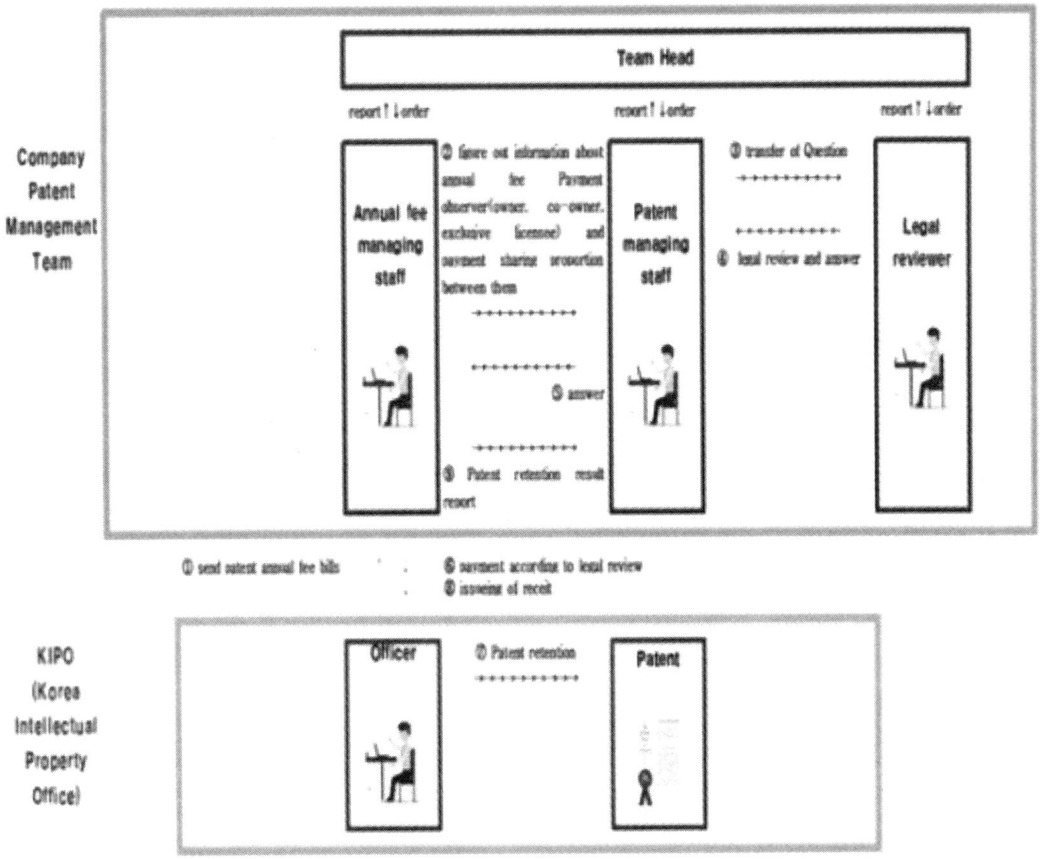

1.2 define the conflicting element

A. The system is (describe by the purpose/main function of the system) and includes (list of main parts of the system).

B. With minimal changes to the system, it is required that (specify the result that must be obtained).

tool : annual fee managing staff, legal reviewer
object : patent

1.3 describe graphic models for technical contradiction

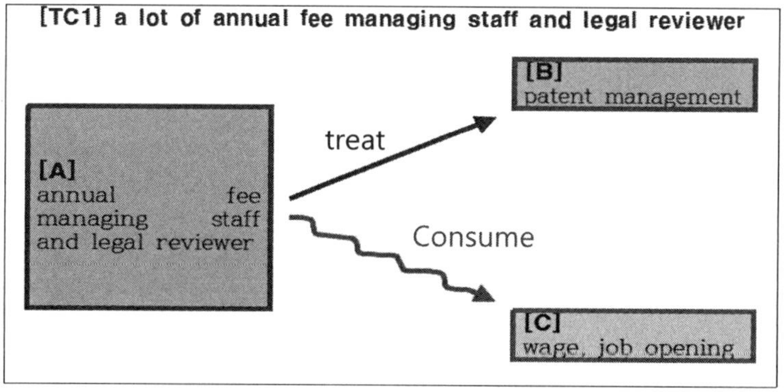

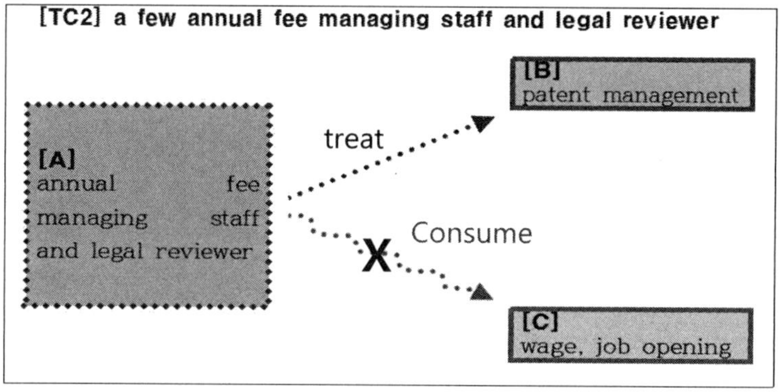

1.4 select a graphic model for further analaysis

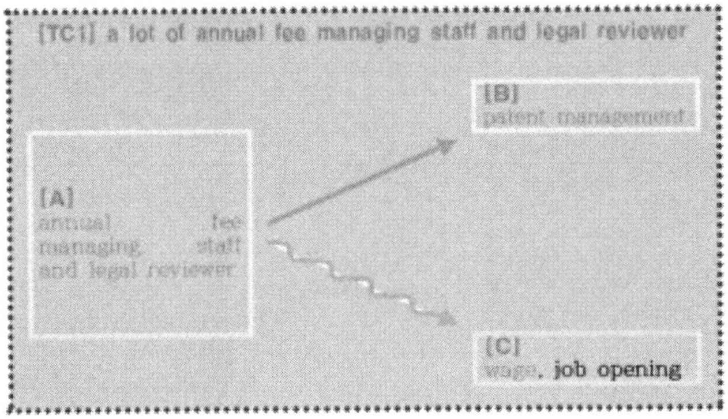

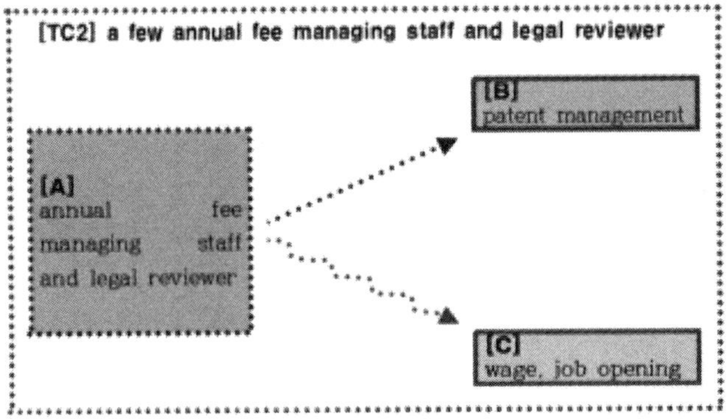

1.5 intensify the conflict

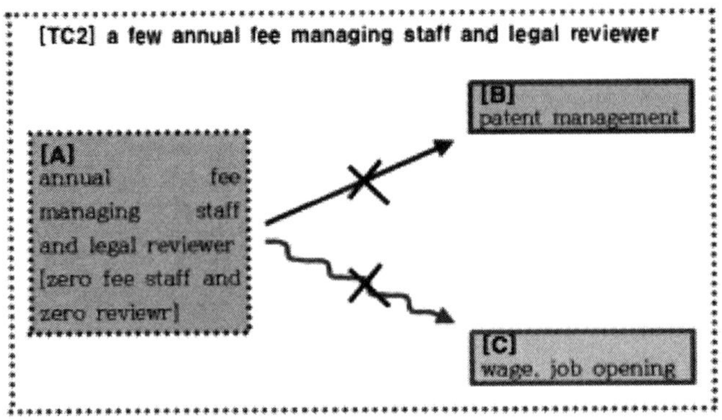

1.6 describe the problem model

A. Conflicting pair

Tool 'fee staff and reviewer' (many fee staff and reviewers, few fee staff and reviewers) and products 'patent management' and 'wage and job opening'

B. Reinforced (intensified) formulation of the conflict

If there are zero fee staff and reviewer, there is no extravagance of wage and job opening, but total amount of patcnt management is not enough.

C. Find element "x" that solves the conflict of the selected System Contradiction (to preserve, eliminate, improve, provide, etc.)

Find element "x" that preserves the ability of fee staff and reviewer to manage patents and not to waste the wage and job opening.

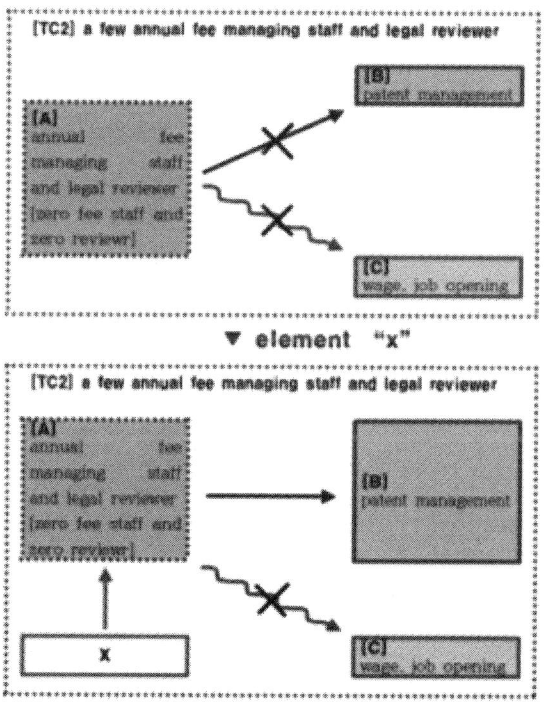

1.7 apply the inventive standards

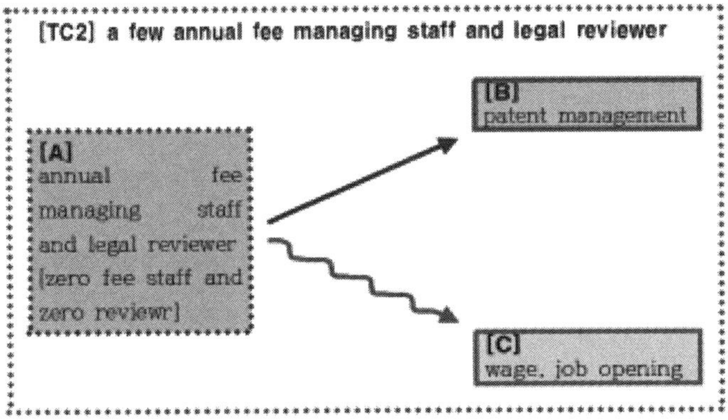

▼ contradiction intensification

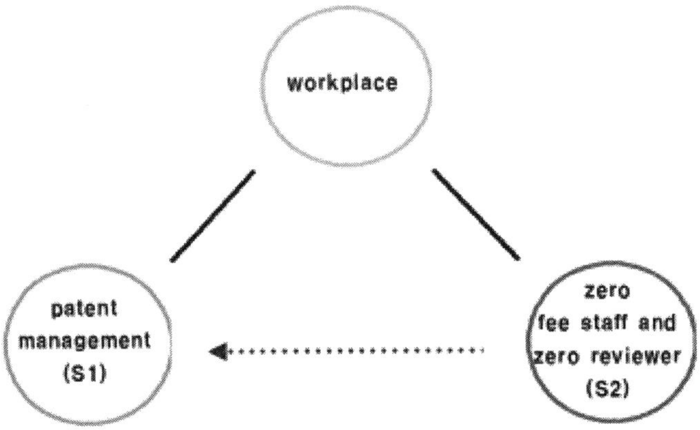

▼ element "x"

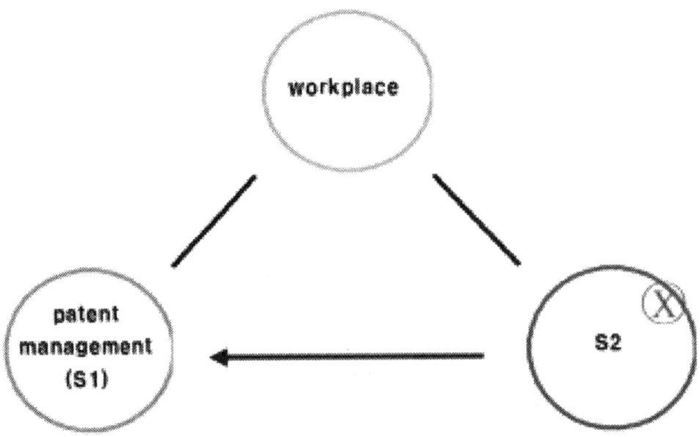

76 STANDARD SOLUTION

1-1-1 construction of Su-F model

1-1-3 Outer combination Su-F model

PART 2 analyzing the problem model

2.1 define the operational zone (OZ)

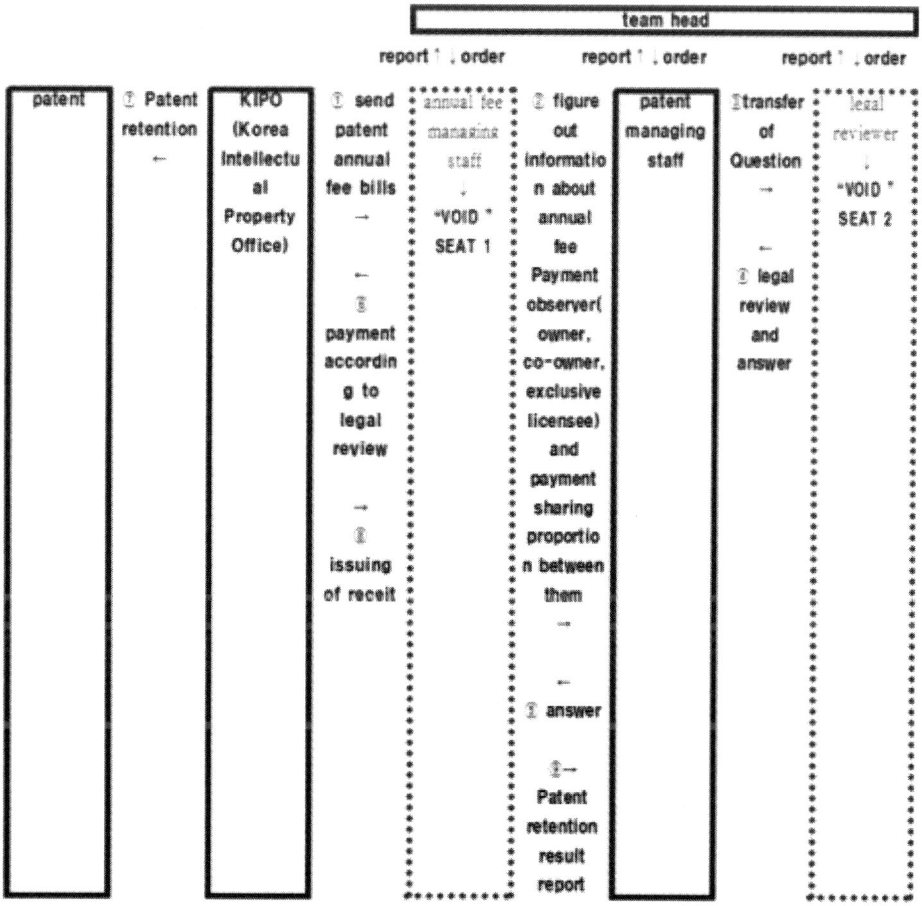

Operating Zone : Void seat1, Void seat2

2.2 define the operational time (OT)

Operation time is the available resource of time, including conflicting time T1 and pre-conflicting time T2.

T1 is ["VOID "SEAT 1] when figure out information about annual fee Payment observer(owner, co-owner, exclusive licensee) and payment sharing proportion between them, when annual fee is paid ["VOID "SEAT 2] when legal review and answer is done, when patent retention result report

T2	T1	T2	T1	T2	T1	T2	T2	T1
① KIPO send patent annual fee bills	② figure out information about annual fee Payment observer(owner, co-owner, exclusive licensee) and payment sharing proportion between them	③transfer of Question	④ legal review and answer	⑤ answer	⑥ payment to KIPO according to legal review	⑦ Patent retention	⑧ KIPO send receit	⑨ Patent retention result report

2.3 define the substance-field resources (SFR)

The main idea of using substance-field resources is to use any changes in parameters of existing system substance and field resources (including the natural environment) for system problem solving and development.

Substance-field resources are substances and fields that are already available or may be easily produced under problem conditions. There are two types of substance-field resources:

- internal system substance-field resources
  - Intellectual Property Management System
  - colleague of neighborhood team

- external system substance-field resources
  - external specialized company for annual fee management
  - external specialized company for Intellectual Property Legal service
  - internet service
  - computer server

PART 3 defing ideal final result(IFR) and physical contradiction

3.1 formulate IFR-1

While neither complicating the system nor causing harmful effects, element "x" eliminates extravagance of wage and job opening during operational time(T1) within the conflict zone while preserving the ability of the tool(annual fee managing staff, legal reviewer) to (② figure out information about annual fee Payment observer(owner, co-owner, exclusive licensee) and payment sharing proportion between them, ⑥ pay annual fee, ④ legal review and answer, ⑨ report patent retention result).

3.2 Intensify definition of IFR-1

While neither complicating the system nor causing harmful effects, [specialized company for annual fee management and Intellectual Property Management System] eliminates extravagance of wage and job opening during operational time(T1) within the conflict zone while preserving the ability of the tool(annual fee managing staff, legal reviewer) to (② figure out information about annual fee Payment observer(owner, co-owner, exclusive licensee) and payment sharing proportion between them, ⑥ pay annual fee, ④ legal review and answer, ⑨ report patent retention result).

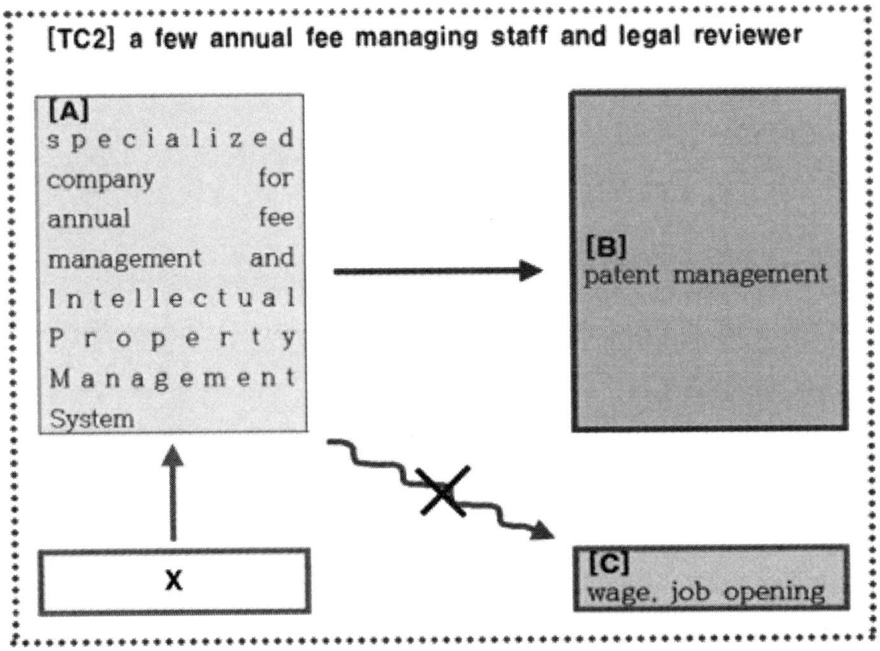

T2	T1	T2	T1	T2	T1	T2	T2	T1
① KIPO send patent annual fee bills	② figure out informatio n about annual fee Payment observer(owner, co-owner, exclusive licensee) and payment sharing proportion between them	③ transfer of Question	④ legal review and answer	⑤ answer	⑥ payment to KIPO according to legal review	⑦ Patent retention	⑧ KIPO send receit	⑨ Patent retention result report

3.3 identify the physical contradiction for the macro-level

[external specialized company for annual fee management and Intellectual Property Management System] should in T1 [Operation Time] consume more money and job opening of company to

② figure out information about annual fee Payment observer(owner, co-owner, exclusive licensee) and payment sharing proportion between them,

⑥ pay annual fee,

④ legal review and answer,

⑨ report patent retention result

and consume less money and job opening of company

to increase profit and job opening of company

3.4 identify the physical contradiction for the micro-level

In [external specialized company for annual fee management and Intellectual Property Management System] in T1 [Operation Time]

Labor entity should exist to

② figure out information about annual fee Payment observer(owner, co-owner, exclusive licensee) and payment sharing proportion between them,

⑥ pay annual fee,

④ legal review and answer,

⑨ report patent retention result

and in T2 Labor entity should not exist to save money and job opening of company

3.5 formulate IFR-2

In [external specialized company for annual fee management and Intellectual Property Management System] in T1 [Operation Time]

Those one who play a role of annual fee managing and legal review should consume money and job opening of company and in T2

Those one who play a role of annual fee managing and legal review should not consume money and job opening of company.

3.6 apply the inventive standards to resolve physical contradiction

1-1-1 construction of Su-F model

1-1-3 Outer combination Su-F model

PART 4 mobilizing and utiling of substance-field Resources

4.1 simulation with little creatures

T2	T1	T2	T1	T2	T1	T2	T2	T1
① KIPO send patent annual fee bills	② figure out information about annual fee Payment observer(owner, co-owner, exclusive licensee) and payment sharing proportion between them	③transfer of Question	④ legal review and answer	⑤ answer	⑥ payment to KIPO according to legal review	⑦ Patent retention	⑧ KIPO send receit	⑨ Patent retention result report

[T1]

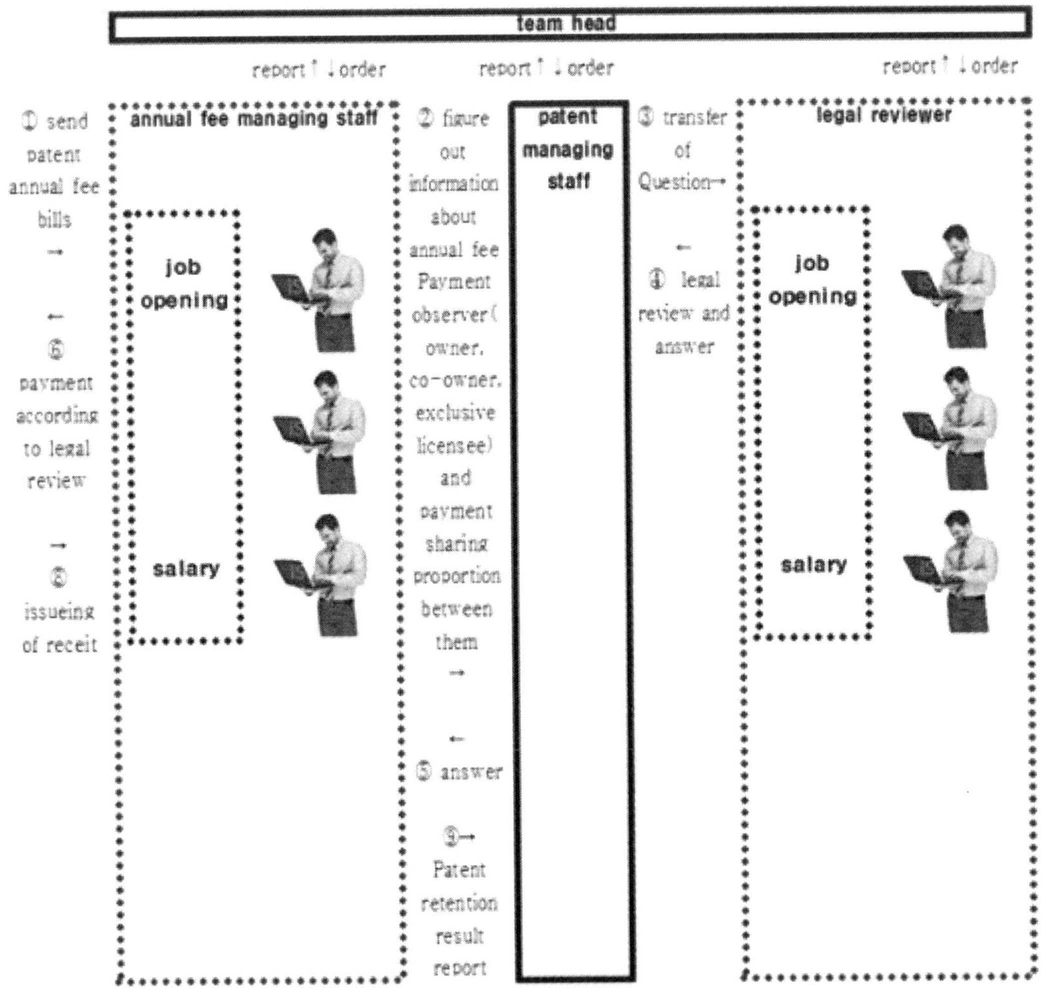
team head
report↑↓order
report↑↓order
report↑↓order
① send patent annual fee bills →
annual fee managing staff
job opening
salary
← ⑥ payment according to legal review
→ ⑧ issueing of receit
② figure out information about annual fee Payment observer(owner, co-owner, exclusive licensee) and payment sharing proportion between them →
← ⑤ answer
⑨→ Patent retention result report
patent managing staff
③ transfer of Question→
← ④ legal review and answer
legal reviewer
job opening
salary

4.2 to take a "step back" from IFR

4.3 using combination of substanse resources

1-1-1 construction of Su-F model

1-1-3 Outer combination Su-F model

- internal system substance-field resources
- Intellectual Property Management System

- external system substance-field resources
- consignment service to external company
- external specialized company for annual fee management
- external specialized company for Intellectual Property Legal service

4.4 using "void"

4.5 using derived resources

4.6 using an electrical field

4.7 using a field and field-sensitive substance

using quasi-void concept

Zero fee staff and zero reviewr could be replaced with consignment service especially contract with

① external specialized company for annual fee management

② external specialized company for Intellectual Property Legal service, communicating each other with Intellectual Property Management System(IPMS)

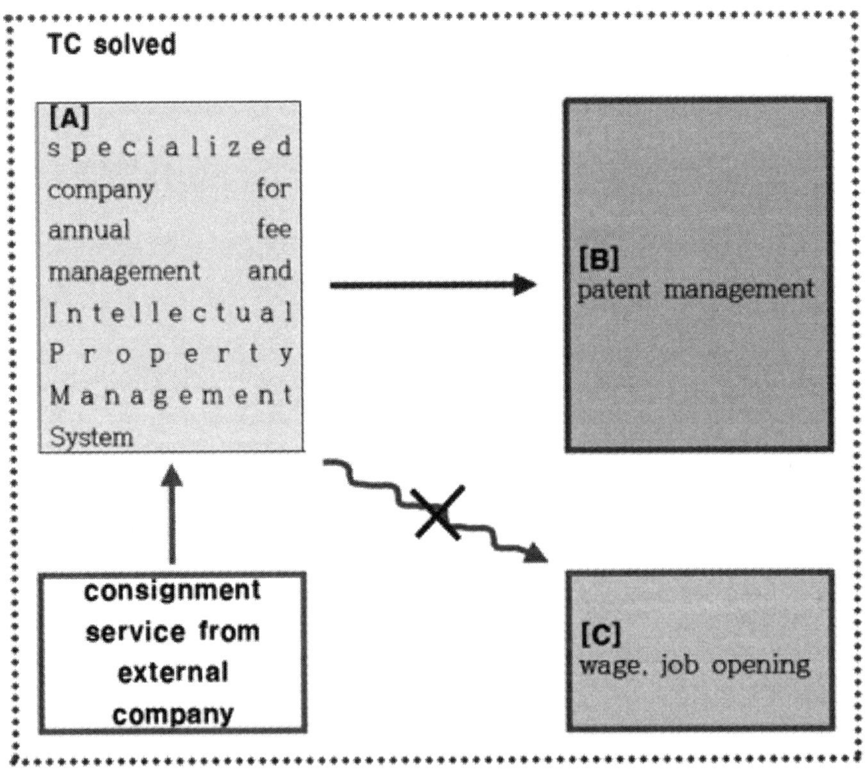

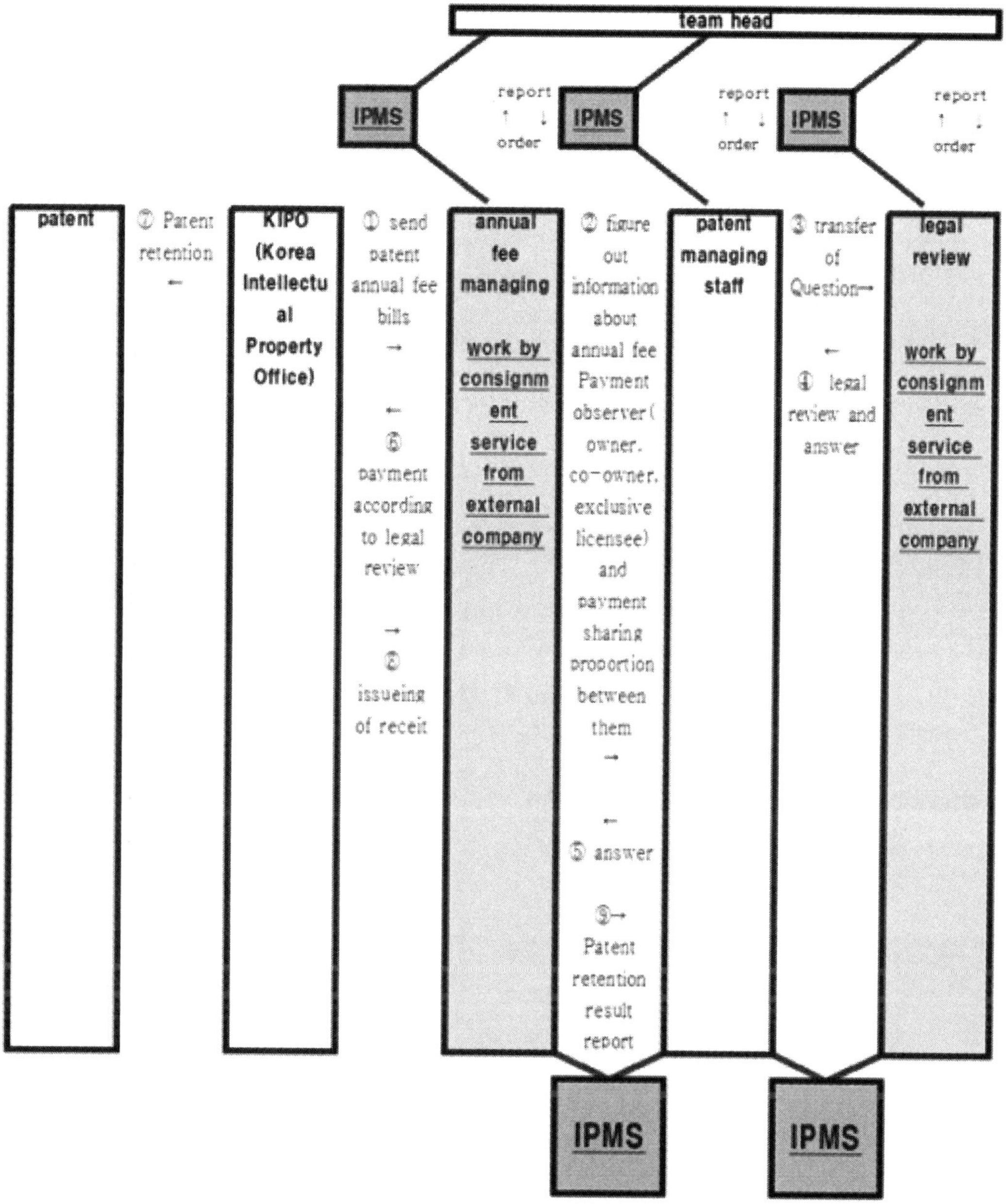
team head
IPMS
report ↑ ↓ order
IPMS
report ↑ ↓ order
IPMS
report ↑ ↓ order
patent
⑦ Patent retention ←
KIPO (Korea Intellectual Property Office)
① send patent annual fee bills →
← ⑥ payment according to legal review
→ ⑧ issueing of receit
annual fee managing
work by consignment service from external company
② figure out information about annual fee Payment observer(owner, co-owner, exclusive licensee) and payment sharing proportion between them →
← ⑤ answer
⑨→ Patent retention result report
patent managing staff
③ transfer of Question→
← ④ legal review and answer
legal review
work by consignment service from external company
IPMS
IPMS

PART 5

applying of knowledge base

5.1 applying the of standard solution for inventive problems

5.2 applying the problem-analogous

5.3 applying the principles for resolving the physical contradiction

5.4 applying the pointer to physical effects and phenomenon

PART 6

changing or substituting of the problems

6.1 transition to the technical solution

6.2 checking the problem formulation for combination of several problems

6.3 changing the problem

6.4 reformulation of mini-problem

PART 7

analyzing the method of physical contradiction resolving

7.1 checking the solution concept

7.2 preliminary estimation of the solution concept

7.3 checking the priority of the solution concept through patent funds

7.4 estimation of sub-problems to implement obtained solution concept

PART 8

applying of found solution

8.1 eliminate of changes or super-system

8.2 find new application for obtained solution

8.3 apply solution concept for other problems

PART 9

analyzing of the problem solving procedure

9.1 compare proposed process and real

9.2 compare obtained solution concept and knowlede from TRIZ

사례 7 **Improvement of PRC Jacking Pipe's Connector Structure**

Problem Identification

1. Technology Description

1) Construction Method

- Underground pipe jacking system
  : A method of installing a pipe by pushing it underground without cutting the road.

  ☞ Short construction period.
  ☞ Small-scale road construction.

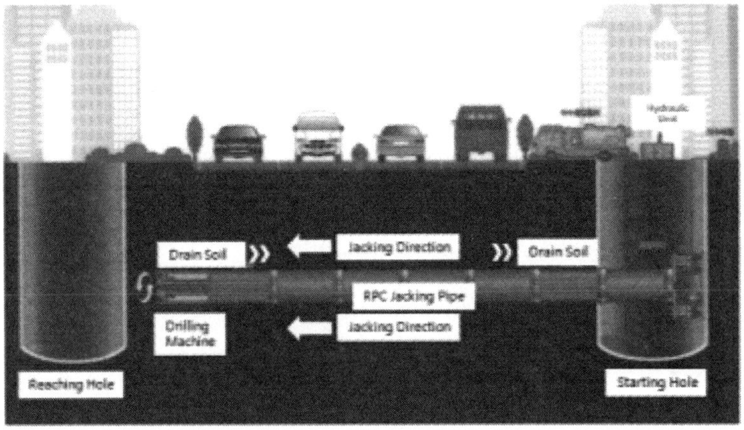

- PRC Pipe : Polyester resin concrete pipe
- Requirements

  ☞ Sufficient compressive strength of the pipe.
  (Depends on pipe's material properties.)
  ☞ Sufficient watertight performance.
  (Depends on joint shapes and dimension, rubber seal shapes, size and materials.)
  ☞ Easy fitting method.
  (Depends on joint shapes, rubber seal size.)

PRC Jacking Pipe

2) PRC Pipe Shape & Structure

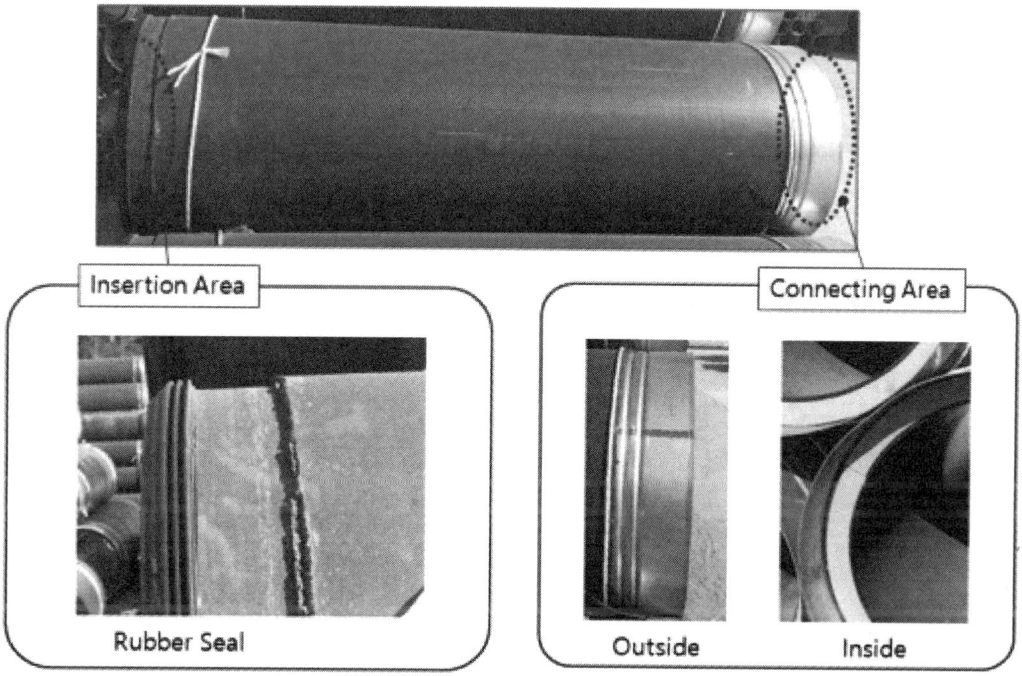

3) PRC Jacking Pipe Joint Structure

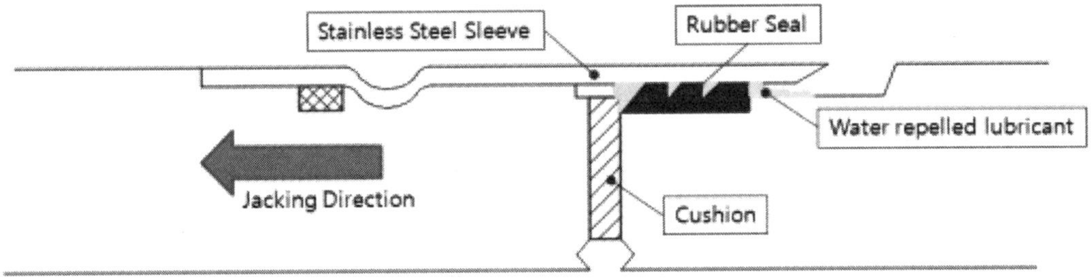

- PRC Pipe joint process

  ① Apply hydration lubricant to rubber seal.
  ② Moving the insertion region into the stainless steel sleeve.
  ③ Push in the axial direction until it meet the cushion.
  ④ Check joint and leaks.

4) Main Problem

① Leak Problem
② Workability Problem(How to make pipes slide well into sleeve.)

- Reason of leak problem
  - Thickness and shape of rubber seal.
  - Crevice between sleeve and pipe body.
- Reason of workability
  - Thickness and shape of rubber seal.

5) Project Goal

- To find a sealing methods(shape of seal, seal materials, sealing methods, joining methods, lubricants, etc.) that is easy to connect in the process of joining and that is completely watertight after joining.

System Multi-Screen Thinking 1

Super-System	Water inside, Water outside, Propelling force, Friction force, Gravity, Soil, Underground temperature
Technical system	Propulsion tube assembled underground
Sub system	Stainless steel sleeve, Rubber seal, Water repelled lubricant, Pipe body(to be fitted), Cushion

Function Analysis

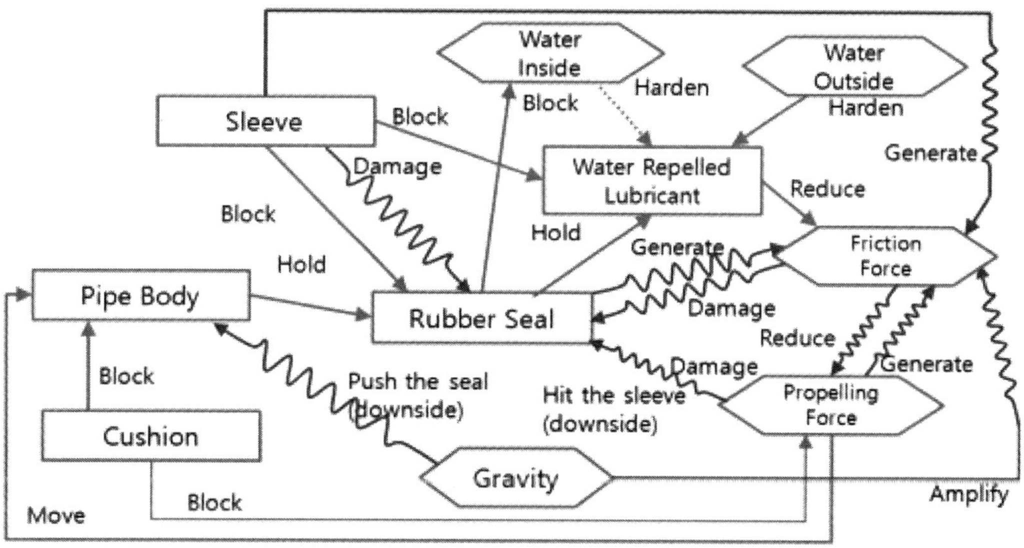

☞ The "water inside" works after the connection process of the pipe is completed.

Interaction Matrix

	1. Pipe Body	2. Rubber Seal	3. Sleeve	4. W. R. Lubricant	5. Cushion	6. Water Outside	7. Water Inside		9. Friction Force	10. Gravity
1. Pipe Body		+	-	-	+	-	-	+	-	+
2. Rubber Seal			+	+	-	-	+	+	+	+
3. Sleeve				+	-	-	-	-	+	-
4. W. R. Lubricant					-	+	+	-	+	-
5. Cushion						-	-	+	-	-
6. Water Outside							-	-	-	-
7. Water Inside								-	-	-
8. Propelling Force									+	-
9. Friction Force										+
10. Gravity										

☞ W. R. Lubricant(Water Repellent Lubricant)

Part 1. Analyzing the problem

1. Formulate the mini-problem

- A technical system for [blocking the water coming out from inside of the pipe] includes [rubber seal, stainless steel sleeve, water repelled lubricant, pipe, water].

- TC 1 : If the rubber seal is thick, the leakage performance will increase but the workability(assembly performance) will be poor.

- TC 2 : If the rubber seal is thin, the workability(assembly performance) is good, but the leakage is poor.

2. Define the conflicting elements

- Product : Sleeve, water

- Tool : Rubber seal

3. Describe graphic models for technical contradiction

- TC 1 : Thick rubber seal

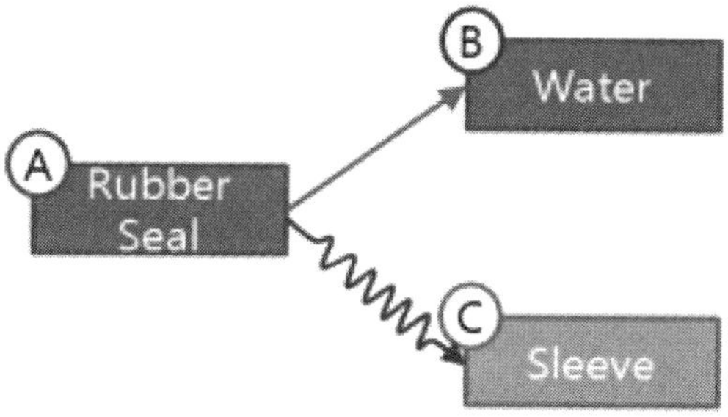

- TC 2 : Thin rubber seal

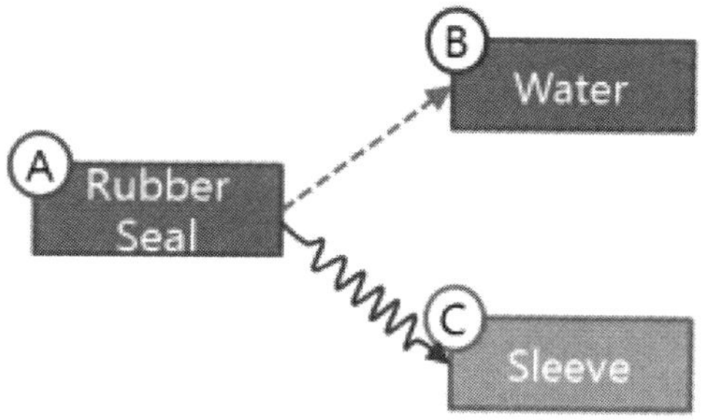

4. Select a graphic model for further analysis

- Selected model is TC 1.(Rubber seal's main function is block the water)

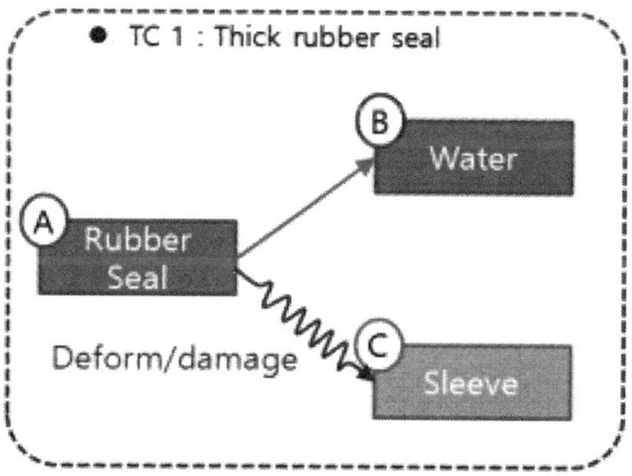

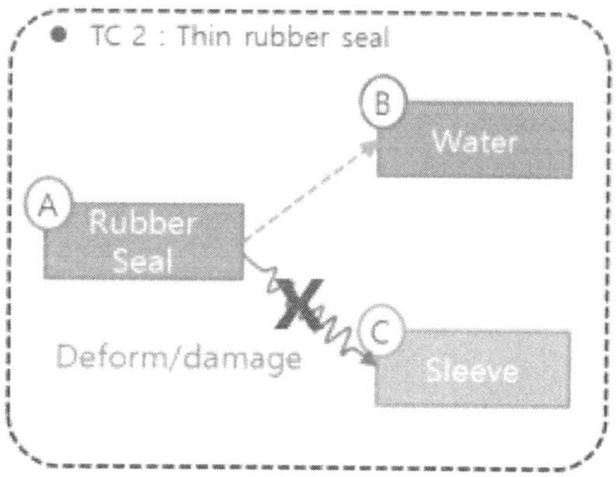

5. Intensify the conflict

- Selected model is TC 1.(Rubber seal's main function is block the water)
- Intensified TC 1 : There is full-size rubber seal instead of thick rubber seal.

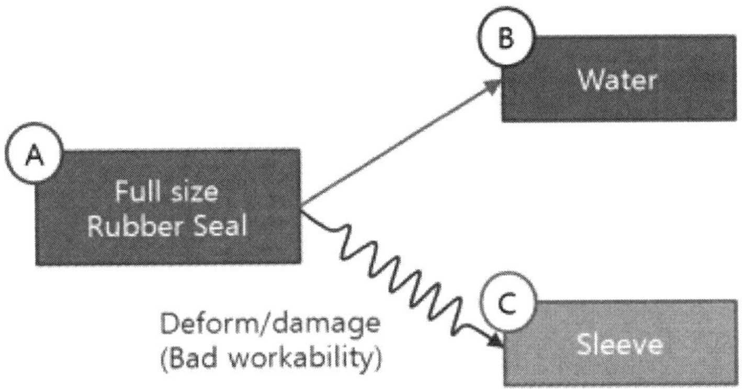

6. Describe the problem model

- The intensified conflicting pair : Full-size rubber seal and sleeve.
  (The full-size rubber seal means that same size of ring-shaped space)
- The intensified conflict definition : Full-size rubber seals prevent water leakage and interfere with slide of pipe into sleeve.
- X-element will keep the leakage and do not interfere with pipe sliding into the sleeve.

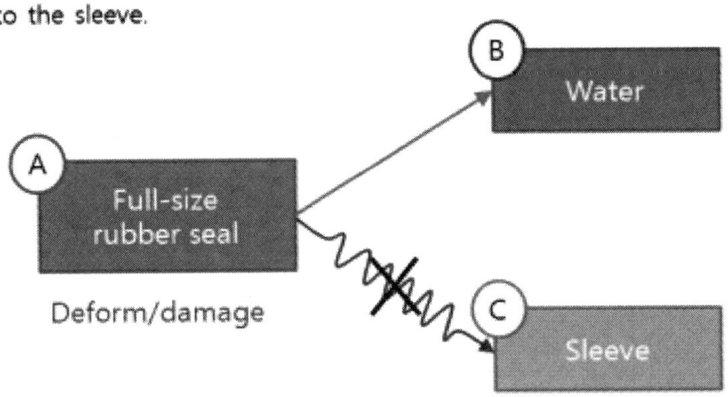

7. Apply the inventive standards

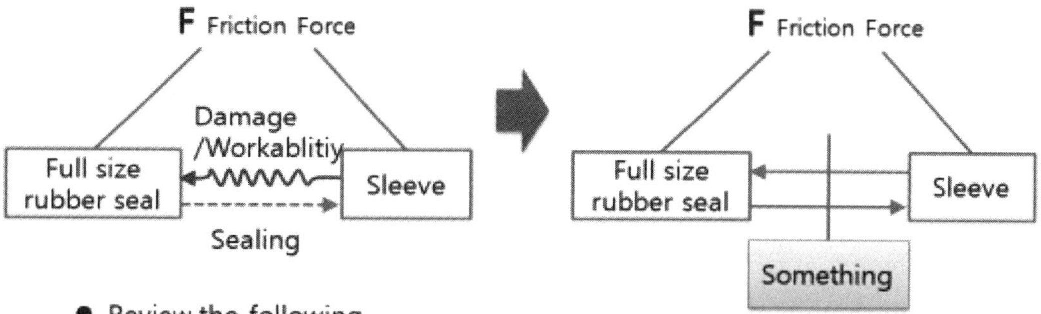

- Review the following
    - X-factor (S3, F')
    - Change S2(Full size rubber seal) : S2'
    - Change S1(Sleeve) : S1'
    - Acting force when necessary : F'
    - The third substance : S3

Part 2. Analyzing the problem model

1. Define the operational zone(OZ)

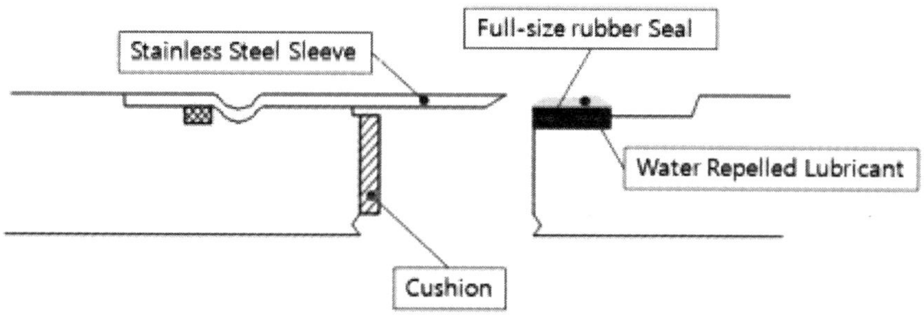

- OZ is the space formed over the distance from the inlet of the sleeve to the cushion, and a ring-shaped space between the sleeve and the pipe body.

2. Define the operational time(OT)

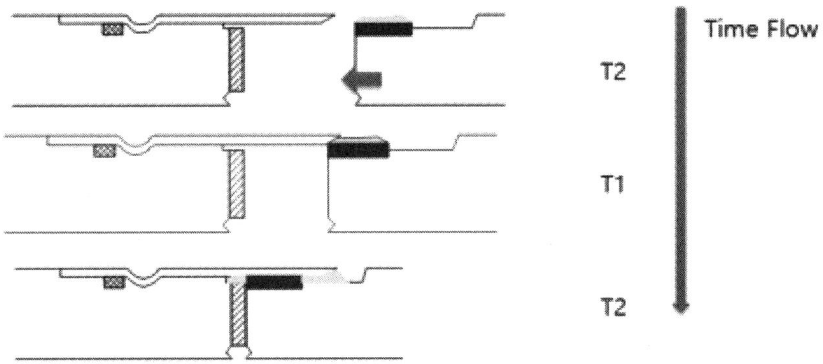

- In this problem, OT consists of the time that the pipe slides into the sleeve by the thrust propelling force (T1), and the time before insertion start and after it is insertion completed (T2).
- The Curing time of the water-repellent lubricant applied to the rubber seal is incleded in (T2).

3. Define the substance field resources(SFR)

1) System (internal) resources

a) SFR of the tool ; size-changing rubber seal , friction force of the rubber seal, compression force of the rubber seal on the sleeve.

b) SFR of the product ; water repelled lubricant, water.

2) Available (external) resource

a) Underground pipe ambient temperature, water around the underground pipe, friction force around the jacking pipe, hydraulic force to jacking the pipes.

Part 3. Defining Ideal Final Result(IFR) and Physical Contradiction

1. Formulate IFR-1

- The X-element, without complication of the system and without harmful side effects,
  eliminates
  < friction that damages the rubber seals and hinders sliding>

  during the <pipe insert into the sleeve with propelling force (T1)>

  inside the <ring-shaped space between the sleeve and pipe body>,

  and keeps the tool's ability to provide
  <sealing between pipe and sleeve to prevent water leakage>

2. Intensify the definition of IFR-1(The 1st X element)

- The size-changing rubber seal, without complication of the system and without harmful side effects,
  eliminates
  < friction that damages the rubber seals and hinders sliding>

  during the <pipe insert into the sleeve with propelling force (T1)>

  inside the <ring-shaped space between the sleeve and pipe body>,

  and keeps the tool's ability to provide
  <sealing between pipe and sleeve to prevent water leakage>

3. Identify the physical contradiction for the macro-level

- The <size-changing rubber seal>
  during the <pipe insert into the sleeve with propelling force (T1)>

  has to be <thin> in order to perform <good insert workability>
  and
  has to be <thick> in order to <prevent leakage>

4. Identify the physical contradiction for the micro-level

- The <size-changing rubber seal>
  during the <pipe insert into the sleeve with propelling force (T1)>

  has to be <far from the inner surface of the sleeve>
  in order to perform <good insert workability>
  and
  has to be <stick to the inner surface of the sleeve around the circumference
  as possible> in order to <prevent leakage>

5. Formulate IFR-2

- The <size-changing rubber seal>
  has to <attached to the pipe body as possible>
  during the <pipe insert into the sleeve with propelling force (T1)>

  and has to be <firmly attached to the inner wall of the sleeve itself>
  <after insertion>.

6. Apply the inventive standards to resolve physical contradiction

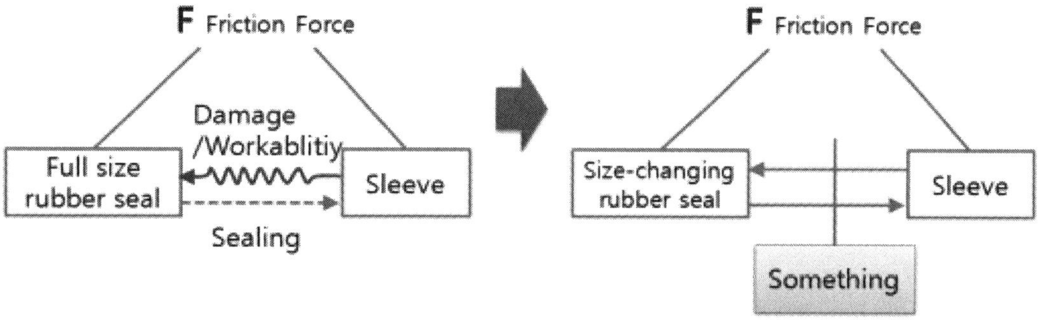

6. Apply the inventive standards to resolve physical contradiction

➢ Find the solution

- Find the X element : S3, F'
- Change S2 : S2'
- Change S1 : S1'
- F' : No friction force in T1, max adhesion force after T1.
- The 3rd substance : S3

6. Apply the inventive standards to resolve physical contradiction

➢ Find the solution(X element)

- Find the method the X element squeezes the rubber seal to the inner surface of the sleeve after the insertion of the pipe is finished.
- The expansion property of the water-repellent lubricant, i.e. the expansion force, is adopted as the X element.

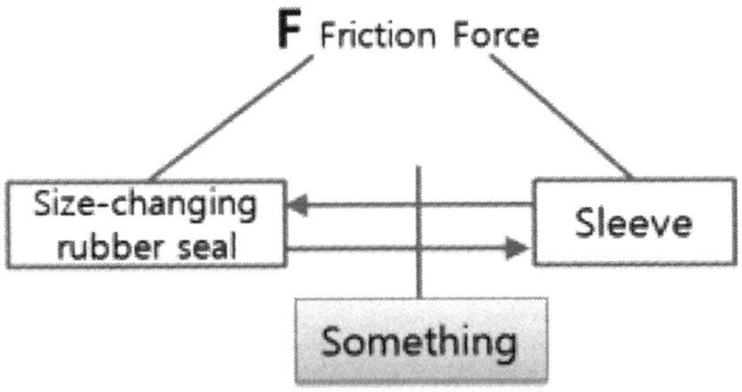

6. Apply the inventive standards to resolve physical contradiction

➢ Find the solution(X element & Change S1)

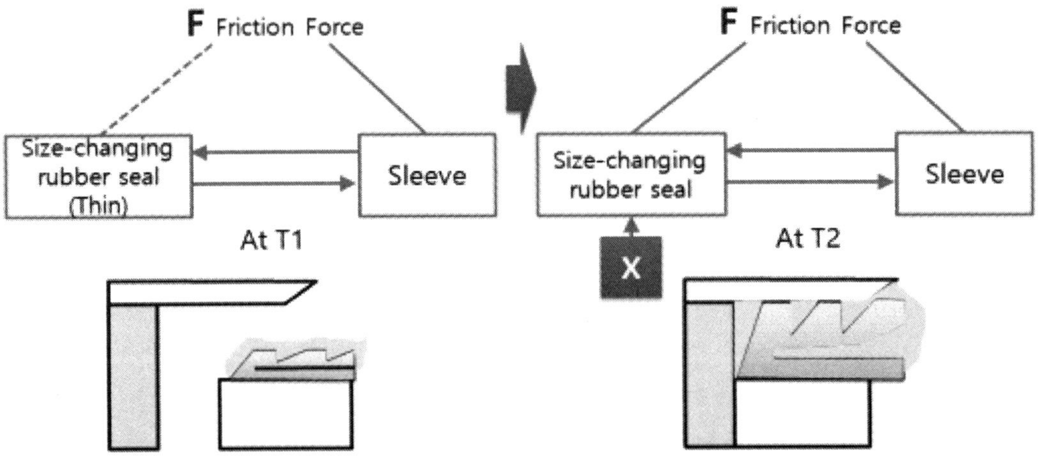

6. Apply the inventive standards to resolve physical contradiction

➢ Find the solution(Change S1)

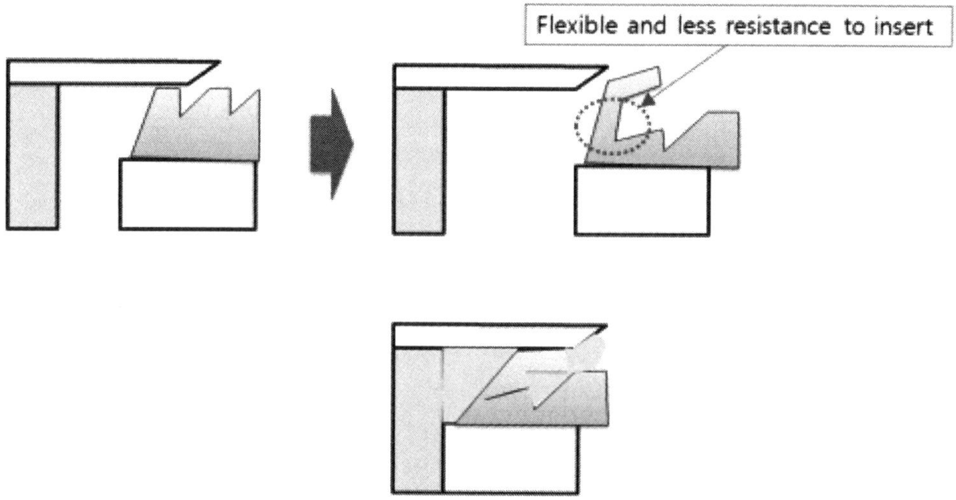

6. Apply the inventive standards to resolve physical contradiction

➢ Find the solution(Change S1 & Add S3)

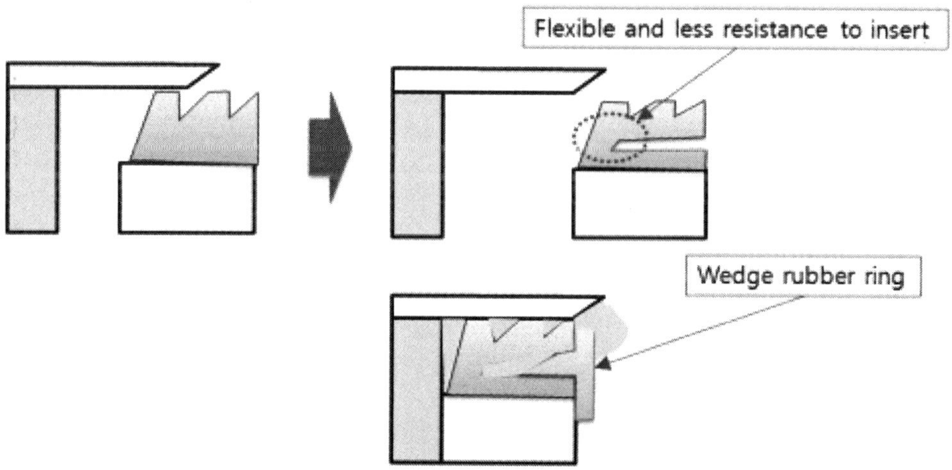

Part 7. Analyzing the method of resolving the physical contradiction

1. Checking the solution concept

- Utilizing the expansion force of the water-repellent lubricant is not the application of new materials.
- It is just change the direction of the expansion force.
- The application of rubber wedge rings adds components and processes but can maximize the compression force.

2. Preliminary estimation of the solution concept

- It is used to improve the adhesion of rubber seals by using the swelling property of water repellent lubricant.
- Make the rubber seals folded shape to minimize resistance when inserting, allowing water-repellent lubricant to be injected into the folds or rubber wedge ring to be inserted.
- The expanded water repellent lubricant and rubber wedge ring maximizes the compression force on the inner surface of the sleeve.

2. Preliminary estimation of the solution concept
   - ➢ Control questions

      a. Does the solution concept provide the main requirement of IFR-1(the element without complicating the system...)?
         → Satisfied. The introduction of a new element, rubber wedge ring, is required.
      b. Which physical contradiction is resolved by the solution concept?
         → Resolved. By changing the shape of the rubber seal, a thin and thick rubber seal is gained.
      c. Does the new system contain at least one easily controlled element? Which element? How is it controlled?
         → The water repellent lubricant expands upon contact with water after insertion.
      d. Does the solution concept found for the "single-cycle" problem model fit the real conditions, multi-cycle conditions?
         → This case is the "single-cycle" problem.
      e. Satisfies all questions

Summary

Solution	Idea Development
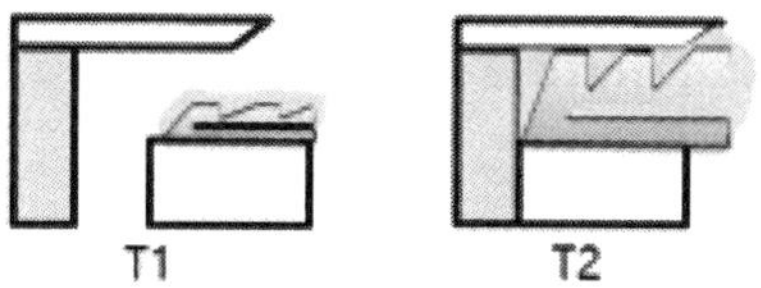	● The thin rubber seals remain thin during insertion of the pipe and react with the water after insertion to push the rubber seals to the inner surface of the sleeve.
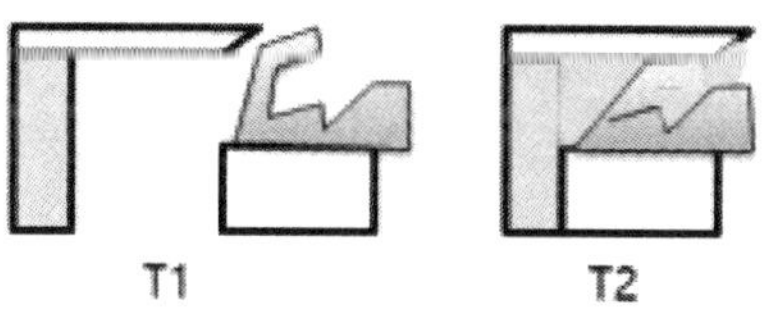	● The input part of the rubber seal is thick enough and the inside is empty. Since it has a small friction force while entering the inside of the sleeve, the workability is good. After completion of the injection, the water repellent lubricant expands from the rear and pushes toward the sleeve
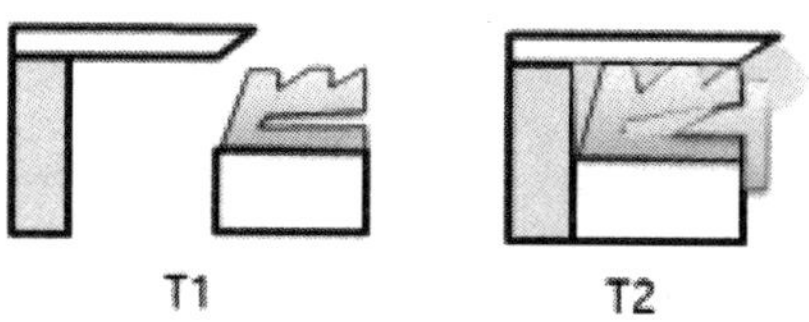	● Rubber seal is a thin, folded structure enough to easily pass through the sleeve. When the insertion of the pipe is completed, the water-repellent lubricant expands and a wedge-shaped ring is inserted from the rear to generate a sufficient pressing force.

찾아보기

MATRIZ Level 3

2019년 9월 25일 초판 인쇄

2019년 9월 30일 인쇄 발행

저　　자　원대희・김범용・배영철・송정윤
　　　　　이동용・이준철・장일도

발 행 인　송기수

발 행 처　도서출판 GS인터비전

편 집 치　도서출판 GS인터비전

인 쇄 처　대명프린팅

등록번호　제 25100-2016-000050 호

I S B N　979-11-5576-308-7(93500)

주　　소 서울 은평구 증산로 15길 69 2층

전　　화 02-976-7898

팩　　스 02-6468-7898

홈페이지 gsintervision.co.kr

E-Mail gsinter7@gmail.com

정 가　25,000원

Profile

원대희

- 현) 전북대학교 공학박사
- 현) 원광대하교 SW중심 대학사업단, 조교수
- 현) MATRIZ-3LEVEL-Practitioner
- 전) 전북대학교 시간강사
- 전) 순천대학교 시간강사
- 전) 순천대학교 산학협력 전담교수
- 전) 원광대학교 스마트자동차공학과 조교수
- 전) 원광대학교 중소기업 산학협력센터 운영부장

김범용

- 서울대 기술정책(공학박사),美콜로라도-정보통신 이학석사
- 고대MIS전공-경영학석사, 성대 중어중문학사
- 전)특허청 IT분야 특허/디자인심사관/심판관/과장
- 전)강원대 지식재산교육 초빙교수
- 현)제주대 지식재산교육 전담교수
- 변리사, 기술거래사, IT특급 기술자/ IT특급감리원
- 현) MATRIZ-3LEVEL-Practitioner

배영철

- 1984년 광운대학교 전기공학과(공학사)
- 1986년 광운대학교대학원 전기공학과(공학석사)
- 1997년 광운대학교대학원 전기공학과(공학박사)
- 1986년~1991년 한국전력공사
- 1991년~1997년 산업기술정보원 책임연구원
- 1997년~현재 전남대학교 전기·전자통신 컴퓨터 공학부 교수
- 2002년~2002년 Brigham Young University 방문교수
- 2011년~2011년 University of Utah 방문교수
- 현) MATRIZ-3LEVEL-Practitioner

송정윤

- 1987년 부산대학교 행정학과(학사)
- 2014년 아주대학교대학원 산업시스템공학과(석사)
- 1988년~2007년 삼성코닝주식회사
- 2008년~2017년 코닝 정밀소재주식회사
- 품질관리기술사(2012)
- 경영지도사(2013)
- 공장관리기술사(2016)
- 2019년~현재 순천향대학교 산학협동객원교수
- 2019년 현재 한국능률협회컨설팅GBP센터전문위원
- 현) MATRIZ-3LEVEL-Practitioner

이동용

- 제49회 변리사시험 합격
- 연세대학교 기계설계학과(학사)
- MATRIZ-3LEVEL-Practitioner
- 전) ㈜퍼시스
- 전) 특허법인 C&S 변리사
- 전) ㈜아이티엘 기술전략실장
- 현) ㈜올바른IP&컨설팅 파트너변리사

이준철

- 서울대학교 공과대학 학사(지구환경시스템공학부,2006.2)
- 서울대학교 법과대학 석사(지식재산전공, 2019.2)
- 현) 한국건설기술연구원 기술사업화실, 스마트건설지원센터근무
- 현) MATRIZ-3LEVEL-Practitioner
- 기술거래사, 기업·기술가치평가사
- 국토교통부장관 표창수상(국토교통연구개발성과실용화)(165)
- 제51회 발명의 날 한국발명
- 진흥회장표창수상(발명장려 유공자)
- 한국창의 응용학회 정회원
- 서울과학기술대학교 발명심의 위원회 심의위원(‘ 17.3~)
- 한국발명진흥회 지식재산 전문인력 양성강사(‘ 16~)
- 연구성과사업화교육 시내강사(‘ 16~)

장일도

- 전북대학교 정밀기계공학과 학사(1990)
- 전북대학교대학원 정밀기계공학과 석사(1992)
- 전북대학교대학원 정밀기계공학과 박사(2001)
- 금호타어어 연구소(94~97)
- 이엠티 대표이사(02~17)
- 현) 원광대학교 스마트자동차공학과 조교수(‘ 16~)
- 현) MATRIZ-3LEVEL-Practitioner
- 현) 기술거래사, 창업지도사
- 현) 전북창조경제혁신센터 멘토, 전북경제통상 진흥원컨설턴트